加減乗除から微分積分まで
小・中・高で習った計算
まるごとドリル

間地 秀三 =著
Mazi Syuzo

まえがき

〈久しぶりの流儀〉

　久しぶりに、テニスの経験者が集まって試合をします。
　みんな、相当なブランクがある場合、思うようにサーブが入らない、思うように体が動かない、予期せぬ方向にボールが飛ぶ。
　なんやかんやで、せっかくの試合が楽しめません。
　久しぶりの場合は、1時間くらい、そこそこ出来る人にレッスンしてもらって、動きと勘を少し思い出してから、そのあと2時間くらいゲームをする。そうすると、ブランクがあっても楽しくゲームをすることができます。

　　ブランクがある場合は、**レッスン**　→　**試合**。
　これが、久しぶりの流儀です。

本書は基本的に【第1部・おさらい編】と【第2部・実践編】の2部構成です。
　第1部のおさらい編では、こんな問題もあった、あんな問題もあったと解き方を思い出していただきます。ここはテニスのゲームの前のレッスンにあたります。

　第2部の実践編では、第1部でほぐれた脳力をもとに、**スポーツ感覚で演習（ゲーム）を楽しんでいただきます。**

このように、本書は久しぶりの流儀にもとづいた、合理的な構成になっていますから、算数・数学から久しく離れた方でも、なつかしい算数・数学の問題を**楽しく・たっぷり楽しんでいただけます**。

　そして最後にちょっとおまけ、【第3部・チャレンジ編】として、手ごわい計算を楽々解き流す快感を味わっていただきます！
　三角関数・2次不等式・微分積分…、学生の頃でも手ごわかったこれらの計算も、おさらい編・実践編を通して計算力をピーク近くにまで取り戻した状態でやれば簡単です。計算力に関して、GREATな自分に酔って、気持ちよく本書をFINISHしてください！

　第1部・おさらい編をやっているときに、「ここは、もう少しやらないと弱いな」と思われたら、〈**もう少し練習したい方は〇〇ページへ**〉のページに進めば、第2部・実践編の該当ページでさらに練習できます。
　このような使い方をしますと、**弱点補強をしながら学習できます**。

　無理なく・楽しく学習できる（弱点補強も）本書を、ぜひおためしください！

小・中・高で習った計算 まるごとドリル
CONTENTS

まえがき

第1部 おさらい編

[小学校]

1 簡単なたし算……11
2 たし算の筆算……13
3 たし算の虫食い算……16
4 簡単なひき算……17
5 ひき算の筆算……19
6 ひき算の虫食い算……22
7 簡単なかけ算……23
8 かけ算の筆算……26
9 かけ算の虫食い算……29
10 簡単なわり算……30
11 わり算の筆算……32
12 わり算の虫食い算……35
13 計算の順序……36
14 和差算で計算練習……38
15 鶴亀算で計算練習……41
16 分数のたし算……43
17 分数のひき算……46
18 分数のかけ算・わり算……49
19 □の逆算（その1）……52
20 □の逆算（その2）……55
21 小数の加減……58
22 小数のかけ算……59
23 小数のわり算……62
24 平面図形で計算練習……65
25 立体図形で計算練習……68
26 割合の計算（その1）……70
27 割合の計算（その2）……72
28 比の計算……74
29 速さ・時間・道のりで計算練習……77
30 通過算で計算練習……80

[中学校]

1 正の数・負の数の加減……83
2 正の数・負の数の乗除……86

3 文字式の省略と加減……89

4 文字式の計算と代入……92

5 角度で計算練習……95

6 1次方程式の解き方（その1）……97

7 1次方程式の解き方（その2）……100

8 1次方程式の文章題で計算練習……103

9 連立方程式 加減法（その1）……106

10 連立方程式 加減法（その2）……109

11 連立方程式 代入法……113

12 連立方程式の文章題で計算練習……116

13 関数で計算練習……120

14 因数分解と展開（その1）……124

15 因数分解と展開（その2）……127

16 確率で計算練習……130

17 平方根の計算（その1）……133

18 平方根の計算（その2）……136

19 三平方の定理で計算練習……139

20 2次方程式の計算……142

21 2次方程式の文章題で計算練習……145

[高校]

1 因数分解 タスキガケ……149

2 複素数の計算……152

3 恒等式の計算……155

4 整式のわり算……158

5 指数の計算……161

6 対数の計算（その1）……164

7 対数の計算（その2）……168

8 等差数列の計算……171

9 等差数列の和の計算……174

10 等比数列の計算……177

11 等比数列の和の計算……180

第 2 部　実 践 編

1　たし算の筆算……184
2　ひき算の筆算……185
小テスト［第 1 回］……186
3　かけ算の筆算……187
4　わり算の筆算……188
小テスト［第 2 回］……189
5　計算の順序……190
まとめテスト［第 1 回］……191
6　分数のたし算……192
7　分数のひき算……193
8　分数のかけ算・わり算……194
小テスト［第 3 回］……195
9　□の逆算（その 1）……196
10　□の逆算（その 2）……197
まとめテスト［第 2 回］……198
まとめテスト［第 3 回］……199
11　小数の加減……200
12　小数のかけ算……201
13　小数のわり算……202
小テスト［第 4 回］……203
まとめテスト［第 4 回］……204
14　割合の計算（その 1）……205
15　割合の計算（その 2）……206

16　比の計算……207
小テスト［第 5 回］……208
まとめテスト［第 5 回］……209
17　正の数・負の数の加減……210
18　正の数・負の数の乗除……211
19　文字式の省略と加減……212
20　文字式の計算と代入……213
小テスト［第 6 回］……214
21　1 次方程式の解き方（その 1）……215
21　1 次方程式の解き方（その 2）……216
小テスト［第 7 回］……217
まとめテスト［第 6 回］……218
23　連立方程式 加減法（その 1）……219
24　連立方程式 加減法（その 2）……220
25　連立方程式 代入法……221
小テスト［第 8 回］……222
26　因数分解（その 1）……223
27　因数分解（その 2）……224
小テスト［第 9 回］……225
28　平方根の計算（その 1）……226

| 29 平方根の計算（その2）……227
| 小テスト［第10回］……228
| 30 2次方程式の計算……229
| 小テスト［第11回］……230
| まとめテスト［第7回］……231
| 31 因数分解 タスキガケ……232
| 32 複素数の計算……233
| 33 恒等式の計算……234
| 小テスト［第12回］……235
| 34 整式のわり算……236
| 35 指数の計算……237

| 36 対数の計算（その1）……238
| 37 対数の計算（その2）……239
| 小テスト［第13回］……240
| 38 等差数列の計算……241
| 39 等差数列の和の計算……242
| まとめテスト［第8回］……243
| 40 等比数列の計算……244
| 41 等比数列の和の計算……245
| まとめテスト［第9回］……246
| 仕上げテスト①〜⑩……247

第3部 チャレンジ編

チャレンジ！その1→三角関数
1 三角関数の計算（その1）……258
2 三角関数の計算（その2）……262

チャレンジ！その2→不等式を解く
1 1次不等式……265
2 2次関数と x 軸の共有点の個数……268
3 2次関数と x 軸の共有点……270
4 2次不等式をグラフで解く……272

チャレンジ！その3→微分
1 微分（その1）……278
2 微分（その2）……280
3 微分（その3）……283
4 微分（その4）……285

チャレンジ！その4→積分
1 不定積分（その1）……287
2 不定積分（その2）……289
3 定積分……292

●実践編・解答……295

第1部
おさらい編

こんな問題もあった、
あんな問題もあった…
解き方を思い出そう！

小学校
START

1 簡単なたし算

やってみよう!

問1 表をうめてください。

+	1	3	7	5	8	2	6	4	9
2	3	5	9	7	10	4	8	6	11
6	7	9	13	11	14	8	12	10	15
7	8	10	14	12	15	9	13	11	16
9	10	12	16	14	17	11	15	13	18
1	2	4	8	6	9	3	7	5	10

答と解説

問1

+	1	3	7	5	8	2	6	4	9
2	3	5	9	7	10	4	8	6	11
6	7	9	13	11	14	8	12	10	15
7	8	10	14	12	15	9	13	11	16
9	10	12	16	14	17	11	15	13	18
1	2	4	8	6	9	3	7	5	10

おさらい編

小学校の計算

中学校の計算

高校の計算

問2　表をうめてください。

+	1	3	7	5	8	2	6	4	9
5	6	8	12	10	13	7	11	9	14
3	4	6	10	8	11	5	9	7	12
8	9	11	15	13	16	10	14	12	17
4	5	7	11	9	12	6	10	8	13

問3　計算してください。

① 2+1+5= 8

② 3+5+8= 16

③ 6+2+9= 17

④ 3+4+5= 12

⑤ 7+2+7= 16

⑥ 2+3+6= 11

⑦ 9+2+7= 18

⑧ 8+5+4= 17

答と解説

問2

+	1	3	7	5	8	2	6	4	9
5	6	8	12	10	13	7	11	9	14
3	4	6	10	8	11	5	9	7	12
8	9	11	15	13	16	10	14	12	17
4	5	7	11	9	12	6	10	8	13

問3　① 2+1+5= 8　② 3+5+8= 16
　　　③ 6+2+9= 17　④ 3+4+5= 12
　　　⑤ 7+2+7= 16　⑥ 2+3+6= 11
　　　⑦ 9+2+7= 18　⑧ 8+5+4= 17

2 たし算の筆算

解き方のおさらい

例　46+37

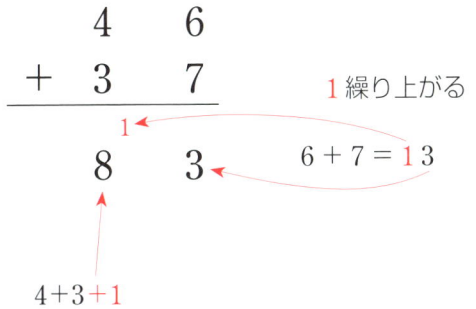

例　474+258

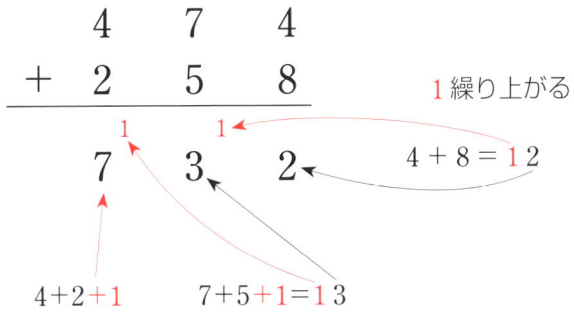

やってみよう！

問題▷ 次の筆算をしてください。

①
```
   5 6
+  7 3
-------
 1 2 9
```

②
```
   8 5
+  3 9
-------
 1 2 4
```

③
```
   2 5 6
+  7 8 7
---------
 1 0 4 3
```

④
```
   7 1 9
+  3 8 4
---------
 1 1 0 3
```

⑤
```
   6 4 5
+  5 8 8
---------
 1 2 3 3
```

⑥
```
   5 0 9 8
+  2 6 8 9
-----------
   7 7 8 7
```

⑦
```
   6 0 4 9
+  9 9 9 9
-----------
 1 6 0 4 8
```

⑧
```
   2 3 7 6
+    8 7 6
-----------
   3 2 5 2
```

答と解説

①   5 6
  + 7 3
  ―――――
  1 2 9

②   8 5
  + 3 9
  ―――――
  1 2 4

③   2 5 6
  + 7 8 7
  ―――――
  1 0 4 3

④   7 1 9
  + 3 8 4
  ―――――
  1 1 0 3

⑤   6 4 5
  + 5 8 8
  ―――――
  1 2 3 3

⑥   5 0 9 8
  + 2 6 8 9
  ―――――
  7 7 8 7

⑦   6 0 4 9
  + 9 9 9 9
  ―――――
  1 6 0 4 8

⑧   2 3 7 6
  +   8 7 6
  ―――――
  3 2 5 2

➡ もう少し練習したい方は 184 ページへ

まずはたし算で
ウォーミング
アップ‼

おさらい編

小学校の計算

中学校の計算

高校の計算

3 たし算の虫食い算

やってみよう！

問題 ☐ に数字を入れてください。

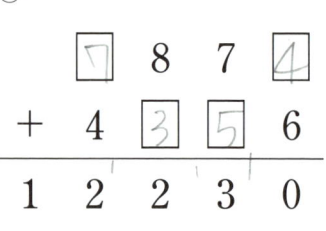

①
```
   7 5
+  6 7
-----
 1 4 2
```

②
```
   6 8
+  7 5
-----
 1 4 3
```

③
```
   3 0 0 5
+  6 3 8 9
---------
   9 3 9 4
```

④
```
   7 8 7 4
+  4 3 5 6
---------
 1 2 2 3 0
```

答と解説

①
```
   7 5
+  6 7
-----
 1 4 2
```

②
```
   6 8
+  7 5
-----
 1 4 3
```

③
```
   3 0 0 5
+  6 3 8 9
---------
   9 3 9 4
```

④
```
   7 8 7 4
+  4 3 5 6
---------
 1 2 2 3 0
```

4 簡単なひき算

やってみよう!

問1 表をうめてください。

−	10	16	12	13	18	14	17	15	11	19
2	8	14	10	11	16	12	15	13	9	17
9	1	7	3	4	9	5	8	6	2	10
1	9	15	11	12	17	13	16	14	10	18
8	2	8	4	5	10	6	9	7	3	11
3	7	13	9	10	15	11	14	12	8	16

答と解説

問1

−	10	16	12	13	18	14	17	15	11	19
2	8	14	10	11	16	12	15	13	9	17
9	1	7	3	4	9	5	8	6	2	10
1	9	15	11	12	17	13	16	14	10	18
8	2	8	4	5	10	6	9	7	3	11
3	7	13	9	10	15	11	14	12	8	16

おさらい編

小学校の計算

中学校の計算

高校の計算

問2　表をうめてください。

−	10	16	12	13	18	14	17	15	11	19
6	4	10	6	7	12	8	11	9	5	13
4	6	12	8	9	14	10	13	11	7	15
7	3	9	5	6	9	7	10	8	4	8
5	5	11	7	8	13	9	12	10	6	14

問3　計算してください。

① 12−9−2＝ 1　　② 15−6−3＝ 6

③ 18−5−7＝ 6　　④ 13−7−4＝ 2

⑤ 17−4−6＝ 7　　⑥ 14−6−5＝ 3

⑦ 19−3−8＝ 8　　⑧ 16−9−2＝ 5

答と解説

問2

−	10	16	12	13	18	14	17	15	11	19
6	4	10	6	7	12	8	11	9	5	13
4	6	12	8	9	14	10	13	11	7	15
7	3	9	5	6	11	7	10	8	4	12
5	5	11	7	8	13	9	12	10	6	14

問3　① 12−9−2＝ 1　　② 15−6−3＝ 6
　　③ 18−5−7＝ 6　　④ 13−7−4＝ 2
　　⑤ 17−4−6＝ 7　　⑥ 14−6−5＝ 3
　　⑦ 19−3−8＝ 8　　⑧ 16−9−2＝ 5

5 ひき算の筆算

解き方のおさらい

例 55−38

① ② ③ ④ の順に計算します。

③ 5 が 4 になる　① 1 借りる

```
    4    1
    5    5
−   3    8
─────────
    1    7   ← ② 15 − 8
    ↑
④ 4 − 3 = 1
```

例 814−577

① ② ③ ④ ⑤ ⑥ ⑦ の順に計算します。

　　　　　③ 1 が 0 に
④ 1 借りる　　① 1 借りる

```
         7  10   1
⑥ 8 が 7 に  8   1   4
          −  5   7   7
          ─────────────
             2   3   7  ← ② 14 − 7
             ↑   ↑
         ⑦ 7 − 5  ⑤ 10 − 7
```

おさらい編

小学校の計算

中学校の計算

高校の計算

19

やってみよう！

問題 次の筆算をしてください。

①
```
  ⁴5̸ 6
-  3 9
─────
   1 7
```

②
```
   7 2
-  6 5
─────
     7
```

③
```
  5 ⁰4̸³ 2
-    9 7
───────
  5 4 5
```

④
```
  2 ⁵6̸ 4
-    8 7
───────
  1 7 7
```

⑤
```
  ⁴5̸ 4 ⁴5̸ 0
-    9 1 9
─────────
  4 5 3 1
```

⑥
```
  2 ⁰0̸ 2 1
-    7 3 3
─────────
  1 2 8 8
```

⑦
```
  ⁴5̸ ³4̸ ⁵6̸ 0
-  2 7 8 1
─────────
  2 6 7 9
```

⑧
```
  ⁵6̸ ¹2̸ ⁶7̸ 1
-  3 4 9 8
─────────
  2 7 7 3
```

答と解説

①
```
   5 6
-  3 9
-------
   1 7
```

②
```
   7 2
-  6 5
-------
     7
```

③
```
   5 4 2
-    9 7
---------
   4 4 5
```

④
```
   2 6 4
-    8 7
---------
   1 7 7
```

⑤
```
   5 4 5 0
-    9 1 9
-----------
   4 5 3 1
```

⑥
```
   2 0 2 1
-    7 3 3
-----------
   1 2 8 8
```

⑦
```
   5 4 6 0
-  2 7 8 1
-----------
   2 6 7 9
```

⑧
```
   6 2 7 1
-  3 4 9 8
-----------
   2 7 7 3
```

➡ もう少し練習したい方は 185 ページへ

6 ひき算の虫食い算

やってみよう!

問題 □ に数字を入れてください。

①
```
    5 [3]
  -[3] 9
  ─────
    1 4
```

②
```
   [6] 2
  - 3 [9]
  ─────
    2 3
```

③
```
   [3] 4 5 2
  -  1[7]6[4]
  ──────────
    1 6 8 8
```

④
```
    5[4] 2 3
  - 3 5[4] 7
  ──────────
    1 8 7 6
```

答と解説

①
```
    5 [3]
  -[3] 9
  ─────
    1 4
```

②
```
   [6] 2
  - 3 [9]
  ─────
    2 3
```

③
```
   [3] 4 5 2
  -  1[7]6[4]
  ──────────
    1 6 8 8
```

④
```
    5[4] 2 3
  - 3 5[4] 7
  ──────────
    1 8 7 6
```

7 簡単なかけ算

> 解き方のおさらい

　久しぶりでちょっと自信のない方は、声をだして、懐かしい九九の表を読みあげてから、次ページの問題にチャレンジしてください。

×	1	2	3	4	5	6	7	8	9
1	1	2	3	4	5	6	7	8	9
2	2	4	6	8	10	12	14	16	18
3	3	6	9	12	15	18	21	24	27
4	4	8	12	16	20	24	28	32	36
5	5	10	15	20	25	30	35	40	45
6	6	12	18	24	30	36	42	48	54
7	7	14	21	28	35	42	49	56	63
8	8	16	24	32	40	48	56	64	72
9	9	18	27	36	45	54	63	72	81

おさらい編

小学校の計算

中学校の計算

高校の計算

やってみよう!

問1 表をうめてください。

×	1	9	2	8	3	7	4	6	5
9	9	81	18	72	27	63	36	54	45
1	1	9	2	8	3	7	4	6	5
8	8	72	16	64	24	56	32	48	40
2	2	18	4	16	6	14	8	12	10
7	7	63	14	56	21	49	28	42	35

自信をもって九九がスラスラ答えられなかった方は前ページの表をもう一度 Check!

答と解説

問1

×	1	9	2	8	3	7	4	6	5
9	9	81	18	72	27	63	36	54	45
1	1	9	2	8	3	7	4	6	5
8	8	72	16	64	24	56	32	48	40
2	2	18	4	16	6	14	8	12	10
7	7	63	14	56	21	49	28	42	35

問2　表をうめてください。

×	1	9	2	8	3	7	4	6	5
6	6	54	12	48	18	42	24	30	30
3	3	27	6	24	9	21	12	18	15
5	5	45	10	40	15	35	20	30	25
4	4	36	8	32	12	28	16	24	20

問3　計算してください。

① $(5+4) \times 8 = 72$
② $(3+5) \times 7 = 56$
③ $(13-6) \times 7 = 49$
④ $(16-8) \times 6 = 48$
⑤ $2 \times 3 \times 8 = 48$
⑥ $4 \times 2 \times 8 = 64$
⑦ $3 \times 3 \times 4 = 36$
⑧ $2 \times 2 \times 8 = 32$

答と解説

問2

×	1	9	2	8	3	7	4	6	5
6	6	54	12	48	18	42	24	36	30
3	3	27	6	24	9	21	12	18	15
5	5	45	10	40	15	35	20	30	25
4	4	36	8	32	12	28	16	24	20

問3
① $(5+4) \times 8 = \boxed{72}$
② $(3+5) \times 7 = \boxed{56}$
③ $(13-6) \times 7 = \boxed{49}$
④ $(16-8) \times 6 = \boxed{48}$
⑤ $2 \times 3 \times 8 = \boxed{48}$
⑥ $4 \times 2 \times 8 = \boxed{64}$
⑦ $3 \times 3 \times 4 = \boxed{36}$
⑧ $2 \times 2 \times 8 = \boxed{32}$

8 かけ算の筆算

解き方のおさらい

例 57×3

① ② の順に計算します。

```
      5 7
  ×     3
  ─────────
        2   ← ① 3×7＝21で
  1 7 1        2 繰り上がる
      ↑
  ② 3×5＋2＝17
```

例 55×86

① ② ③ ④ ⑤ の順に計算します。

```
              5 5
          ×   8 6
        ─────────
                3   ← ① 6×5＝30で
② 6×5＋3＝33 → 3 3 0      3 繰り上がる
                4   ← ③ 8×5＝40で
④ 8×5＋4＝44 → 4 4 0      4 繰り上がる
        ─────────
            4 7 3 0
```

⑤ かけ合わせた結果をたす

📝 やってみよう！

問題 次の筆算をしてください。

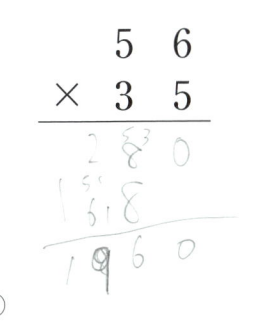

①
```
   7 6
 ×   8
 ─────
   608
```

②
```
   9 8
 ×   7
 ─────
   686
```

③
```
     5 6
   ×  3 5
   ─────
     280
    168
   ─────
   1960
```

④
```
     8 7
   ×  5 7
   ─────
     609
    435
   ─────
    4959
```

⑤
```
     7 0 8
   ×    3 2
   ───────
    1416
    2124
   ───────
    22656
```

⑥
```
     3 9 3
   ×    5 7
   ───────
     2751
    1965
   ───────
    22401
```

⑦
```
     5 4 6
   ×  3 4 5
   ───────
     2730
     2184
    1638
   ───────
    188370
```

⑧
```
     7 8 3
   ×  6 5 7
   ───────
     5481
     3915
    4698
   ───────
    514431
```

答と解説

①
```
   7 6
×    8
─────
 6 0 8
```

②
```
   9 8
×    7
─────
 6 8 6
```

③
```
    5 6
×   3 5
───────
  2 8 0
  1 6 8
───────
1 9 6 0
```

④
```
    8 7
×   5 7
───────
  6 0 9
  4 3 5
───────
4 9 5 9
```

⑤
```
      7 0 8
×       3 2
───────────
    1 4 1 6
    2 1 2 4
───────────
  2 2 6 5 6
```

⑥
```
      3 9 3
×       5 7
───────────
    2 7 5 1
    1 9 6 5
───────────
  2 2 4 0 1
```

⑦
```
        5 4 6
×       3 4 5
─────────────
    2 7 3 0
    2 1 8 4
    1 6 3 8
─────────────
1 8 8 3 7 0
```

⑧
```
        7 8 3
×       6 5 7
─────────────
    5 4 8 1
    3 9 1 5
    4 6 9 8
─────────────
5 1 4 4 3 1
```

➡ もう少し練習したい方は 187 ページへ

9 かけ算の虫食い算

やってみよう！

問題　☐ に数字を入れてください。

①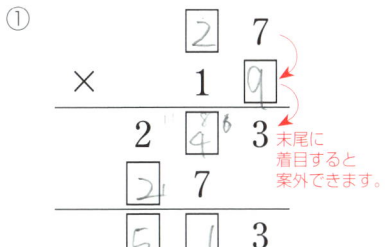

②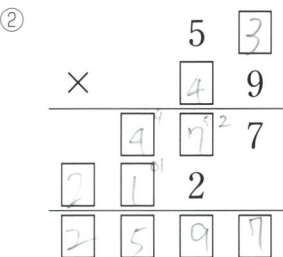

③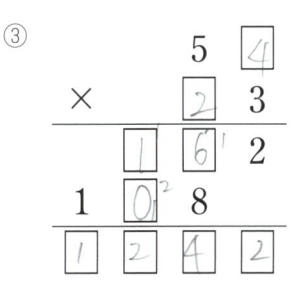

④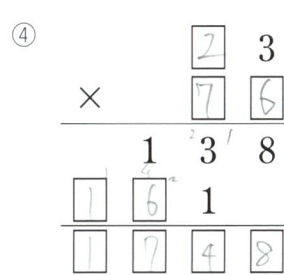

答と解説

10 簡単なわり算

🖊 やってみよう！

問1 計算してください。

① 36÷6 =6
② 20÷4 =5
③ 56÷7 =8
④ 28÷4 =7
⑤ 40÷5 =8
⑥ 36÷9 =4
⑦ 42÷7 =6
⑧ 21÷7 =3
⑨ 48÷8 =6
⑩ 48÷6 =8
⑪ 42÷6 =7
⑫ 24÷6 =4
⑬ 25÷5 =5
⑭ 18÷3 =6
⑮ 40÷8 =5
⑯ 32÷8 =4

答と解説

問1 ①6 ②5 ③8 ④7 ⑤8 ⑥4 ⑦6 ⑧3
　　 ⑨6 ⑩8 ⑪7 ⑫4 ⑬5 ⑭6 ⑮5 ⑯4

問2 計算してください。

① $56 \div 8 = 7$

② $32 \div 4 = 8$

③ $45 \div 9 = 5$

④ $27 \div 9 = 3$

⑤ $24 \div 4 = 6$

⑥ $27 \div 3 = 9$

⑦ $36 \div 4 = 9$

⑧ $30 \div 6 = 5$

⑨ $63 \div 9 = 7$

⑩ $28 \div 7 = 4$

⑪ $81 \div 9 = 9$

⑫ $54 \div 6 = 9$

⑬ $30 \div 5 = 6$

⑭ $72 \div 9 = 8$

⑮ $21 \div 3 = 7$

⑯ $18 \div 6 = 3$

⑰ $45 \div 5 = 9$

⑱ $63 \div 7 = 9$

おさらい編

小学校の計算

中学校の計算

高校の計算

答と解説

問2 ①7 ②8 ③5 ④3 ⑤6 ⑥9 ⑦9 ⑧5 ⑨7
　　 ⑩4 ⑪9 ⑫9 ⑬6 ⑭8 ⑮7 ⑯3 ⑰9 ⑱9

11 わり算の筆算

解き方のおさらい

例 $88 \div 3$

①②③④⑤⑥⑦ の順に計算します。

商 → かける → ひく → おろす の流れです。

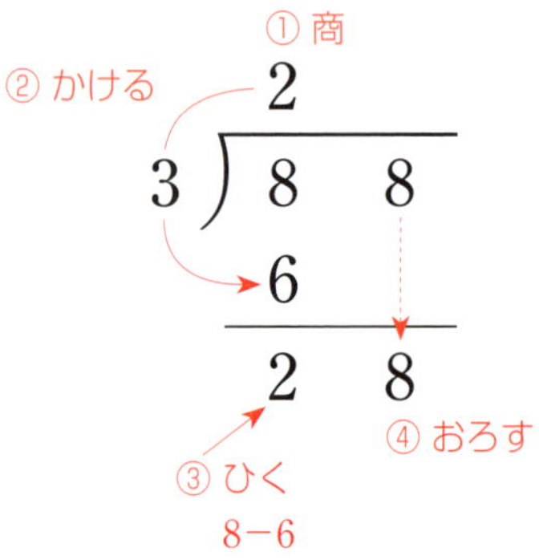

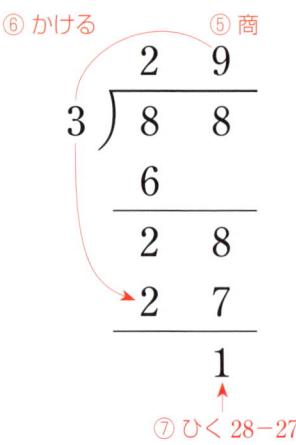

例 $345 \div 22$

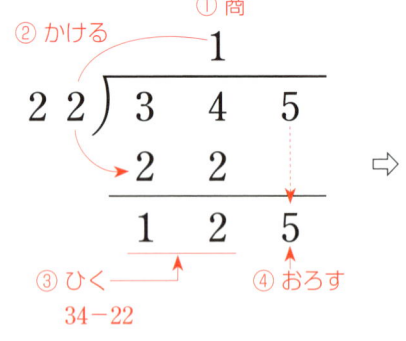
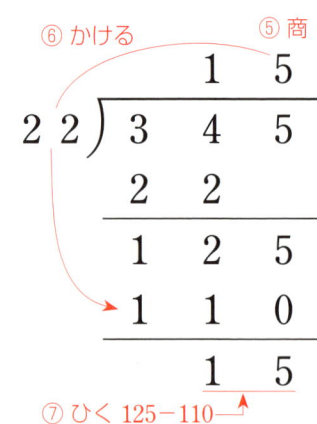

やってみよう！

問題 次の筆算をしてください（商は整数まで）。

① 4) 375

② 8) 579

③ 13) 678

④ 35) 875

⑤ 43) 5732

⑥ 78) 8741

⑦ 342) 4691

⑧ 295) 7802

おさらい編

小学校の計算

中学校の計算

高校の計算

33

答と解説

①
```
       9 3
    ┌─────
  4 ) 3 7 5
      3 6
      ───
      1 5
      1 2
      ───
        3
```

②
```
       7 2
    ┌─────
  8 ) 5 7 9
      5 6
      ───
      1 9
      1 6
      ───
        3
```

③
```
        5 2
     ┌─────
  13 ) 6 7 8
       6 5
       ───
       2 8
       2 6
       ───
         2
```

④
```
        2 5
     ┌─────
  35 ) 8 7 5
       7 0
       ───
       1 7 5
       1 7 5
       ─────
           0
```

⑤
```
         1 3 3
      ┌───────
  43 ) 5 7 3 2
       4 3
       ───
       1 4 3
       1 2 9
       ─────
         1 4 2
         1 2 9
         ─────
            1 3
```

⑥
```
         1 1 2
      ┌───────
  78 ) 8 7 4 1
       7 8
       ───
         9 4
         7 8
         ───
         1 6 1
         1 5 6
         ─────
             5
```

⑦
```
             1 3
       ┌─────────
  342 ) 4 6 9 1
        3 4 2
        ─────
        1 2 7 1
        1 0 2 6
        ───────
          2 4 5
```

⑧
```
             2 6
       ┌─────────
  295 ) 7 8 0 2
        5 9 0
        ─────
        1 9 0 2
        1 7 7 0
        ───────
          1 3 2
```

➡ もう少し練習したい方は 188 ページへ

12 わり算の虫食い算

やってみよう！

問題 ☐ に数字を入れてください。

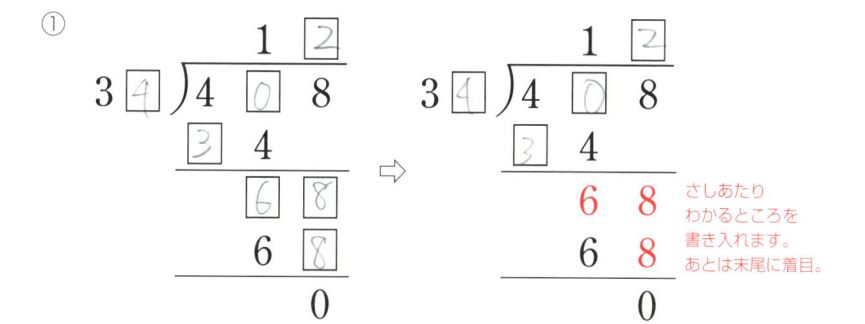

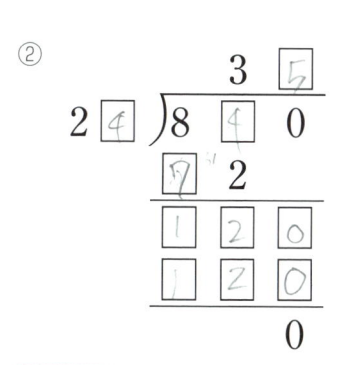

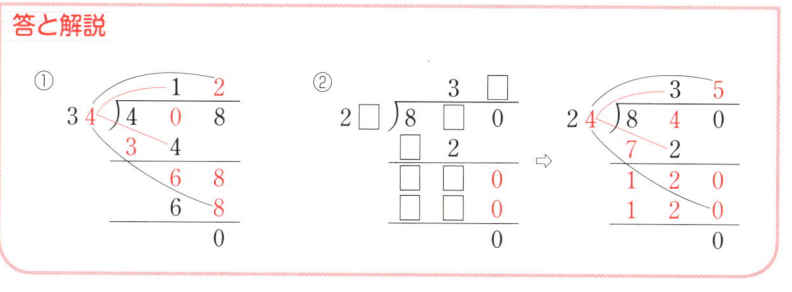

①

```
        1 [2]
  3[4])4 [0] 8
        3 4
        ──
          [6] [8]
          6 [8]
          ─────
              0
```

⇒

```
        1 [2]
  3[4])4 [0] 8
        3 4
        ──
          6 8    さしあたり
          6 8    わかるところを
          ───    書き入れます。
            0    あとは末尾に着目。
```

②

```
          3 [5]
  2[4])8 [4] 0
        [7] 2
        ─────
        [1] [2] [0]
        [1] [2] [0]
        ─────────
                0
```

答と解説

①

```
        1 2
  3 4)4 0 8
      3 4
      ──
        6 8
        6 8
        ───
          0
```

②

```
          3 ☐
  2 ☐)8 ☐ 0
       ☐ 2
       ─────
       ☐ ☐ 0
       ☐ ☐ 0
       ─────
            0
```

⇒

```
          3 5
  2 4)8 4 0
       7 2
       ─────
       1 2 0
       1 2 0
       ─────
            0
```

おさらい編 / 小学校の計算

中学校の計算

高校の計算

35

13 計算の順序

やってみよう！

問題 以下の計算をしてください。

① $23+12-14 = 21$

② $34\div17\times19 = 38$

③ $86-30\div5\times12 = 14$

④ $15-(8-3\times2)-5 = 8$

⑤ $15-\{23-3\times(14-8)\} = 10$

⑥ $2+4\times\{(18-9)\div3+4\} = 30$

⑦ $\{(83-15)\div4-1\}\times15 = 240$

⑧ $224-\{23\times5-(45-13)\times2\}\div3 = 207$

答と解説

① 23＋12－14＝35－14＝21
　　たし算とひき算だけの式　左から順

② 34÷17×19＝2×19＝38
　　かけ算とわり算だけの式　左から順

③ 86－30÷5×12＝86－6×12＝86－72＝14
　　かけ算・わり算を、たし算・ひき算より先にする

④ 15－(8－3×2)－5
　＝15－(8－6)－5　　（　）が先、
　＝15－2－5＝13－5＝8　（　）の中はかけ算が先

⑤ 15－{23－3×(14－8)}　（　）→{　}の順に
　＝15－(23－3×6)　　　内側からはずしていく
　＝15－(23－18)　　　かけ算が先
　＝15－5＝10

⑥ 2＋4×{(18－9)÷3＋4}
　＝2＋4×(9÷3＋4)
　＝2＋4×(3＋4)
　＝2＋4×7＝2＋28＝30

⑦ {(83－15)÷4－1}×15
　＝(68÷4－1)×15＝(17－1)×15
　＝16×15＝240

⑧ 224－{23×5－(45－13)×2}÷3
　＝224－(23×5－32×2)÷3
　＝224－(115－64)÷3
　＝224－51÷3＝224－17＝207

➡ もう少し練習したい方は 190 ページへ

14 和差算で計算練習

解き方のおさらい

例 大きい数と小さい数の和が 42 で差が 12 のとき、小さい数と大きい数を求めてください。

さしあたりメモ的に図示します。

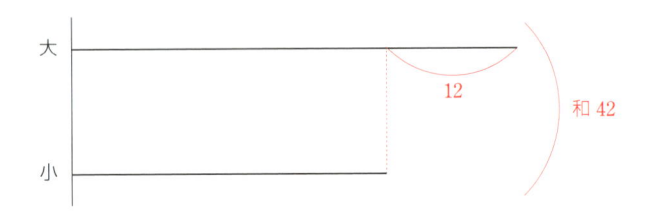

私たちはこの図を見たとき、長さをそろえたくなります。そのためには大きい方をカットするか、小さい方に不足分をたすかします。

大きい方をカットすると

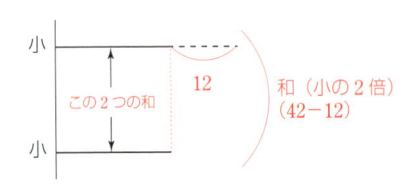

和が(42 − 12)で、これが
小の 2 倍です。
小 × 2 = (42 − 12) = 30
小 = 30 ÷ 2 = 15
大 = 15 + 12 = 27

不足分をたすと

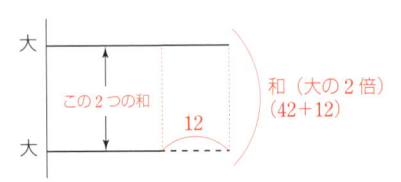

和が(42 + 12)で、これが
大の 2 倍です。
大 × 2 = (42 + 12) = 54
大 = 54 ÷ 2 = 27
小 = 27 − 12 = 15

図を書けば簡単にできます。計算を楽しんでください。

やってみよう！

問1 A君の体重はB君より8kg重く、2人の体重の和は104kgです。A君の体重は何kgでしょうか。

問2 昼の長さが夜の長さより2時間長いとき、夜の長さはいくらですか。

問3 A子さんとお父さんの年齢の差は21歳で、2人の年齢の和は59歳です。A子さんは何歳でしょう。

問4 ある真分数の分母と分子の差は25で、分母と分子の和は45です。この分数を求めて約分してください。

真分数とは、分子が分母より小さい分数のこと

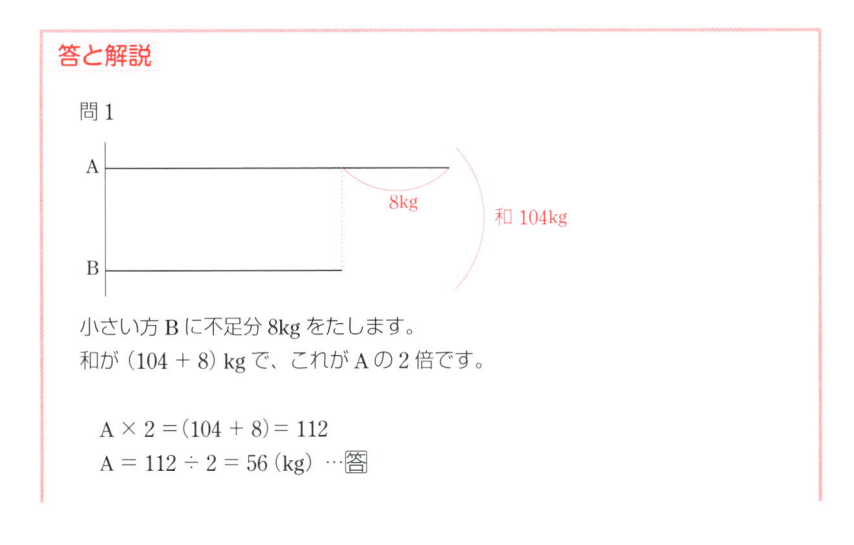

答と解説

問1

8kg 和104kg

小さい方Bに不足分8kgをたします。
和が（104＋8）kgで、これがAの2倍です。

$A \times 2 = (104 + 8) = 112$
$A = 112 \div 2 = 56$ (kg) …答

問2

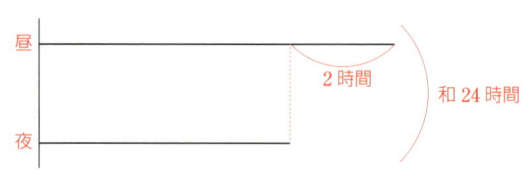

昼　夜　2時間　和24時間

大きい昼から2時間をカットします。
和が(24 − 2)時間で、これが夜の2倍です。
　　夜 × 2 = (24 − 2) = 22 (時間)
　　夜 = 22 ÷ 2 = 11 (時間) …答

問3

お父さん　A子さん　21歳　59歳

大きいお父さんから21歳をカットします。
和が(59 − 21)歳で、これがA子さんの2倍です。
　　A × 2 = (59 − 21) = 38 (歳)
　　A = 38 ÷ 2 = 19 (歳) …答

問4

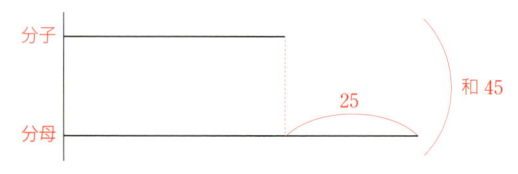

分子　分母　25　和45

大きい分母から25をカットします。
和が(45 − 25)で、これが分子の2倍です。
　　分子 × 2 = (45 − 25) = 20
　　分子 = 20 ÷ 2 = 10　分母 = 10 + 25 = 35

　　求める分数は　$\dfrac{10}{35} = \dfrac{2}{7}$ …答

15 鶴亀算で計算練習

解き方のおさらい

ツルと、手が2本あるツル（＝カメ）と思ってください。

ツルとカメが合わせて20匹で、足の合計が50本のとき、ツルとカメはそれぞれ何匹でしょう。この問題で考えましょう。

① ② ③ ④ の順に見てください。簡単です。

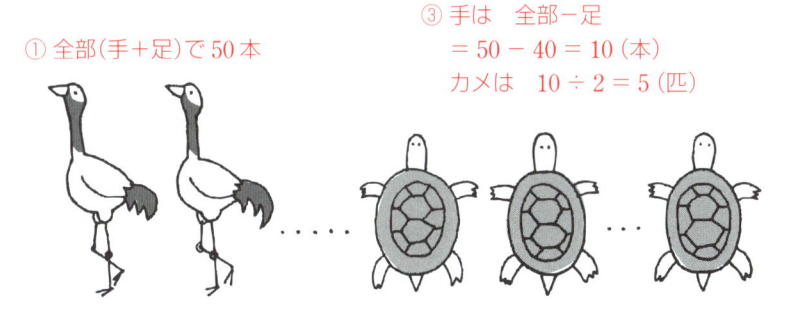

① 全部（手＋足）で50本

③ 手は　全部－足
　　　　＝ 50 － 40 ＝ 10（本）
　カメは　10 ÷ 2 ＝ 5（匹）

② 20匹
　足は　2 × 20 ＝ 40本

④ ツルは　20 － 5 ＝ 15（匹）

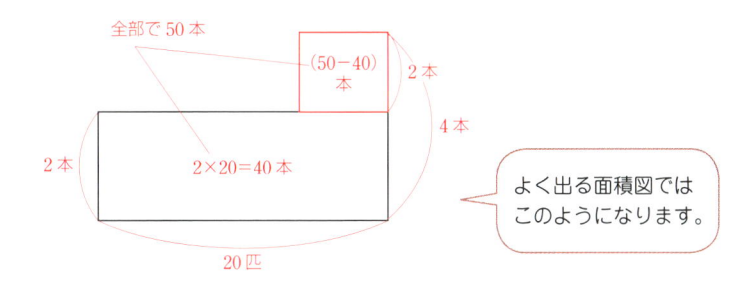

全部で50本
（50－40）本
2本
4本
2本
2×20＝40本
20匹

よく出る面積図ではこのようになります。

おさらい編

小学校の計算

中学校の計算

高校の計算

やってみよう！

問1 ツルとカメが合わせて9匹います。足の数は合わせて26本です。カメは何匹いますか。

問2 5円硬貨と10円硬貨が合わせて15枚で、合計が130円です。10円は何枚ですか。

問3 1つ150円のハンバーガーと、1つ120円のポテトを12個買って、1560円払いました。ハンバーガーは何個買ったのでしょう。

答と解説

問1　全部（足＋手）26 －足（2×9）＝ 8（これが手）
　　　カメは　8÷2＝4（匹）…答

問2　足が5本の動物と足が5本で手が5本の動物と思えば、ツルカメです。

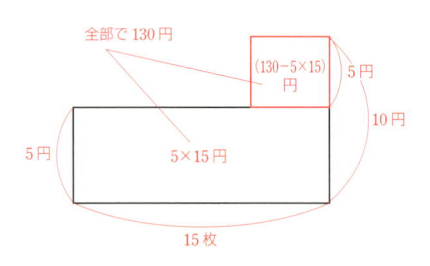

全部（足＋手）130 －足（5×15）＝ 130 － 75 ＝ 55（円）（これが手）
カメ（10円硬貨）は　55÷(10－5)＝11（枚）…答

問3　全部（足＋手）1560 －足（120×12）＝ 120（円）（これが手）
　　　カメ（ハンバーガー）は　120÷(150－120)＝4（個）…答

16 分数のたし算

解き方のおさらい

例　$\dfrac{1}{5}+\dfrac{2}{5}$ の計算　　分母はそのままで分子をたします。

$$\dfrac{1}{5}+\dfrac{2}{5}=\dfrac{3}{5}$$

例　$1\dfrac{1}{7}+4\dfrac{2}{7}$ の計算　　整数部分同士、分数部分同士をたします。

$$1+4=5 \quad \dfrac{1}{7}+\dfrac{2}{7}=\dfrac{3}{7}$$

$$1\dfrac{1}{7}+4\dfrac{2}{7}=5\dfrac{3}{7}$$

例　$\dfrac{17}{4}$ を帯分数にかえてください。

分子　分母　商
$17\div 4=4$　余り 1　より

$$\dfrac{17}{4}=4\dfrac{1}{4}$$　です。

帯分数→
整数と分数で
できている分数
仮分数→
分子より分母が
小さい分数
…です。

例　$2\dfrac{4}{5}+4\dfrac{3}{5}$ を計算してください。

整数部分同士、分数部分同士をたして　$2\dfrac{4}{5}+4\dfrac{3}{5}=6\dfrac{7}{5}$

ここからが要注意です。$\dfrac{7}{5}$（仮分数）を帯分数にかえます。

$7\div 5=1$　余り 2　だから　$\dfrac{7}{5}=1\dfrac{2}{5}$

結局　$2\dfrac{4}{5}+4\dfrac{3}{5}=6\dfrac{7}{5}=6+\dfrac{7}{5}=6+1\dfrac{2}{5}=7\dfrac{2}{5}$

おさらい編

小学校の計算

中学校の計算

高校の計算

43

やってみよう!

問1 次の計算をしてください。

① $\dfrac{1}{5}+\dfrac{3}{5}$　　　② $\dfrac{3}{7}+\dfrac{2}{7}$

③ $2\dfrac{1}{4}+4\dfrac{2}{4}$　　　④ $1\dfrac{2}{11}+3\dfrac{3}{11}$

⑤ $1\dfrac{3}{5}+4\dfrac{3}{5}$　　　⑥ $6\dfrac{5}{7}+2\dfrac{4}{7}$

問2 約分してください。

① $\dfrac{42}{56}$　　② $\dfrac{12}{48}$　　③ $\dfrac{25}{75}$

問3 通分してください。

① $\left(\dfrac{1}{4} と \dfrac{1}{5}\right)$　② $\left(\dfrac{3}{10} と \dfrac{2}{15}\right)$　③ $\left(\dfrac{1}{7} と \dfrac{5}{6}\right)$

問4 次の計算をしてください。

① $\dfrac{3}{4}+\dfrac{1}{3}$

② $2\dfrac{1}{6}+5\dfrac{2}{3}$

③ $2\dfrac{2}{15}+3\dfrac{1}{3}$

通分
→分子と分母に同じ数をかけて分母をそろえること

答と解説

問1
① $\dfrac{1}{5}+\dfrac{3}{5}=\dfrac{4}{5}$　　② $\dfrac{3}{7}+\dfrac{2}{7}=\dfrac{5}{7}$

③ $2\dfrac{1}{4}+4\dfrac{2}{4}=6\dfrac{3}{4}$　　④ $1\dfrac{2}{11}+3\dfrac{3}{11}=4\dfrac{5}{11}$

⑤ $1\dfrac{3}{5}+4\dfrac{3}{5}=5\dfrac{6}{5}=6\dfrac{1}{5}$　　⑥ $6\dfrac{5}{7}+2\dfrac{4}{7}=8\dfrac{9}{7}=9\dfrac{2}{7}$

問2 約分は分子と分母を同じ数でわって、分母が最も小さい分数にします。

① $\dfrac{42}{56}=\dfrac{6}{8}=\dfrac{3}{4}$ （÷7、÷2）　　② $\dfrac{12}{48}=\dfrac{2}{8}=\dfrac{1}{4}$ （÷6、÷2）　　③ $\dfrac{25}{75}=\dfrac{5}{15}=\dfrac{1}{3}$ （÷5、÷5）

問3 ① 分母4と5の最小公倍数20を分母とする分数にかえます。

$\dfrac{1}{4}$ の分母と分子に5を、$\dfrac{1}{5}$ の分母と分子に4をかけます。

$\dfrac{1}{4}=\dfrac{1\times5}{4\times5}=\dfrac{5}{20}$　　$\dfrac{1}{5}=\dfrac{1\times4}{5\times4}=\dfrac{4}{20}$　　（ $\dfrac{5}{20}$ と $\dfrac{4}{20}$ ）

② （ $\dfrac{9}{30}$ と $\dfrac{4}{30}$ ）　　③ （ $\dfrac{6}{42}$ と $\dfrac{35}{42}$ ）

問4
① $\dfrac{3}{4}+\dfrac{1}{3}=\dfrac{3\times3}{4\times3}+\dfrac{1\times4}{3\times4}=\dfrac{9}{12}+\dfrac{4}{12}=\dfrac{13}{12}=1\dfrac{1}{12}$

② $2\dfrac{1}{6}+5\dfrac{2}{3}=2\dfrac{1}{6}+5\dfrac{4}{6}=7\dfrac{5}{6}$

③ $2\dfrac{2}{15}+3\dfrac{1}{3}=2\dfrac{2}{15}+3\dfrac{5}{15}=5\dfrac{7}{15}$

➡もう少し練習したい方は192ページへ

17 分数のひき算

> 解き方のおさらい

例　① $\dfrac{5}{7}-\dfrac{3}{7}$　　② $4\dfrac{3}{5}-1\dfrac{1}{5}$

　　③ $5\dfrac{5}{6}-1\dfrac{1}{6}$　　④ $5\dfrac{3}{4}-2\dfrac{1}{3}$　の計算

そのままひける場合は、たし算のやり方に準じます。

① $\dfrac{5}{7}-\dfrac{3}{7}=\dfrac{2}{7}$　　② $4\dfrac{3}{5}-1\dfrac{1}{5}=3\dfrac{2}{5}$

　　　　　　整数部分 $4-1=3$　分数部分 $\dfrac{3}{5}-\dfrac{1}{5}=\dfrac{2}{5}$

③ $5\dfrac{5}{6}-1\dfrac{1}{6}=4\dfrac{4}{6}=4\dfrac{2}{3}$　最後に約分をお忘れなく！

④ $5\dfrac{3}{4}-2\dfrac{1}{3}=5\dfrac{9}{12}-2\dfrac{4}{12}=3\dfrac{5}{12}$　分母が違うのでまず通分！

例　$1\dfrac{2}{7}-\dfrac{5}{7}$　の計算

$\dfrac{2}{7}$　から　$\dfrac{5}{7}$　はひけません。こういうときは

$1=\dfrac{2}{2}=\dfrac{3}{3}=\dfrac{4}{4}=\dfrac{5}{5}=\dfrac{6}{6}=\dfrac{7}{7}$　…を使って

$1\dfrac{2}{7}=1+\dfrac{2}{7}=\dfrac{7}{7}+\dfrac{2}{7}=\dfrac{9}{7}$　とします。これが繰り下げです。

結局　$1\dfrac{2}{7}-\dfrac{5}{7}=\dfrac{9}{7}-\dfrac{5}{7}=\dfrac{4}{7}$

やってみよう！

問題 計算をしてください。

① $\dfrac{4}{5} - \dfrac{1}{5}$ 　　　　② $\dfrac{5}{8} - \dfrac{3}{8}$

③ $4\dfrac{7}{12} - 2\dfrac{5}{12}$ 　　　　④ $2\dfrac{5}{6} - 1\dfrac{1}{6}$

⑤ $\dfrac{2}{3} - \dfrac{1}{5}$ 　　　　⑥ $\dfrac{3}{4} - \dfrac{5}{36}$

⑦ $2\dfrac{3}{4} - 1\dfrac{1}{12}$ 　　　　⑧ $7\dfrac{4}{5} - 1\dfrac{2}{3}$

⑨ $5\dfrac{1}{4} - 1\dfrac{3}{4}$ 　　　　⑩ $11\dfrac{2}{5} - 2\dfrac{3}{5}$

⑪ $4\dfrac{1}{6} - 3\dfrac{3}{10}$ 　　　　⑫ $9\dfrac{1}{5} - 3\dfrac{5}{6}$

⑬ $2\dfrac{1}{3} + 3\dfrac{1}{4} - 1\dfrac{5}{6}$

答と解説

① $\dfrac{4}{5} - \dfrac{1}{5} = \dfrac{3}{5}$

② $\dfrac{5}{8} - \dfrac{3}{8} = \dfrac{2}{8} = \dfrac{1}{4}$ (÷2)

③ $4\dfrac{7}{12} - 2\dfrac{5}{12} = 2\dfrac{2}{12} = 2\dfrac{1}{6}$

④ $2\dfrac{5}{6} - 1\dfrac{1}{6} = 1\dfrac{4}{6} = 1\dfrac{2}{3}$

⑤ $\dfrac{2}{3} - \dfrac{1}{5} = \dfrac{10}{15} - \dfrac{3}{15} = \dfrac{7}{15}$
　まず通分

⑥ $\dfrac{3}{4} - \dfrac{5}{36} = \dfrac{27}{36} - \dfrac{5}{36} = \dfrac{22}{36} = \dfrac{11}{18}$
　まず通分　　　　最後に約分

⑦ $2\dfrac{3}{4} - 1\dfrac{1}{12} = 2\dfrac{9}{12} - 1\dfrac{1}{12} = 1\dfrac{8}{12} = 1\dfrac{2}{3}$

⑧ $7\dfrac{4}{5} - 1\dfrac{2}{3} = 7\dfrac{12}{15} - 1\dfrac{10}{15} = 6\dfrac{2}{15}$

⑨ $5\dfrac{1}{4} - 1\dfrac{3}{4} = 4\dfrac{5}{4} - 1\dfrac{3}{4} = 3\dfrac{2}{4} = 3\dfrac{1}{2}$
　　　　　繰り下げ

⑩ $11\dfrac{2}{5} - 2\dfrac{3}{5} = 10\dfrac{7}{5} - 2\dfrac{3}{5} = 8\dfrac{4}{5}$

⑪ $4\dfrac{1}{6} - 3\dfrac{3}{10} = 4\dfrac{5}{30} - 3\dfrac{9}{30} = 3\dfrac{35}{30} - 3\dfrac{9}{30} = \dfrac{26}{30} = \dfrac{13}{15}$
　　まず通分　　　　　繰り下げ

⑫ $9\dfrac{1}{5} - 3\dfrac{5}{6} = 9\dfrac{6}{30} - 3\dfrac{25}{30} = 8\dfrac{36}{30} - 3\dfrac{25}{30} = 5\dfrac{11}{30}$

⑬ $2\dfrac{1}{3} + 3\dfrac{1}{4} - 1\dfrac{5}{6} = 2\dfrac{4}{12} + 3\dfrac{3}{12} - 1\dfrac{10}{12} = 5\dfrac{7}{12} - 1\dfrac{10}{12} = 4\dfrac{19}{12} - 1\dfrac{10}{12} = 3\dfrac{9}{12} = 3\dfrac{3}{4}$

➡もう少し練習したい方は 193 ページへ

18 分数のかけ算・わり算

解き方のおさらい

例 ① $\dfrac{2}{9}\times 4$ ② $\dfrac{4}{7}\times 35$ ③ $\dfrac{3}{8}\times 12$ を計算してください。

① $\dfrac{2}{9}\times 4 = \dfrac{2\times 4}{9} = \dfrac{8}{9}$　真分数と整数のかけ算は分子と整数をかける。

② 途中で約分できるときは約分します。

$$\dfrac{4}{7}\times 35 = \dfrac{4\times \overset{5}{\cancel{35}}}{\underset{1}{\cancel{7}}} = 20$$

③ $\dfrac{3}{8}\times 12 = \dfrac{3\times \overset{3}{\cancel{12}}}{\underset{2}{\cancel{8}}} = \dfrac{9}{2} = 4\dfrac{1}{2}$

途中で約分

仮分数は帯分数にかえます。
$9\div 2 = 4$ 余り 1 より
$\dfrac{9}{2} = 4\dfrac{1}{2}$

例 ① $3\dfrac{2}{7}\times 3$ ② $\dfrac{3}{4}\times \dfrac{2}{5}$ ③ $\dfrac{5}{12}\div \dfrac{3}{7}$ を計算してください。

① $3\dfrac{2}{7}\times 3 = \dfrac{23}{7}\times 3 = \dfrac{23\times 3}{7} = \dfrac{69}{7} = 9\dfrac{6}{7}$

　　　　帯分数を仮分数　　　　　　仮分数を帯分数

$3\dfrac{2}{7} = \dfrac{23}{7}$

② $\dfrac{3}{4}\times \dfrac{2}{5} = \dfrac{3\times \overset{1}{\cancel{2}}}{\underset{2}{\cancel{4}}\times 5} = \dfrac{3}{10}$　分母同士、分子同士かけます。

③ $\dfrac{5}{12}\div \dfrac{3}{7} = \dfrac{5}{12}\times \dfrac{7}{3} = \dfrac{5\times 7}{12\times 3} = \dfrac{35}{36}$　わり算は逆数のかけ算に。

やってみよう！

問題　計算してください。

① $\dfrac{2}{13} \times 4$　　　② $\dfrac{3}{17} \times 4$

③ $\dfrac{3}{8} \times 2$　　　④ $\dfrac{5}{6} \times 24$

⑤ $3\dfrac{3}{4} \times 2$　　　⑥ $1\dfrac{4}{15} \times 10$

⑦ $\dfrac{4}{7} \times \dfrac{5}{24}$　　　⑧ $\dfrac{7}{20} \times 3\dfrac{1}{3}$

⑨ $\dfrac{5}{12} \div \dfrac{3}{8}$　　　⑩ $\dfrac{7}{8} \div 2\dfrac{1}{10}$

⑪ $\dfrac{2}{3} + \dfrac{2}{21} \times \dfrac{7}{4}$　　　⑫ $\left(\dfrac{5}{6} + \dfrac{5}{12}\right) \div \dfrac{5}{8}$

答と解説

① $\dfrac{2}{13} \times 4 = \dfrac{2 \times 4}{13} = \dfrac{8}{13}$

② $\dfrac{3}{17} \times 4 = \dfrac{3 \times 4}{17} = \dfrac{12}{17}$

③ $\dfrac{3}{8} \times 2 = \dfrac{3 \times \overset{1}{2}}{\underset{4}{8}} = \dfrac{3}{4}$

④ $\dfrac{5}{6} \times 24 = \dfrac{5 \times \overset{4}{24}}{\underset{1}{6}} = 20$

⑤ $3\dfrac{3}{4} \times 2 = \dfrac{15}{4} \times 2 = \dfrac{15 \times \overset{1}{2}}{\underset{2}{4}} = \dfrac{15}{2} = 7\dfrac{1}{2}$

⑥ $1\dfrac{4}{15} \times 10 = \dfrac{19}{15} \times 10 = \dfrac{19 \times \overset{2}{10}}{\underset{3}{15}} = \dfrac{38}{3} = 12\dfrac{2}{3}$

⑦ $\dfrac{4}{7} \times \dfrac{5}{24} = \dfrac{\overset{1}{4} \times 5}{7 \times \underset{6}{24}} = \dfrac{5}{42}$

⑧ $\dfrac{7}{20} \times 3\dfrac{1}{3} = \dfrac{7}{20} \times \dfrac{10}{3} = \dfrac{7 \times \overset{1}{10}}{\underset{2}{20} \times 3} = \dfrac{7}{6} = 1\dfrac{1}{6}$

⑨ $\dfrac{5}{12} \div \dfrac{3}{8} = \dfrac{5}{12} \times \dfrac{8}{3} = \dfrac{5 \times \overset{2}{8}}{\underset{3}{12} \times 3} = \dfrac{10}{9} = 1\dfrac{1}{9}$ (逆数のかけ算)

⑩ $\dfrac{7}{8} \div 2\dfrac{1}{10} = \dfrac{7}{8} \div \dfrac{21}{10} = \dfrac{\overset{1}{7}}{\underset{4}{8}} \times \dfrac{\overset{5}{10}}{\underset{3}{21}} = \dfrac{5}{12}$

⑪ $\dfrac{2}{3} + \dfrac{\overset{1}{2}}{\underset{3}{21}} \times \dfrac{\overset{1}{7}}{\underset{2}{4}} = \dfrac{2}{3} + \dfrac{1}{6} = \dfrac{4}{6} + \dfrac{1}{6} = \dfrac{5}{6}$

⑫ $\left(\dfrac{5}{6} + \dfrac{5}{12}\right) \div \dfrac{5}{8} = \left(\dfrac{10}{12} + \dfrac{5}{12}\right) \div \dfrac{5}{8} = \dfrac{15}{12} \div \dfrac{5}{8} = \dfrac{\overset{3}{15}}{\underset{3}{12}} \times \dfrac{\overset{2}{8}}{\underset{1}{5}} = \dfrac{6}{3} = 2$

➡ もう少し練習したい方は 194 ページへ

19 □の逆算（その1）

解き方のおさらい

例： $\square + 1\dfrac{1}{3} = 2\dfrac{2}{5}$

たし算とひき算の逆算は、線分図を書けば簡単です。

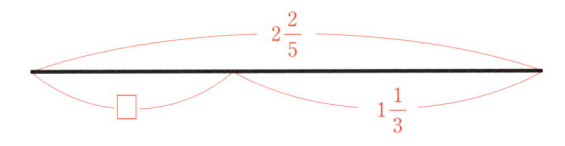

線分図より　$\square = 2\dfrac{2}{5} - 1\dfrac{1}{3} = 2\dfrac{6}{15} - 1\dfrac{5}{15} = 1\dfrac{1}{15}$

例： $\square \times 1\dfrac{1}{2} = 4\dfrac{2}{5}$

かけ算とわり算の逆算も、面積図を書けば簡単です。

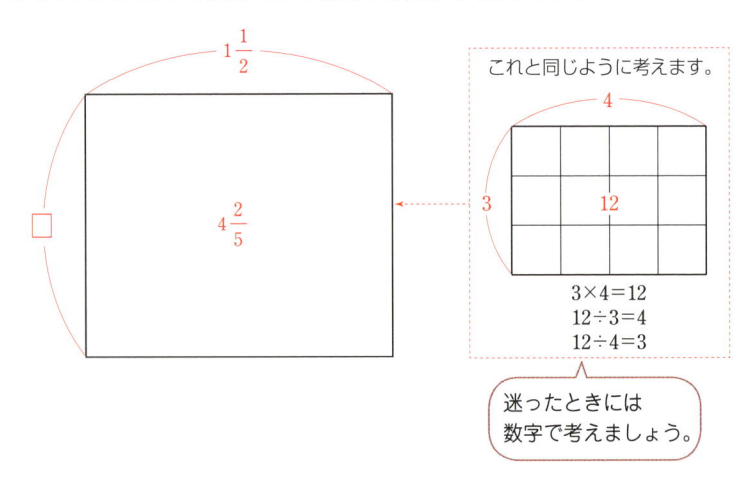

これと同じように考えます。

$3 \times 4 = 12$
$12 \div 3 = 4$
$12 \div 4 = 3$

迷ったときには数字で考えましょう。

面積図より　$\square = 4\dfrac{2}{5} \div 1\dfrac{1}{2} = \dfrac{22}{5} \div \dfrac{3}{2} = \dfrac{22}{5} \times \dfrac{2}{3} = \dfrac{44}{15} = 2\dfrac{14}{15}$

やってみよう！

問題　□を求めてください。

① $\square - \dfrac{1}{4} = \dfrac{1}{3}$

② $\square + \dfrac{1}{5} = \dfrac{2}{7}$

③ $1\dfrac{1}{2} - \square = 1\dfrac{1}{5}$

④ $2\dfrac{1}{3} + \square = 5\dfrac{3}{4}$

⑤ $\square - \dfrac{2}{5} = \dfrac{3}{4}$

⑥ $\square + 2\dfrac{2}{3} = 4\dfrac{1}{6}$

⑦ $8\dfrac{2}{9} - \square = 5\dfrac{4}{7}$

⑧ $5\dfrac{5}{8} + \square = 7\dfrac{1}{2}$

⑨ $\square \times 1\dfrac{1}{3} = 5\dfrac{1}{6}$

⑩ $\square \div 2\dfrac{1}{2} = 3\dfrac{3}{10}$

⑪ $2\dfrac{1}{8} \div \square = 4\dfrac{1}{4}$

⑫ $1\dfrac{12}{25} \times \square = 2\dfrac{2}{5}$

おさらい編

小学校の計算

中学校の計算

高校の計算

答と解説

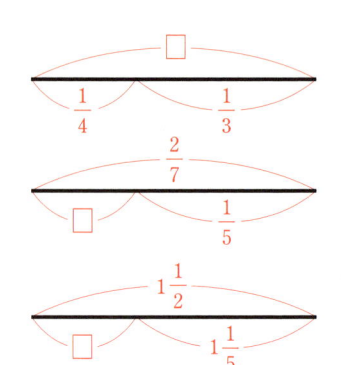

① $\square = \dfrac{1}{4} + \dfrac{1}{3} = \dfrac{3}{12} + \dfrac{4}{12} = \dfrac{7}{12}$

② $\square = \dfrac{2}{7} - \dfrac{1}{5} = \dfrac{10}{35} - \dfrac{7}{35} = \dfrac{3}{35}$

③ $\square = 1\dfrac{1}{2} - 1\dfrac{1}{5} = 1\dfrac{5}{10} - 1\dfrac{2}{10} = \dfrac{3}{10}$

④ $\square = 5\dfrac{3}{4} - 2\dfrac{1}{3} = 5\dfrac{9}{12} - 2\dfrac{4}{12} = 3\dfrac{5}{12}$

⑤ $\square = \dfrac{3}{4} + \dfrac{2}{5} = \dfrac{15}{20} + \dfrac{8}{20} = \dfrac{23}{20} = 1\dfrac{3}{20}$

⑥ $\square = 4\dfrac{1}{6} - 2\dfrac{2}{3} = 4\dfrac{1}{6} - 2\dfrac{4}{6} = 3\dfrac{7}{6} - 2\dfrac{4}{6} = 1\dfrac{3}{6} = 1\dfrac{1}{2}$

⑦ $\square = 8\dfrac{2}{9} - 5\dfrac{4}{7} = 8\dfrac{14}{63} - 5\dfrac{36}{63} = 7\dfrac{77}{63} - 5\dfrac{36}{63} = 2\dfrac{41}{63}$

⑧ $\square = 7\dfrac{1}{2} - 5\dfrac{5}{8} = 7\dfrac{4}{8} - 5\dfrac{5}{8} = 6\dfrac{12}{8} - 5\dfrac{5}{8} = 1\dfrac{7}{8}$

⑨ $\square = 5\dfrac{1}{6} \div 1\dfrac{1}{3} = \dfrac{31}{6} \div \dfrac{4}{3} = \dfrac{31}{6} \times \dfrac{3}{4} = \dfrac{31}{8} = 3\dfrac{7}{8}$

⑩ $\square = 3\dfrac{3}{10} \times 2\dfrac{1}{2} = \dfrac{33}{10} \times \dfrac{5}{2} = \dfrac{33}{4} = 8\dfrac{1}{4}$

⑪ $\square = 2\dfrac{1}{8} \div 4\dfrac{1}{4} = \dfrac{17}{8} \div \dfrac{17}{4} = \dfrac{17}{8} \times \dfrac{4}{17} = \dfrac{1}{2}$

⑫ $\square = 2\dfrac{2}{5} \div 1\dfrac{12}{25} = \dfrac{12}{5} \div \dfrac{37}{25} = \dfrac{12}{5} \times \dfrac{25}{37} = \dfrac{60}{37} = 1\dfrac{23}{37}$

➡もう少し練習したい方は 196 ページへ

20 ▶ □の逆算（その2）

解き方のおさらい

例 $\{(□-6)÷2+14\}×2=32$

こんな問題も必ず面積図か線分図のどちらか一方が使えます。順次使える方を使っていけば、解けない問題はありません。

まず面積図が使えます。

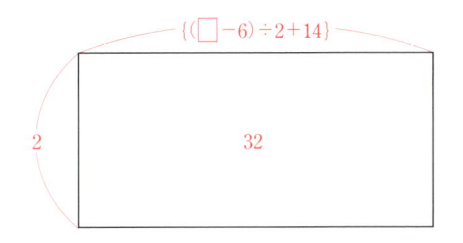

```
         {(□-6)÷2+14}
      ┌─────────────────┐
    2 │        32       │
      └─────────────────┘
```

面積図より　$\{(□-6)÷2+14\}=32÷2=16$

次は線分図が使えます。

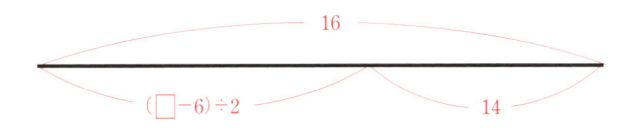

```
       ───────── 16 ─────────
      ├──(□-6)÷2──┼─── 14 ───┤
```

線分図より　$(□-6)÷2=16-14=2$

面積図（省略）より　$□-6=2×2=4$

線分図（省略）より　$□=4+6=10$

やってみよう！

問題　□を求めてください。

① $\left(\square + \dfrac{1}{4}\right) \div \dfrac{2}{3} = \dfrac{1}{2}$

② $\square \div \dfrac{1}{5} - \dfrac{1}{3} = \dfrac{1}{2}$

③ $\left(\square - 2\dfrac{1}{5}\right) \times 2\dfrac{1}{3} = \dfrac{14}{15}$

④ $\left\{\dfrac{3}{7} + \left(\square + \dfrac{1}{3}\right) \div \dfrac{1}{5}\right\} \div \dfrac{2}{7} = 14$

答と解説

① $\left(\square + \dfrac{1}{4}\right) \div \dfrac{2}{3} = \dfrac{1}{2}$

面積図より

$\left(\square + \dfrac{1}{4}\right) = \dfrac{1}{2} \times \dfrac{2}{3} = \dfrac{1}{3}$

線分図（省略）より

$\square = \dfrac{1}{3} - \dfrac{1}{4} = \dfrac{4}{12} - \dfrac{3}{12} = \dfrac{1}{12}$　…答

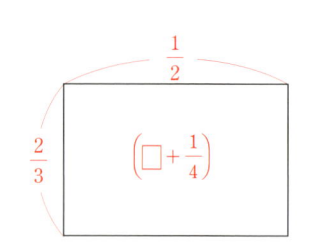

② $\square \div \dfrac{1}{5} - \dfrac{1}{3} = \dfrac{1}{2}$

線分図（省略）より

$\square \div \dfrac{1}{5} = \dfrac{1}{2} + \dfrac{1}{3} = \dfrac{3}{6} + \dfrac{2}{6} = \dfrac{5}{6}$

面積図（省略）より

$\square = \dfrac{5}{6} \times \dfrac{1}{5} = \dfrac{1}{6}$　…答

③ $\left(\square - 2\dfrac{1}{5}\right) \times 2\dfrac{1}{3} = \dfrac{14}{15}$

面積図より

$\left(\square - 2\dfrac{1}{5}\right) = \dfrac{14}{15} \div 2\dfrac{1}{3} = \dfrac{14}{15} \div \dfrac{7}{3} = \dfrac{14}{15} \times \dfrac{3}{7} = \dfrac{2}{5}$

線分図（省略）より

$\square = 2\dfrac{1}{5} + \dfrac{2}{5} = 2\dfrac{3}{5}$　…答

④ $\left\{\dfrac{3}{7} + \left(\square + \dfrac{1}{3}\right) \div \dfrac{1}{5}\right\} \div \dfrac{2}{7} = 14$

面積図より

$\left\{\dfrac{3}{7} + \left(\square + \dfrac{1}{3}\right) \div \dfrac{1}{5}\right\} = 14 \times \dfrac{2}{7} = 4$

線分図（省略）より

$\left(\square + \dfrac{1}{3}\right) \div \dfrac{1}{5} = 4 - \dfrac{3}{7} = 3\dfrac{7}{7} - \dfrac{3}{7} = 3\dfrac{4}{7}$

面積図（省略）より

$\left(\square + \dfrac{1}{3}\right) = 3\dfrac{4}{7} \times \dfrac{1}{5} = \dfrac{25}{7} \times \dfrac{1}{5} = \dfrac{5}{7}$

線分図（省略）より

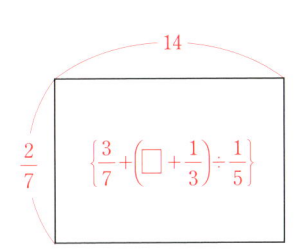

$\square = \dfrac{5}{7} - \dfrac{1}{3} = \dfrac{15}{21} - \dfrac{7}{21} = \dfrac{8}{21}$　…答

➡もう少し練習したい方は 197 ページへ

21 小数の加減

やってみよう!

問題 次の計算をしてください。

① $0.3+0.8$ ② $0.8-0.3$

③ $8.5+11.3$ ④ $4.34+5.2$

⑤ $33.4-6.8$ ⑥ $123.5-85.9$

⑦ $0.63+0.59$ ⑧ $34.25-6.46$

答と解説

小数点をそろえて計算します。

① $0.3 + 0.8 = 1.1$
② $0.8 - 0.3 = 0.5$
③ $8.5 + 11.3 = 19.8$
④ $4.34 + 5.2 = 9.54$
⑤ $33.4 - 6.8 = 26.6$
⑥ $123.5 - 85.9 = 37.6$
⑦ $0.63 + 0.59 = 1.22$
⑧ $34.25 - 6.46 = 27.79$

そろえます

➡もう少し練習したい方は 200 ページへ

22 小数のかけ算

解き方のおさらい

例 以下の数の小数点より下の桁数を言ってください。

① 0.28 　　② 6.769 　　③ 0.8876

① 0.28 　　② 6.769 　　③ 0.8876

小数点より下の桁数　2　　　3　　　4

例 かけ算をしてください。

① 9.2×3.2 　　② 2.52×3.2

①
整数のかけ算
92×32

```
    9 2              9.2      ① 小数点より下の
×   3 2          ×   3.2        桁数の和が2
-------          -------
  1 8 4            1 8 4
2 7 6            2 7 6
-------          -------
2 9 4 4          2 9.4 4      ② 小数点より下の桁数
                               が2となるように
                               小数点を打つ
```

②
整数のかけ算
252×32

```
    2 5 2            2.5 2    ① 小数点より下の
×     3 2        ×     3.2      桁数の和が3
---------        ---------
    5 0 4            5 0 4
  7 5 6            7 5 6
---------        ---------
  8 0 6 4          8.0 6 4    ② 小数点より下の桁数
                               が3となるように
                               小数点を打つ
```

おさらい編 / 小学校の計算 / 中学校の計算 / 高校の計算

やってみよう！

問題 次のかけ算をしてください。

① 　　5.6
　× 　　 8
　―――――

② 　　0.42
　× 　　 7
　―――――

③ 　　71
　× 　3.5
　―――――

④ 　　5.6
　× 　4.7
　―――――

⑤ 　　4.73
　× 　4.5
　―――――

⑥ 　　42.8
　× 　0.43
　―――――

⑦ 　　0.32
　× 　0.4
　―――――

⑧ 　　8.12
　× 　5.6
　―――――

⑨ 　　0.57
　× 　3.82
　―――――

⑩ 　　9.77
　× 　1.23
　―――――

答と解説

①
```
    5.6
×     8
─────
   44.8
```

②
```
    0.42
×      7
─────
    2.94
```

③
```
     71
×   3.5
─────
    355
   213
─────
  248.5
```

④
```
    5.6
×   4.7
─────
    392
   224
─────
  26.32
```

⑤
```
    4.73
×    4.5
─────
    2365
   1892
─────
  21.285
```

⑥
```
    42.8
×   0.43
─────
    1284
   1712
─────
  18.404
```

⑦
```
    0.32
×    0.4
─────
   0.128
```

⑧
```
    8.12
×    5.6
─────
    4872
   4060
─────
  45.472
```

⑨
```
    0.57
×   3.82
─────
     114
    456
   171
─────
  2.1774
```

⑩
```
    9.77
×   1.23
─────
    2931
   1954
   977
─────
  12.0171
```

➡ もう少し練習したい方は 201 ページへ

23 小数のわり算

解き方のおさらい

例 5.8 ÷ 4　商は小数第1位まで求め、余りも出してください。

小数÷整数　では、商の小数点も余りの小数点も、
わられる数(5.8)の小数点に合わせます。

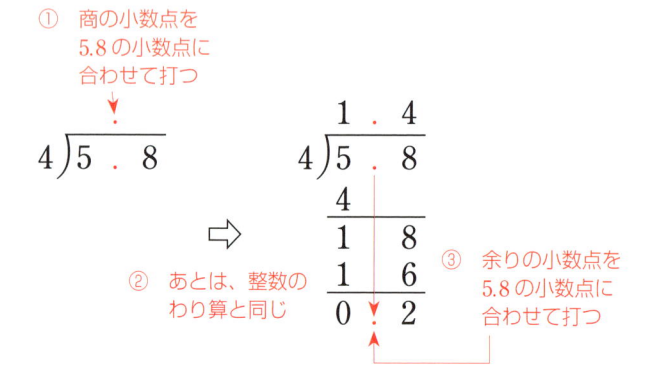

① 商の小数点を 5.8 の小数点に合わせて打つ

```
     1.4
  4)5.8
     4
     1 8
     1 6
     0.2
```

② あとは、整数のわり算と同じ

③ 余りの小数点を 5.8 の小数点に合わせて打つ

例 2.175 ÷ 0.53　商は小数第1位まで求め、余りも出してください。

わる数　0.53 を、0.53 × 100 = 53　と整数にします。これに合わせて
わられる数　2.175 を、2.175 × 100 = 217.5 にします。
商は　217.5 ÷ 53　ですが、余りは　2.175　の小数点で読みます。

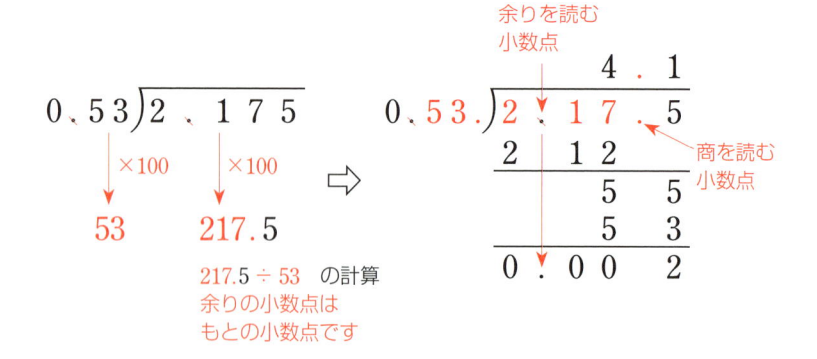

```
0.53)2.175        0.53)2.17.5
      ×100 ×100         2 12
                          5 5
      53  217.5           5 3
                          0.002
```

217.5 ÷ 53 の計算
余りの小数点はもとの小数点です

余りを読む小数点
商を読む小数点

📝 やってみよう！

問題 商は小数第1位まで求め、余りも出してください。

① 7) 5 8 . 8

② 5) 4 . 1 2

③ 0.4) 2 . 3 9

④ 0.7) 0 . 9 3

⑤ 0.33) 2 . 4 5 6

⑥ 1.24) 3 . 4 5 6

⑦ 0.13) 1 . 7 8 5

⑧ 5.67) 8 . 4 3 2

答と解説

①
```
      8.4
   ┌──────
 7 │ 5 8.8
     5 6
     ───
       2 8
       2 8
       ───
         0
```
商 8.4　余り 0

②
```
       0.8
    ┌──────
  5 │ 4.1 2
      4 0
      ───
      0.1 2
```
商 0.8　余り 0.12

③
```
           5.9
      ┌────────
 0.4.)│ 2.3.9
        2 0
        ───
          3 9
          3 6
          ───
        0.0 3
```
商 5.9　余り 0.03

④
```
           1.3
      ┌────────
 0.7.)│ 0.9.3
          7
          ───
          2 3
          2 1
          ───
        0.0 2
```
商 1.3　余り 0.02

⑤
```
              7.4
       ┌──────────
0.33.)│ 2.45.6
         2 3 1
         ─────
           1 4 6
           1 3 2
           ─────
         0.0 1 4
```
商 7.4　余り 0.014

⑥
```
              2.7
       ┌──────────
1.24.)│ 3.45.6
         2 4 8
         ─────
           9 7 6
           8 6 8
           ─────
         0.1 0 8
```
商 2.7　余り 0.108

⑦
```
             13.7
       ┌──────────
0.13.)│ 1.78.5
         1 3
         ───
           4 8
           3 9
           ───
             9 5
             9 1
             ───
         0.0 0 4
```
商 13.7　余り 0.004

⑧
```
              1.4
       ┌──────────
5.67.)│ 8.43.2
         5 6 7
         ─────
         2 7 6 2
         2 2 6 8
         ───────
         0.4 9 4
```
商 1.4　余り 0.494

➡ もう少し練習したい方は **202** ページへ

24 平面図形で計算練習

やってみよう！

問1 ① ② ③ ④ ⑤ の面積を計算してください。

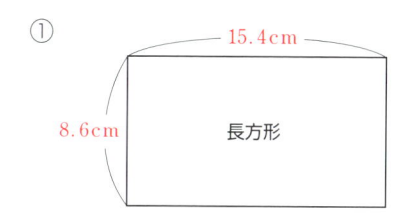

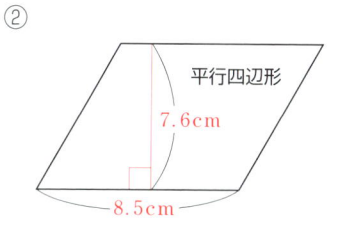

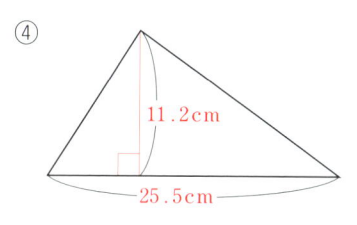

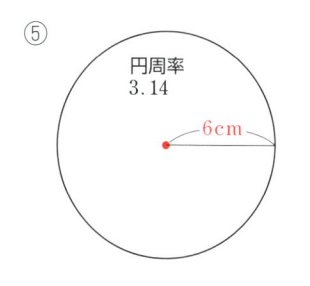

① 長方形　15.4cm × 8.6cm

② 平行四辺形　底辺 8.5cm、高さ 7.6cm

③ 台形　上底 9.3cm、下底 12.6cm、高さ 5.6cm

④ 三角形　底辺 25.5cm、高さ 11.2cm

⑤ 円　半径 6cm、円周率 3.14

面積の計算式、覚えていますか？

おさらい編　小学校の計算　中学校の計算　高校の計算

問2 □に入る数値を求めてください。

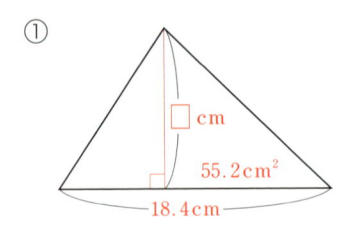

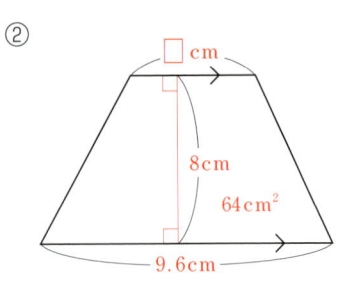

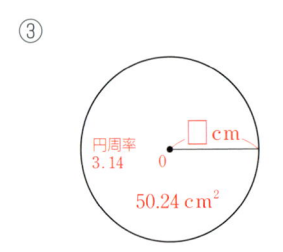

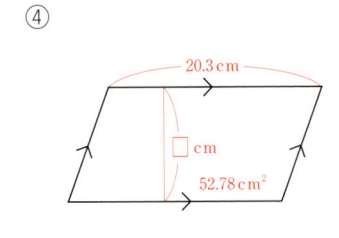

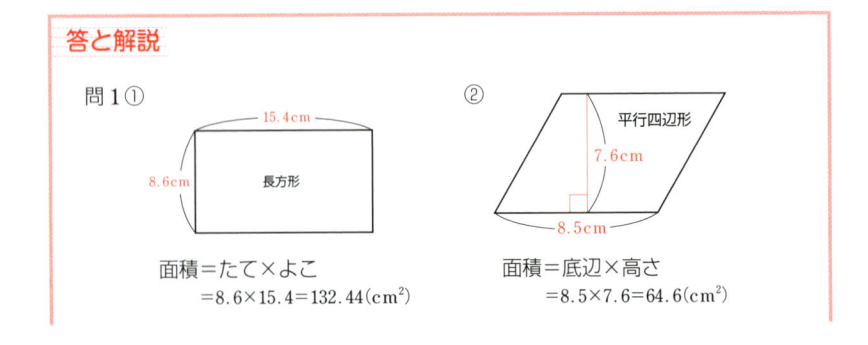

① 三角形　面積 55.2 cm²、底辺 18.4 cm、高さ □ cm

② 台形　上底 □ cm、高さ 8 cm、下底 9.6 cm、面積 64 cm²

③ 円　半径 □ cm、円周率 3.14、面積 50.24 cm²

④ 平行四辺形　底辺 20.3 cm、高さ □ cm、面積 52.78 cm²

答と解説

問1 ①　長方形　15.4 cm、8.6 cm

面積＝たて×よこ
　　＝8.6×15.4＝132.44（cm²）

② 平行四辺形　7.6 cm、8.5 cm

面積＝底辺×高さ
　　＝8.5×7.6＝64.6（cm²）

③ 台形 9.3cm / 5.6cm / 12.6cm

面積＝(上底＋下底)×高さ÷2
　　＝(9.3＋12.6)×5.6÷2
　　＝61.32(cm²)

④ 11.2cm / 25.5cm

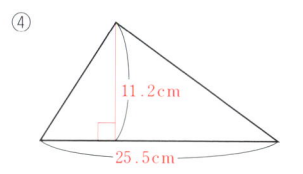

面積＝底辺×高さ÷2
　　＝25.5×11.2÷2
　　＝142.8(cm²)

⑤ 円周率 3.14 / 6cm

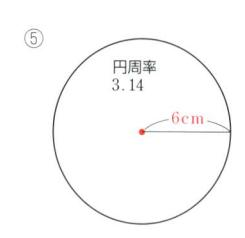

面積＝半径×半径×3.14
　　＝6×6×3.14＝113.04(cm²)

問2 ① □cm / 55.2cm² / 18.4cm

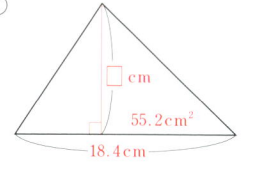

面積＝底辺×高さ÷2
　　＝18.4×□÷2＝55.2
　18.4×□＝55.2×2＝110.4
　　□＝110.4÷18.4＝6

② □cm / 8cm / 64cm² / 9.6cm

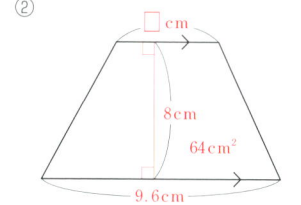

面積＝(上底＋下底)×高さ÷2
　　＝(□＋9.6)×8÷2＝64
　(□＋9.6)×8＝64×2＝128
　　□＋9.6＝128÷8＝16
　　□＝16－9.6＝6.4

③ 円周率 3.14 / □cm / O / 50.24cm²

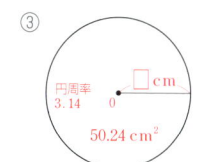

面積＝半径×半径×円周率
　　＝□×□×3.14＝50.24
　□×□＝50.24÷3.14＝16
　　□＝4

④ 20.3cm / □cm / 52.78cm²

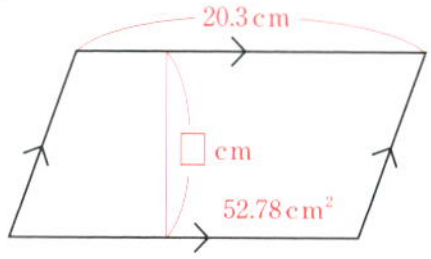

面積＝底辺×高さ
　　＝20.3×□＝52.78
　　□＝52.78÷20.3＝2.6

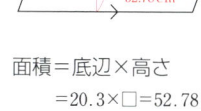

25 立体図形で計算練習

やってみよう!

問題 ①～⑤の体積と、⑤の表面積を計算してください（円周率3.14）。

① 三角柱

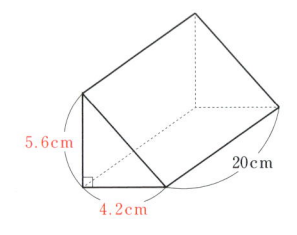

5.6cm
4.2cm
20cm

② 円柱

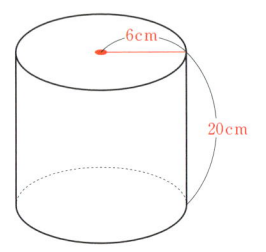

6cm
20cm

③ 円すい

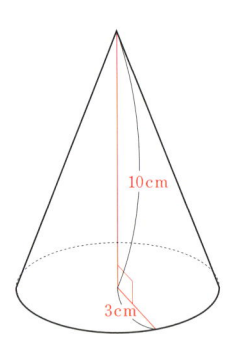

10cm
3cm

④ 正四角すい

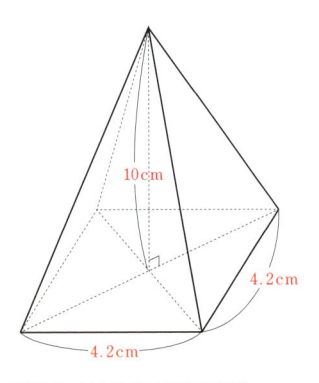

10cm
4.2cm
4.2cm

正四角すいの底面は正方形

⑤ 球

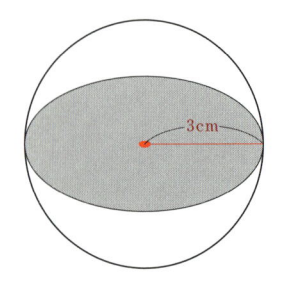

3cm

答と解説

① 三角柱

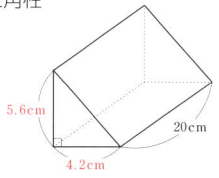

柱の体積＝底面積×高さ
　　　＝(4.2×5.6÷2)×20
　　　＝235.2(cm³)

② 円柱

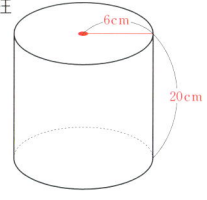

柱の体積＝底面積×高さ
　　　＝6×6×3.14×20
　　　＝2260.8(cm³)

③ 円すい

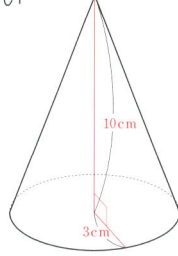

すいの体積＝$\frac{1}{3}$×柱
要は柱の$\frac{1}{3}$です。
円すいの体積＝$\frac{1}{3}$×円柱の体積
　　　　＝$\frac{1}{3}$×(3×3×3.14×10)
　　　　＝3×3.14×10＝94.2(cm³)

④ 正四角すい

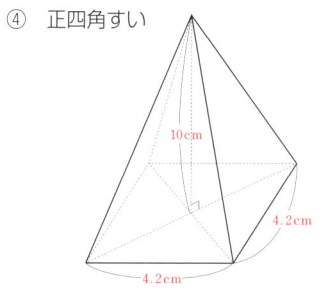

正四角すいの体積
＝$\frac{1}{3}$×正四角柱
＝$\frac{1}{3}$×(4.2×4.2×10)
＝$\frac{1}{3}$×(176.4)
＝58.8(cm³)

⑤ 球

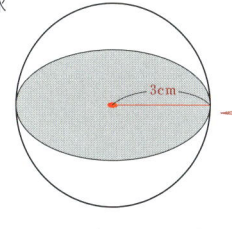

> 球の体積と表面積は中学ですが柱やすいと一緒にやる方がまとまりがよいので、ここで取り上げました。
> π はパイと読みました。
> r^3 を忘れた方は P86〜P88 を参照してください。

円周率π（ここでは3.14）
体積＝$\frac{4}{3}\pi r^3 = \frac{4}{3}$×3.14×3×3×3＝113.04(cm³)
表面積＝$4\pi r^2$＝4×3.14×3×3＝113.04(cm²)

おさらい編　小学校の計算　中学校の計算　高校の計算

26 割合の計算（その１）

解き方のおさらい

例 4m は 20m の何倍ですか？
分数、小数、百分率、歩合で答えてください。

割合＝比べる量÷もとにする量

比べる量は、〈～は、どれだけでしょう〉、〈～は、何倍でしょう〉、〈～は、何％でしょう〉…の、〈～は〉にあたる部分です。
そうでない方がもとにする量です。

本問では 4m が比べる量、そうでない
20m がもとにする量です。

割合＝比べる量(4)÷もとにする量(20)

$$= \frac{4}{20} = \frac{1}{5} （倍）　　　1 \div 5 = 0.2（倍）$$

$0.2 \times 100 = 20$（％）

0.1 が 1 割、0.01 が 1 分、0.001 が 1 厘…に対応するので、0.2 は　2 割。

百分率は％、
歩合は○割○分○厘
のこと

やってみよう!

問1 50Lは125Lのどれだけでしょう。
分数、小数、百分率、歩合で答えてください。

問2 田中さんの体重は64kg、山本さんは40kgです。田中さんの体重をもとにすると、山本さんの体重は何倍（小数で）でしょう。また何%でしょう。

問3 選挙で候補者Aには、450票の投票がありました。これは、投票総数3000票の何%ですか。

問4 今月の電気代は7500円で、先月の電気代は6000円でした。今月の電気代は、先月の電気代のどれだけですか。歩合で答えてください。

答と解説

問1　割合＝比べる量(50)÷もとにする量(125)
$= \dfrac{50}{125} = \dfrac{2}{5}$（倍）　　　2 ÷ 5 = 0.4（倍）
0.4 × 100 = 40（%）　　4割

問2　〈山本さんの体重は〉だから、山本さんの体重40kgが比べる量
割合＝比べる量(40)÷もとにする量(64) = 0.625（倍）
0.625 × 100 = 62.5（%）

問3　割合＝比べる量(450)÷もとにする量(3000) = 0.15（倍）
0.15 × 100 = 15（%）

問4　割合＝比べる量(7500)÷もとにする量(6000) = 1.25（倍）
12割5分

➡もう少し練習したい方は205ページへ

27 割合の計算 (その2)

解き方のおさらい

例 ある学校の女子生徒数は 180 人で、これは全校生徒数の 60 % にあたります。全校生徒数は何人ですか。

まず、百分率や歩合は小数になおします。
60 % は　60 ÷ 100 = 0.6

わからないところ、全校生徒を□人とすると、

180 人は□人の 0.6　という文章になります。

式であらわすと、

180 = □ × 0.6

□ = 180 ÷ 0.6 = 300

　　　　　　　　　　　　　　答　全校生徒数は　300 人

> 割合＝比べる量÷もとにする量
> 比べる量ともとにする量は、
> 百分率と歩合の場合は、まず小数になおす。必要なら、わからない量は □とおく…という方針で求まります。

やってみよう!

問1 □に入る数字を求めてください。

① 100円は500円の □ % です。

② 500円の30%は □ 円です。

問2 100円は所持金の20%です。所持金はいくらでしょう。

問3 全校生徒の4割5分が女子で135人です。
全校生徒は何人でしょう。

答と解説

問1 ① 割合＝比べる量(100)÷もとにする量(500)＝0.2（倍）
$0.2 \times 100 = 20$（%） □＝20 …答

② まず 30％を $30 \div 100 = 0.3$ と小数にかえます。
問題文は 500円の0.3は□円

式であらわすと $500 \times 0.3 =$ □ □＝150 …答

問2 まず 20％を $20 \div 100 = 0.2$ と小数にかえます。
所持金を□円とすると
問題文は、100円は所持金(□円)の0.2

式であらわすと $100 =$ □ $\times 0.2$
□＝$100 \div 0.2 = 500$ 答 所持金 500円

問3 まず 4割5分を 0.45 と小数にかえます。
全校生徒を□人とすると
問題文は、□人の0.45が女子135人

式であらわすと □$\times 0.45 = 135$
□＝$135 \div 0.45 = 300$ 答 全校生徒 300人

➡もう少し練習したい方は206ページへ

おさらい編 / 小学校の計算 / 中学校の計算 / 高校の計算

28 比の計算

解き方のおさらい

例 比を簡単（できるだけ小さい整数の比）にしてください。

① $35 : 75$　　② $2.4 : 3.6$　　③ $\dfrac{1}{4} : \dfrac{1}{3}$

① を最大公約数 5 でわります。
$35 : 75 = (35 \div 5) : (75 \div 5) = 7 : 15$

② まず 10 をかけて整数の比にします。
$2.4 : 3.6 = (2.4 \times 10) : (3.6 \times 10) = 24 : 36$

つづいて最大公約数 12 でわります。
$24 : 36 = (24 \div 12) : (36 \div 12) = 2 : 3$
まとめて書くと　$2.4 : 3.6 = 24 : 36 = 2 : 3$

③ $\dfrac{1}{4} : \dfrac{1}{3} = \dfrac{3}{12} : \dfrac{4}{12} = 3 : 4$　← 分数の比はまず通分

例 $3 : 5 = 9 : \bigcirc$　の〇に入る数を求めてください。

〇 : ■ = ■ : 〇　の ■ と ■ が内項、〇と〇が外項です。

比例式は（内項の積）　■ × ■ ＝〇 × 〇（外項の積）で解きます。
（内項の積）　$\boxed{5} \times \boxed{9} = ③ \times \bigcirc$（外項の積）
より　〇 $= 45 \div 3 = 15$　です。

やってみよう！

問1 比を簡単にしてください。

① $54:36$
② $84:49$
③ $3.2:0.16$
④ $0.42:0.56$
⑤ $\dfrac{2}{5}:\dfrac{2}{15}$
⑥ $1\dfrac{1}{2}:2\dfrac{2}{3}$

問2 x を求めてください。

① $2:3=x:72$
② $5.1:x=1.7:3$
③ $4:5=\dfrac{1}{3}:x$
④ $x:2.8=\dfrac{9}{4}:0.7$

問3 次の比の値を求めてください。

① $24:32$
② $\dfrac{2}{15}:\dfrac{2}{5}$

答と解説

問1
① $54:36=(54\div 6):(36\div 6)=9:6=3:2$

② $84:49=(84\div 7):(49\div 7)=12:7$

③ $3.2:0.16=(3.2\times 100):(0.16\times 100)=320:16=20:1$

④ $0.42:0.56=(0.42\times 100):(0.56\times 100)=42:56=6:8=3:4$

⑤ $\dfrac{2}{5}:\dfrac{2}{15}=\dfrac{6}{15}:\dfrac{2}{15}=6:2=3:1$

⑥ $1\dfrac{1}{2}:2\dfrac{2}{3}=\dfrac{3}{2}:\dfrac{8}{3}=\dfrac{9}{6}:\dfrac{16}{6}=9:16$

問2　①　$3 \times x = 2 \times 72 = 144$　　　　　$x = 144 \div 3 = 48$

　　　②　$x \times 1.7 = 5.1 \times 3 = 15.3$　　　$x = 15.3 \div 1.7 = 9$

　　　③　$4 : 5 = \dfrac{1}{3} : x$

　　　　　$5 \times \dfrac{1}{3} = 4 \times x$　　　$\dfrac{5}{3} = 4 \times x$　　　$x = \dfrac{5}{3} \div 4 = \dfrac{5}{3} \times \dfrac{1}{4} = \dfrac{5}{12}$

　　　④　$x : 2.8 = \dfrac{9}{4} : 0.7$

> 分数と小数なので、小数を分数になおします。
> 下のように÷10, ÷100 …でさしあたり
> 分数にします。
>
> $0.5 = 5 \div 10 = \dfrac{5}{10}$　　　$0.12 = 12 \div 100 = \dfrac{12}{100}$

本問では

$2.8 = 28 \div 10 = \dfrac{28}{10}$　　　$0.7 = 7 \div 10 = \dfrac{7}{10}$

$x : \dfrac{28}{10} = \dfrac{9}{4} : \dfrac{7}{10}$　　　　$\dfrac{28}{10} \times \dfrac{9}{4} = x \times \dfrac{7}{10}$

$\dfrac{63}{10} = x \times \dfrac{7}{10}$　　　$x = \dfrac{63}{10} \div \dfrac{7}{10} = \dfrac{63}{10} \times \dfrac{10}{7} = 9$

問3　A：B　の比の値は　A÷B　で計算します。

　　　①　$24 \div 32 = \dfrac{24}{32} = \dfrac{3}{4}$

　　　②　$\dfrac{2}{15} \div \dfrac{2}{5} = \dfrac{2}{15} \times \dfrac{5}{2} = \dfrac{1}{3}$

➡もう少し練習したい方は 207 ページへ

29 速さ・時間・道のりで計算練習

解き方のおさらい

例 ① ② ③ に答えてください。

① Aさんは1520mを16分で歩きました。
このときのAさんの速さは分速何mでしょう。

② Bさんは1440mを分速45mで歩きました。
何分かかったでしょうか。

③ Cさんは分速212mで23分走りました。Cさんは
何m走りましたか。

おなじみの下図に書き込めば簡単です。

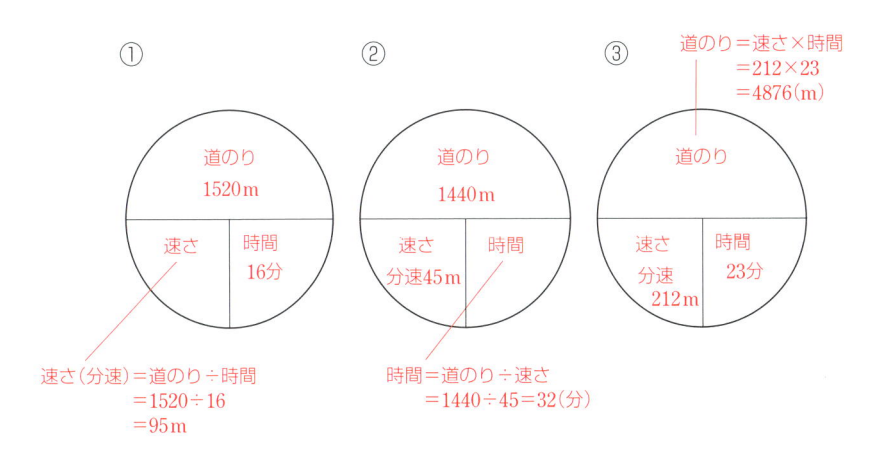

①
道のり 1520m
速さ
時間 16分

速さ（分速）＝道のり÷時間
　　　　　＝1520÷16
　　　　　＝95m

②
道のり 1440m
速さ 分速45m
時間

時間＝道のり÷速さ
　　＝1440÷45＝32（分）

③
道のり
速さ 分速212m
時間 23分

道のり＝速さ×時間
　　　＝212×23
　　　＝4876（m）

おさらい編

小学校の計算

中学校の計算

高校の計算

やってみよう!

問題 ☐ に入る数字を求めてください。

① 3200m を 40 分で歩きました。このときの速さは分速☐m、時速☐m です。

② 自転車が 2 時間 20 分で 29400m 進みました。
2 時間 20 分＝☐分だから、分速☐m です。

③ 12.8km を分速 40m で進むと、
12.8km ＝☐m だから、☐分かかります。

④ 分速 1000m の自動車で 15 分進み、そのあと
分速 550m で 15 分進むと、合計☐m 進みます。

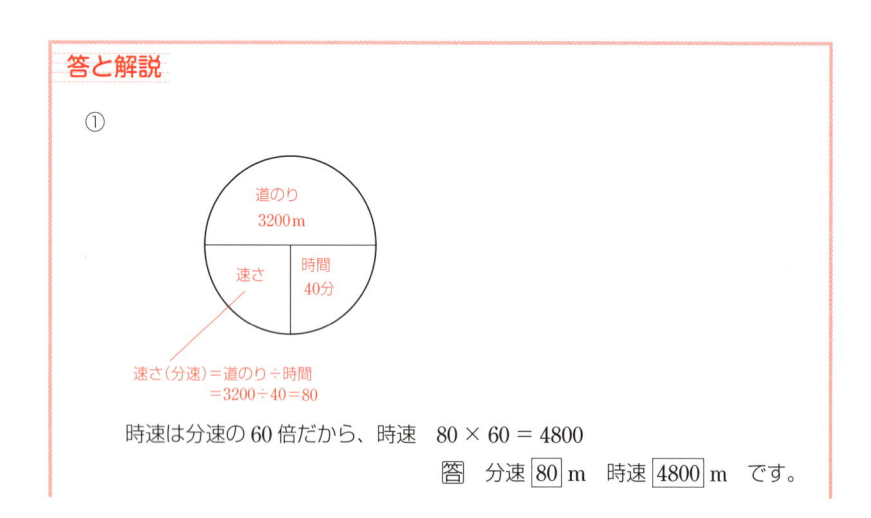

答と解説

①

速さ（分速）＝道のり÷時間
　　　　　＝3200÷40＝80

時速は分速の 60 倍だから、時速　80 × 60 ＝ 4800

答　分速 80 m　時速 4800 m　です。

② 2時間20分＝140分

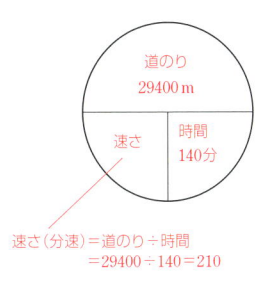

速さ(分速)＝道のり÷時間
　　　　　＝29400÷140＝210

答　2時間20分＝ 140 分だから、分速 210 m です。

③ 1km ＝ 1000m だから　12.8km は　12.8 × 1000 ＝ 12800（m）

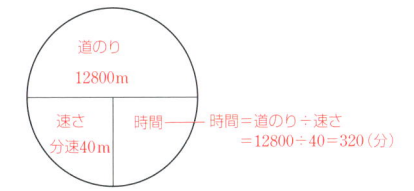

時間＝道のり÷速さ
　　＝12800÷40＝320（分）

答　12.8km ＝ 12800 m だから、 320 分かかります。

④

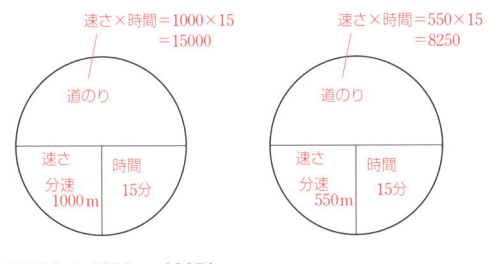

速さ×時間＝1000×15
　　　　　＝15000

速さ×時間＝550×15
　　　　　＝8250

15000 ＋ 8250 ＝ 23250

答　合計 23250 m 進みます。

30 通過算で計算練習

解き方のおさらい

例 長さ 180m の電車が、秒速 4m で長さ 900m のトンネルを通過します。入り始めてから出てしまうまでに何秒かかりますか。

乗客を書き入れることで、簡単な〈速さ・時間・道のり〉の問題になります。

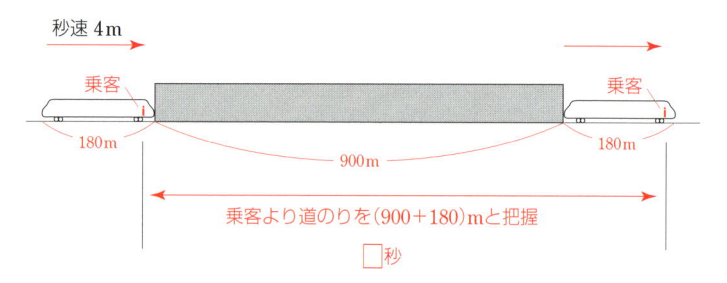

乗客に着目することにより、道のりが (900 + 180)m
あとは単なる〈速さ・時間・道のり〉の問題です。

入り始めて出てしまうまでを□秒とすると、下図より
□秒 =（900 + 180）÷ 4 = 270（秒）

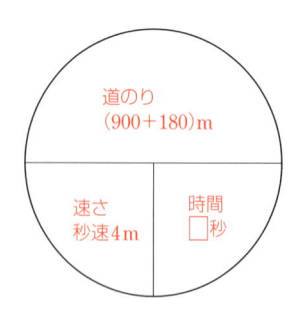

図を書けば簡単です。
計算を楽しんでください。

やってみよう！

問1 長さ240mの列車が800mのトンネルを通過するとき、完全にトンネルにかくれている時間が28秒でした。この列車は秒速何mでしょうか。

問2 長さ100mで秒速52mのA列車が、長さ140mで秒速12mのB列車に追いついて追い越すまでに何秒かかりますか。

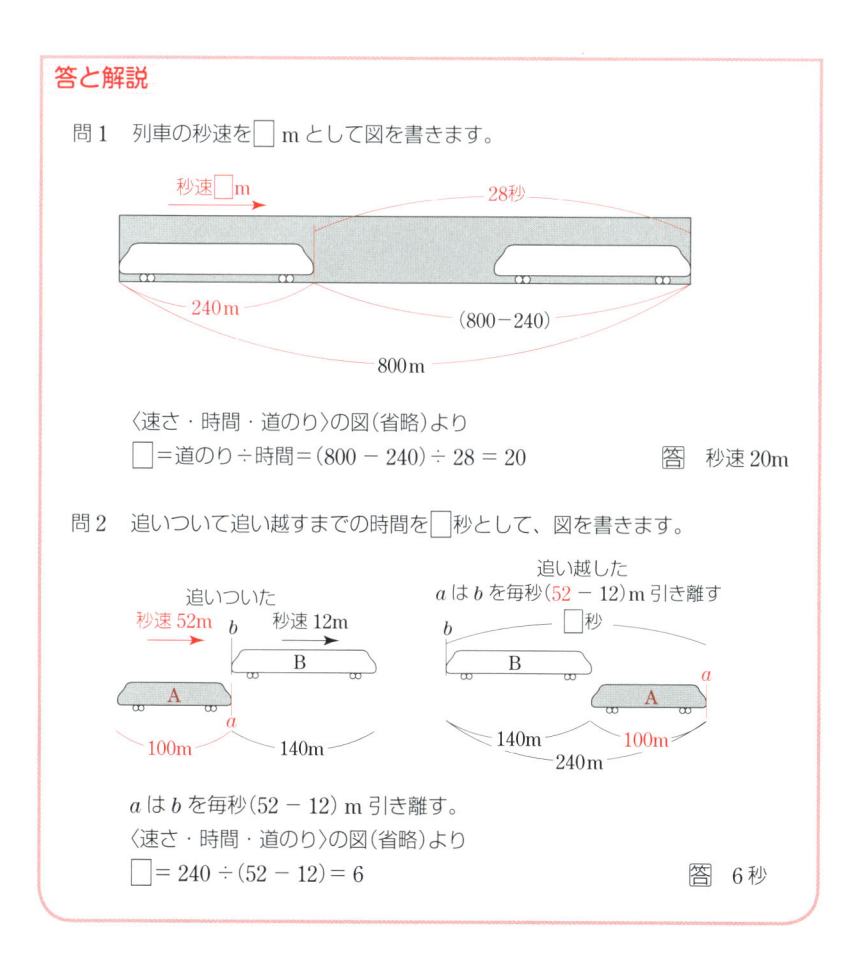

答と解説

問1　列車の秒速を□mとして図を書きます。

秒速□m　28秒
240m　(800-240)
800m

〈速さ・時間・道のり〉の図(省略)より
□＝道のり÷時間＝(800－240)÷28＝20　　**答** 秒速20m

問2　追いついて追い越すまでの時間を□秒として、図を書きます。

追いついた
秒速52m　秒速12m
A　B
100m　140m

追い越した
a は b を毎秒(52－12)m 引き離す
□秒
B　A
140m　100m
240m

a は b を毎秒(52－12)m 引き離す。
〈速さ・時間・道のり〉の図(省略)より
□＝240÷(52－12)＝6　　**答** 6秒

おさらい編

小学校の計算

中学校の計算

高校の計算

中学校
START

1 正の数・負の数の加減

解き方のおさらい

例 $-6-4$ を計算してください。

-6 と -4 と見ます。-6 は 6 点の負け、-4 は 4 点の負けとすると、$-6-4$ は 6 点の負けと 4 点の負けで、10 点の負け(-10)です。

$$結局 \quad -6 \underset{と}{} -4 \underset{で}{} = -10 \quad です。$$

$-6-4=-10$ をひき算と見ず、このような感じでやれば簡単です。

例 $-17+9$ を計算してください。

17 点の負けと 9 点の勝ちと見ます。
この計算は 17 点の負けと 9 点の勝ちなら、8 点の負け(-8)と暗算でもできますが、頭の中では、負けの方が多いからさしあたり(負け)－でどれだけ負けたかを($17-9$)で計算しています。式で書くと

$$-17 \underset{と}{} +9 \underset{で}{} = -(17-9) = -8 \quad です。$$

負け($-$)が　これだけ

やってみよう!

問題 以下の計算をしてください。

① $-7-4$ ② $-12-24$

③ $-4.5-6.3$ ④ $-9.2-4.5$

⑤ $-8+4$ ⑥ $34-89$

⑦ $-12.3+6.2$ ⑧ $5.3-9.6$

⑨ $-5+6-7+8$

⑩ $-8+12-16+23$

⑪ $3.2-5.6+3.6-8.7$

⑫ $-3.2+6.5-4.3-2.5+4.9$

答と解説

① $-7 \underset{と}{} -4 \underset{で}{} = -11$

② $-12 \underset{と}{} -24 \underset{で}{} = -36$

③ $-4.5 \underset{と}{} -6.3 \underset{で}{} = -10.8$

④ $-9.2 \underset{と}{} -4.5 \underset{で}{} = -13.7$

⑤ $-8+4 = -(8-4) = -4$
　　　　負け(−)が　これだけ

⑥ $34-89 = -(89-34) = -55$
　　　　負け(−)が　これだけ

⑦ $-12.3+6.2 = -(12.3-6.2) = -6.1$

⑧ $5.3-9.6 = -(9.6-5.3) = -4.3$

このままでは計算しにくいので、正の数同士、負の数同士集めます。

⑨ $-5+6-7+8 = -5-7+6+8$
　　$= -12+14$（負の数同士、正の数同士で計算します）
　　$= +(14-12) = +2$

⑩ $-8+12-16+23 = -8-16+12+23 = -24+35 = +11$

⑪ $3.2-5.6+3.6-8.7 = -5.6-8.7+3.2+3.6$
　　$= -14.3+6.8 = -(14.3-6.8) = -7.5$

⑫ $-3.2+6.5-4.3-2.5+4.9 = -3.2-4.3-2.5+6.5+4.9$
　　$= -10+11.4 = +(11.4-10) = +1.4$

➡ もう少し練習したい方は 210 ページへ

2 正の数・負の数の乗除

解き方のおさらい

例 $-3 \times (-2) \times 8$

かけ算・わり算（あるいはその混ざった計算）の答の符号（＋，－）は負の数の個数を数えて、決めます。

　　　　負の数が 1, 3, 5……と奇数なら答の符号は（－）、
　　　　負の数が 2, 4, 6……と偶数なら答の符号は（＋）です。

$-3 \times (-2) \times 8$ では負の数が 2 だから、答の符号は＋です。
$-3 \times (-2) \times 8 = +48$（48 でも OK）

例 $4 \times (-5) - (-25) \div (-5) + (-64) \div (-8)$

四則計算はかけ算（わり算）の部分を、符号を含めたひとかたまりでとらえることで、簡単に計算できます。

　　　　負の数1個　　　負の数3個　　　負の数2個
　　　$4 \times (-5)$　$-(-25) \div (-5)$　$+(-64) \div (-8)$
　　　　　　と　　　　　　と

　$=$　　-20　　　　-5　　　　　$+8$
　　　　　　と　　　　　　と

　$=$　　-25　$+8$　$=-17$

やってみよう！

問題 以下の計算をしてください。

① $-5 \times (-6) \times 9$

② $4 \times (-2) \times (-7) \times 10 \div (-8)$

③ $-0.3 \times (-6) \times 10 \times (-5) \times (-2)$

④ 3^2 ⑤ $(-3)^2$

⑥ -3^2 ⑦ (-3^2)

⑧ $-20 - 7 \times (-3)$

⑨ $-35 - 8 \div (-2) \times 5$

⑩ $3 \times (-5)^2 - 6 \times (-2)$

⑪ $-24 \times \left(-\dfrac{1}{6}\right) - \dfrac{2}{3} \times 36 \times \left(-\dfrac{1}{8}\right)$

⑫ $75 \times \left(-\dfrac{1}{5}\right) \times \dfrac{1}{3} - \dfrac{2}{7} \times 14 \times (-3)$

答と解説

① $-5×(-6)×9=+270$　負の数 2 個（偶数）

② $4×(-2)×(-7)×10÷(-8)=-70$　負の数 3 個（奇数）

③ $-0.3×(-6)×10×(-5)×(-2)=+180$　負の数 4 個（偶数）

④ 3^2 は 3 の 2 乗 と読みます。〔3 を 2 回かける〕という意味です。
　$3^2=3×3=9$

⑤ $(-3)^2$ は (-3) の 2 乗と読みます。〔(-3) を 2 回かける〕という意味です。
　$(-3)^2=(-3)×(-3)=9$

⑥ -3^2 は $-1×3^2$ の意味です。
　$-3^2=-1×3^2=-1×3×3=-9$

⑦ $(-3^2)=(-9)=-9$

⑧ $\underline{-20}$ と $\underline{-7×(-3)}$ で $=-20+21=1$

⑨ $\underline{-35}$ $\underline{-8÷(-2)×5}=-35+20=-15$

⑩ $3×(-5)^2-6×(-2)=3×25+12=75+12=87$

⑪ $-24×\left(-\dfrac{1}{6}\right)-\dfrac{2}{3}×36×\left(-\dfrac{1}{8}\right)=+4+3=+7$

⑫ $75×\left(-\dfrac{1}{5}\right)×\dfrac{1}{3}-\dfrac{2}{7}×14×(-3)=-5+12=+7$

　　　　　　　　　　　➡もう少し練習したい方は 211 ページへ

3 文字式の省略と加減

> 解き方のおさらい

● ×, ÷, 1 は省略

$-6 \times a = -6a$ （×を省略）
$5 \times d \times c = 5cd$ （数字が先頭、あとはアルファベット順にします）
$1 \times d \times b = 1bd = bd$ （1は省略）
$-1 \times y = -1y = -y$
$c \div d = \dfrac{c}{d}$ （$2 \div 5 = \dfrac{2}{5}$ と同様に）

● $2 \times 2 = 2^2$ 同様に $a \times a = a^2$

● ＋, － （たし算やひき算がある）は省略しない

$5 \times a \times b + 2 \times c \times d = 5ab + 2cd$
$2 \times (a + b) = 2(a + b)$

● $2a + 3b + 4a + 5b = 6a + 8b$
$3x + 5 + 5x - 9 = 8x - 4$
文字の部分が同じもの同士、数字同士でまとめます。

🖉 やってみよう!

問1 省略できるところを省略してください。

① $-8 \times e$

② $b \times 9 \times f$

③ $h \times 1 \times a$

④ $b \times (-1) \times k$

⑤ $m \times m$

⑥ $b \times b \times b$

⑦ $y \div x$

⑧ $7 \times x + d \div f$

⑨ $(b-c) \times 8$

⑩ $-1 \times a - 6 \times q \times p$

⑪ $a \times b \times a - c \times (a \times b + y)$

問2 計算してください。

① $2x + 8 - 5x - 10$

② $3a + 4b - 5a - 11b$

③ $3y + 6x - 6 - 5y - 8x + 9$

答と解説

問1　① $-8 \times e = -8e$　　② $b \times 9 \times f = 9bf$

　　　③ $h \times 1 \times a = ah$　　④ $b \times (-1) \times k = -bk$

　　　⑤ $m \times m = m^2$　　⑥ $b \times b \times b = b^3$

　　　⑦ $y \div x = \dfrac{y}{x}$　　⑧ $7 \times x + d \div f = 7x + \dfrac{d}{f}$

　　　⑨ $(b-c) \times 8 = 8(b-c)$

　　　⑩ $-1 \times a - 6 \times q \times p = -a - 6pq$

　　　⑪ $a \times b \times a - c \times (a \times b + y) = a^2 b - c(ab + y)$

問2　① $2x + 8 - 5x - 10 = -3x - 2$

　　　② $3a + 4b - 5a - 11b = -2a - 7b$

　　　③ $3y + 6x - 6 - 5y - 8x + 9 = -2x - 2y + 3$

➡ もう少し練習したい方は 212 ページへ

4 文字式の計算と代入

解き方のおさらい

例 （　）をはずしてください。

分配の法則を使います。

$4(x+2) = 4 \times (x+2) = 4x+8$
$(x+y) = 1 \times (x+y) = x+y$
$-(a+b) = -1 \times (a+b) = -a-b$

そこで

$2x - 4(x-3) = 2x - 4x + 12 = -2x + 12$

例 $x = -3$　$y = -6$　のとき、次の式の値を求めてください。

代入は（　）を使って確実におこないます。

$3xy = 3 \times (-3) \times (-6) = +54$

例 次の数量を文字を使った式であらわしてください。

ym の道のりを、分速 bm で歩いたときにかかる時間(分)

わからないときは具体例で考え、文字に置き換えます。
10m の道のりを、分速 2m で歩いたときにかかる時間(分)なら、
　　$10 \div 2 = 5$(分)です。

　　　　　　文字に
　　$y \div b$（分）　÷を省略して $\dfrac{y}{b}$（分）　←必ず単位をつけます。

やってみよう！

問1 計算してください。

① $7x-4(x+9)$

② $-2(e-5)-(e-6)$

③ $7(a-6b-2c)-3(2a-b-7c)$

問2 $x=-4$　$y=-7$ のとき、次の式の値を求めてください。

① $4xy$

② $3x^2$

③ $8x-3y-11x+6y$

問3 次の数量を、文字を使った式であらわしてください。

① 1個 a 円のみかん 5 個と 1 個 200 円のりんご b 個を買った代金

② 2000 円で 1 冊 70 円の本を y 冊買ったときのおつり

③ 1回目が a 点、2回目が b 点、3回目が c 点のとき、この3回の平均点

答と解説

問1　① $7x-4(x+9)=7x-4x-36=3x-36$
　　　② $-2(e-5)-(e-6)=-2e+10-e+6=-3e+16$
　　　③ $7(a-6b-2c)-3(2a-b-7c)$
　　　　 $=7a-42b-14c-6a+3b+21c=a-39b+7c$

問2　① $4xy=4\times(-4)\times(-7)=112$
　　　② $3x^2=3\times x\times x=3\times(-4)\times(-4)=48$
　　　　　　　　　　　　同類項をまとめてから代入します。
　　　③ $8x-3y-11x+6y\ =\boxed{-3x+3y}$
　　　　　　　　　　　　$=\boxed{-3\times(-4)+3\times(-7)}=12-21=-9$

問3　① 1個50円のみかん5個と1個200円のりんご3個なら
　　　　 $(50\times5\ +\ 200\times3)$円
　　　　　　　↓　文字に置き換え　↓
　　　　 $(a\times5\ +\ 200\times b)$円
　　　　 　$(5a+200b)$円　省略

　　　② 2000円で1冊70円の本10冊を買ったおつりなら
　　　　 $(2000-70\times10)$円
　　　　　　　　　↓　文字に置き換え
　　　　 $(2000-70\times y)$円
　　　　 $(2000-70y)$円　省略

　　　③ 1回目が70点、2回目が80点、3回目が90点の3回の平均点なら
　　　　 $\dfrac{70+80+90}{3}$点
　　　　　　　↓　文字に置き換え
　　　　 $\dfrac{a+b+c}{3}$点

➡もう少し練習したい方は213ページへ

5 角度で計算練習

解き方のおさらい

● 四角形

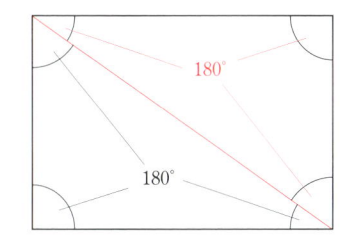

四角形の内角の和は、対角線で三角形が(4−2)個だから
$180° \times (4-2) = 360°$
正方形の一つの内角は
$360° \div 4 = 90°$

● 五角形

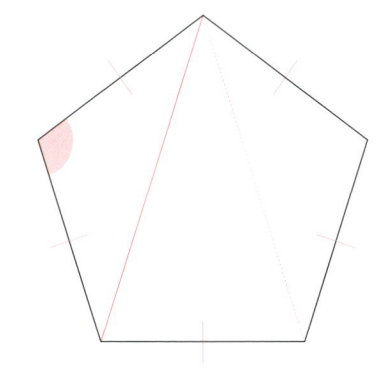

五角形の内角の和は、対角線で三角形が(5−2)個だから
$180° \times (5-2) = 540°$
正五角形の一つの内角は　$540° \div 5 = 108°$

n 角形の内角の和は、対角線で三角形が$(n-2)$個だから
$180° \times (n-2)$

やってみよう!

問題 内角の和と、一つの内角を求めてください。

① 正六角形

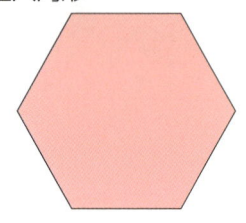

② 正八角形

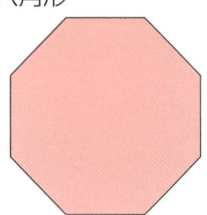

③ 正十二角形

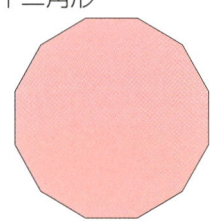

答と解説

① 正六角形の内角の和は、対角線で三角形が(6−2)個だから
$180° × (6−2) = 720°$ …答
正六角形の一つの内角は $720° ÷ 6 = 120°$ …答

② 正八角形の内角の和は、対角線で三角形が(8−2)個だから
$180° × (8−2) = 1080°$ …答
正八角形の一つの内角は $1080° ÷ 8 = 135°$ …答

③ 正十二角形の内角の和は、対角線で三角形が(12−2)個だから
$180° × (12−2) = 1800°$ …答
正十二角形の一つの内角は $1800° ÷ 12 = 150°$ …答

6 1次方程式の解き方 (その1)

解き方のおさらい

例 $-\dfrac{5}{8}$ の逆数を求めてください。

$-\dfrac{5}{8}$ の分子と分母をひっくり返した $-\dfrac{8}{5}$ が逆数です。

$-\dfrac{5}{8} \times \left(-\dfrac{8}{5}\right) = 1$ のように、もとの数と逆数をかけると1になります。

例 $7x = -56$ を解いてください。

両辺に x の前の数字 7 の逆数をかけて $\dfrac{1}{7} \times 7x = -56 \times \dfrac{1}{7}$ より

(左辺は必ず x になりますから普通左辺は省略して $x = -56 \times \dfrac{1}{7}$)

$x = -8$

例 $16x - 53 = 9x + 31$ を解いてください。

移項して数字は右辺に、x の項は左辺に集めます。

$16x - 53 = 9x + 31$

移項で変身(符号がかわります)。

$-9x + 16x = 31 + 53$

$7x = 84 \qquad x = 84 \times \left(\dfrac{1}{7}\right) \qquad x = 12$

おさらい編

小学校の計算

中学校の計算

高校の計算

97

例 $8x-(5x-3)=-12$ を解いてください。

$8x-(5x-3)=-12$ まず（　）をはずします
$8x-5x+3=-12$
$8x-5x=-12-3$ 移項します
$3x=-15$
$x=-15\times\left(\dfrac{1}{3}\right)$　　$x=-5$

やってみよう！

問題 方程式を解いてください。

① $8x=-72$　　　　　② $-6x=-42$

③ $\dfrac{11}{7}x=-121$　　　　　④ $-\dfrac{3}{5}x=-27$

⑤ $4x-8=12$　　　　　⑥ $-3x=18+6x$

⑦ $3x-8=-4x+6$　　　　　⑧ $5x-8=-3x+16$

⑨ $3(x+1)-14=22$　　　　　⑩ $7x+4=12(x+2)$

答と解説

① $8x=-72 \quad x=-72\times\dfrac{1}{8}=-9$

② $-6x=-42 \quad x=-42\times\left(-\dfrac{1}{6}\right)=7$

③ $\dfrac{11}{7}x=-121 \quad x=-121\times\dfrac{7}{11}=-77$

④ $-\dfrac{3}{5}x=-27 \quad x=-27\times\left(-\dfrac{5}{3}\right)=45$

⑤ $4x-8=12$
$\quad 4x=12+8=20 \quad x=5$

⑥ $\quad\quad -3x=18+6x$
$\quad -6x-3x=18$
$\quad\quad -9x=18 \quad x=-2$

⑦ $3x-8=-4x+6$
$\quad 3x+4x=8+6$
$\quad\quad 7x=14 \quad x=2$

⑧ $5x-8=-3x+16$
$\quad 5x+3x=8+16$
$\quad\quad 8x=24 \quad x=3$

⑨ $3(x+1)-14=22$
$\quad 3x+3-14=22$
$\quad\quad 3x=-3+14+22=33 \quad x=11$

⑩ $\quad 7x+4=12(x+2)$
$\quad 7x+4=12x+24$
$\quad 7x-12x=-4+24$
$\quad\quad -5x=20 \quad x=-4$

➡ もう少し練習したい方は 215 ページへ

7 1次方程式の解き方 (その2)

解き方のおさらい

例 $\dfrac{1}{2}x = \dfrac{2}{3}x + 1$ を解いてください。

分数係数の方程式は、分母の公倍数をかけて整数係数の方程式にします。

$$\dfrac{1}{2}x = \dfrac{2}{3}x + 1$$
$$6 \times \left(\dfrac{1}{2}x\right) = 6\left(\dfrac{2}{3}x + 1\right)$$ 分母2と3の公倍数6を両辺にかけます。
$$3x = 4x + 6$$
$$3x - 4x = 6$$
$$-x = 6 \quad x = -6$$

例 $2.4x + 2 = 0.6x + 9.2$

小数係数の方程式は、まず両辺に10, 100 … をかけて、整数係数の方程式にします。

$$2.4x + 2 = 0.6x + 9.2$$
$$10(2.4x + 2) = 10(0.6x + 9.2)$$ 両辺に10をかけます。
$$24x + 20 = 6x + 92$$
移項します
$$24x - 6x = -20 + 92$$
$$18x = 72$$
$$x = 4$$

やってみよう!

問題 方程式を解いてください。

① $\dfrac{1}{4}x+2=10$

② $\dfrac{x}{2}-2=\dfrac{x}{8}+4$

③ $\dfrac{x}{5}=\dfrac{x}{4}+2$

④ $0.4x-1=2.6$

⑤ $3.5x-0.8=2.8x+1.3$

⑥ $0.12x+0.14=0.06x-0.04$

⑦ $0.3x-\dfrac{2}{5}=2.3$

答と解説

① $\dfrac{1}{4}x+2=10$

$4\left(\dfrac{1}{4}x+2\right)=10\times 4$

$x+8=40$

$x=32$

② $\dfrac{x}{2}-2=\dfrac{x}{8}+4$

$8\left(\dfrac{x}{2}-2\right)=8\left(\dfrac{x}{8}+4\right)$

$4x-16=x+32$

$4x-x=32+16$

$3x=48 \quad x=16$

③ $\dfrac{x}{5}=\dfrac{x}{4}+2$

$20\times\dfrac{x}{5}=20\left(\dfrac{x}{4}+2\right)$

$4x=5x+40$

$4x-5x=40$

$-x=40 \quad x=-40$

④ $0.4x-1=2.6$

$10(0.4x-1)=2.6\times 10$

$4x-10=26$

$4x=26+10=36$

$x=9$

⑤ $3.5x-0.8=2.8x+1.3$

$10(3.5x-0.8)=10(2.8x+1.3)$

$35x-8=28x+13$

$35x-28x=13+8$

$7x=21 \quad x=3$

⑥ $0.12x+0.14=0.06x-0.04$

$100(0.12x+0.14)=100(0.06x-0.04)$

$12x+14=6x-4$

$12x-6x=-14-4$

$6x=-18 \quad x=-3$

⑦ $0.3x-\dfrac{2}{5}=2.3$　　小数と分数 → 分数に

$\dfrac{3x}{10}-\dfrac{2}{5}=\dfrac{23}{10}$

$10\left(\dfrac{3x}{10}-\dfrac{2}{5}\right)=\dfrac{23}{10}\times 10 \quad 3x-4=23 \quad 3x=27 \quad x=9$

➡ もう少し練習したい方は **216ページへ**

8　1次方程式の文章題で計算練習

> **解き方のおさらい**

例　ある数に5を加えて6倍すると、ある数の8倍より6大きくなりました。ある数はいくらでしょう。

まず、求めるもの(ここではある数)を x とします。
そして以下のように、問題文に書き込みます。

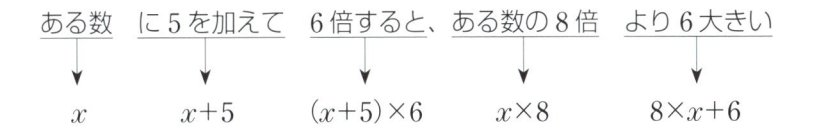

ある数	に5を加えて	6倍すると、	ある数の8倍	より6大きい
↓	↓	↓	↓	↓
x	$x+5$	$(x+5)\times 6$	$x\times 8$	$8\times x+6$

書き込みを見つめれば、$6(x+5)=8x+6$ という方程式がいとも簡単にたてられます。

$$6x+30=8x+6$$
$$6x-8x=-30+6$$
$$-2x=-24$$
$$x=12$$

答　ある数は12

多くの方程式の問題は、このように求めるものを x とおいて、部分的にわかったことを、メモ的に書き込めば簡単に式がたてられます。方程式をたてる方はこのように簡単ですから、あとは計算を楽しんでください。

やってみよう！

問題 ▷ 以下の問いに答えてください。

① ある数の5倍から12をひくと、ある数の4倍より1大きくなりました。ある数を求めてください。

② お菓子を何人かの子どもに分けるのに、ひとりに7個ずつ分けると4個余り、8個ずつ分けると4個不足します。子どもの人数を求めてください。

③ Aさんはあめ玉を25個、Bさんはあめ玉を5個持っています。AさんがBさんに何個かあげると、Aさんのあめ玉がBさんのあめ玉の2倍になりました。AさんはBさんに何個あげたのでしょう。

④ ある中学校の1年生の人数は、女子が男子より10人多く、男女合わせて182人です。男子は何人ですか。

答と解説

① 求めるもの（ここではある数）を x として問題文に書き込みます。

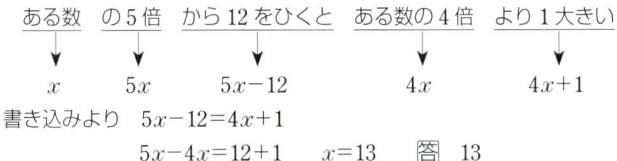

<u>ある数</u>　<u>の5倍</u>　<u>から12をひくと</u>　<u>ある数の4倍</u>　<u>より1大きい</u>
　↓　　　↓　　　↓　　　　　↓　　　　↓
　x　　$5x$　　$5x-12$　　　$4x$　　$4x+1$

書き込みより　$5x-12=4x+1$
　　　　　　　$5x-4x=12+1$　　$x=13$　　答　13

② 求めるもの（ここでは子どもの人数）を x 人として問題文に書き込みます。

お菓子を<u>何人かの子どもに分けるのに</u><u>ひとりに7個ずつ分けると</u><u>4個余り</u>
　　　　　　↓　　　　　　　　　↓　　　　　　　↓
　　　　　　x　　　　　　　　　$7x$　　　　　　$7x+4$

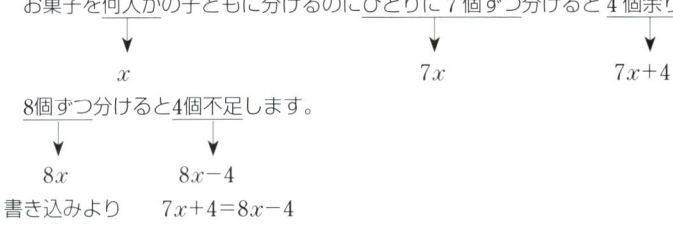

<u>8個ずつ分けると</u><u>4個不足します。</u>
　↓　　　　　↓
　$8x$　　　　$8x-4$

書き込みより　$7x+4=8x-4$
　　　　　　　$7x-8x=-4-4$　　$-x=-8$　　$x=8$　　答　8人

③ AさんがBさんに x 個あげたとして問題文に書き込みます。
Aさんはあめ玉を25個、Bさんはあめ玉を5個持っています。
AさんがBさんに<u>何個かあげると</u>　<u>Aさんのあめ玉が</u>　<u>Bさんのあめ玉の</u>
　　　　　　　　↓　　　　　　　　↓　　　　　　　　↓
　　　　　　　　x　　　　　　　$25-x$　　　　　　$5+x$

<u>2倍になりました。</u>
　↓
　$2(5+x)$

書き込みより　$25-x=2(5+x)$
　　　　　　　$25-x=10+2x$
　　　　　$-x-2x=10-25$　　$-3x=-15$　　$x=5$　　答　5個

④ 男子を x 人とすると女子は $(x+10)$ 人
男女合わせて182人より　$x+x+10=182$
$2x+10=182$　　$2x=172$　　$x=86$　　答　86人

9 連立方程式 加減法（その1）

解き方のおさらい

● 加減法は縦書き計算を使いますが、（　）をつけると簡単にできます。

①
$$\begin{array}{r} 2x-6y \\ +)(-5x-2y) \\ \hline -3x-8y \end{array}$$

②
$$\begin{array}{r} -3x-8y \\ -)(2x-7y) \\ \hline -5x-y \end{array}$$

①は　$(2x-6y)+(-5x-2y)$　を縦書きに、
②は　$-3x-8y-(2x-7y)$　を縦書きにしたものです。

● 次の連立方程式を加減法で解いてください。

$2x-6y=-2$ …①
$3x+6y=12$ …②

これは①と②を、たす　または　ひくことで、xかyの項が消える、簡単な加減法のタイプです。①+②でyの項が消えます。

$$\begin{array}{r} 2x-6y=-2 \quad \cdots① \\ +)(3x+6y=12) \quad \cdots② \\ \hline 5x=10 \\ x=2 \end{array}$$

これを①に代入します。

$2\times(2)-6y=-2$
$\quad\quad -6y=-2-4=-6$
$\quad\quad\quad y=1$

（$x=2$
$2x-6y=-2$ …①）

答　$x=2, y=1$

✏️ やってみよう！

問1 計算してください。

① $3x-8y$
  $\underline{+)\,(7x+5y)}$

② $5x-9y$
  $\underline{-)\,(-4x+6y)}$

問2 次の連立方程式を加減法で解いてください。

① $3x+2y=5$
  $-x+2y=1$

② $-2x-3y=2$
  $4x+3y=2$

③ $-4x-5y=-22$
  $-4x+8y=4$

④ $-8x+9y=-19$
  $3x-9y=24$

⑤ $-12x+17y=26$
  $12x-6y=-48$

⑥ $9x-5y=-67$
  $9x+8y=37$

答と解説

問1 ①
$$\begin{array}{r}3x-8y\\+\underline{)(7x+5y)}\\10x-3y\end{array}$$

②
$$\begin{array}{r}5x-9y\\-\underline{)(-4x+6y)}\\9x-15y\end{array}$$

問2 ① ①−②
$$\begin{array}{r}3x+2y=5\quad\cdots①\\-\underline{)(-x+2y)=1}\quad\cdots②\\4x=4\\x=1\end{array}$$
これを①に代入
$3\times(1)+2y=5$
$2y=5-3=2$
$y=1$
　$x=1, y=1$

② ①+②
$$\begin{array}{r}-2x-3y=2\quad\cdots①\\+\underline{)(4x+3y)=2}\quad\cdots②\\2x=4\\x=2\end{array}$$
これを①に代入
$-2\times(2)-3y=2$
$-3y=2+4=6$
$y=-2$
　$x=2, y=-2$

③　$-4x-5y=-22\quad\cdots①$
　　$-4x+8y=4\quad\cdots②$
　①−②　以下省略
　　　$x=3, y=2$

④　$-8x+9y=-19\quad\cdots①$
　　$3x-9y=24\quad\cdots②$
　①+②　以下省略
　　　$x=-1, y=-3$

⑤　$x=-5, y=-2$

⑥　$x=-3, y=8$

➡ もう少し練習したい方は **219** ページへ

10 連立方程式 加減法（その2）

解き方のおさらい

例 次の連立方程式を加減法で解いてください。

$$-4x+2y=-8 \quad \cdots ①$$
$$3x-4y=1 \quad \cdots ②$$

たしてもひいても、x も y も消えません。そういうときには何倍かして x あるいは y を消します。
$+2y$ と $-4y$ だから、2 と 4 の公倍数より $4y$ と $-4y$ にそろえます。

①×2＋②

$$-8x+4y=-16 \quad \cdots ①×2$$
$$+)\,(3x-4y)=1 \quad \cdots ②$$
$$\overline{-5x=-15}$$
$$x=3$$

$-4x+2y=-8 \quad \cdots ①$
$\quad\downarrow ×2 \downarrow ×2 \quad\downarrow ×2$
$-8x+4y=-16 \quad \cdots ①×2$

これを②に代入します。

$$3×(3)-4y=1$$
$$-4y=1-9=-8$$
$$y=2$$

$x=3$
$3x-4y=1 \quad \cdots ②$

答 $x=3, y=2$

📝 やってみよう！

問題▶ 次の連立方程式を加減法で解いてください。

① $x+2y=14$
　　$4x+y=21$

② $2x-3y=4$
　　$4x+6y=-16$

③ $-5x-2y=-22$
　　$-6x+8y=36$

④ $-4x+5y=8$
　　$3x-7y=-19$

⑤ $3x+2y=1$
　　$11x+7y=1$

⑥ $-3x+2y=5$
　　$4x-3y=-6$

答と解説

① $x+2y=14$ ⋯①
$4x+y=21$ ⋯②

①−②×2
$x+2y=14$ ⋯①
$\underline{-\,)(8x+2y)=42}$ ⋯②×2
$-7x=-28$
$x=4$

これを①に代入
$(4)+2y=14$
$2y=14-4=10$
$y=5$
$x=4,\ y=5$

② $2x-3y=4$ ⋯①
$4x+6y=-16$ ⋯②

①×2−②
$4x-6y=8$ ⋯①×2
$\underline{-\,)(4x+6y)=-16}$ ⋯②
$-12y=24$
$y=-2$

これを①に代入
$2x-3\times(-2)=4$
$2x=4-6=-2$
$x=-1$
$x=-1,\ y=-2$

③ $-5x-2y=-22$ ⋯①
$-6x+8y=36$ ⋯②

①×4+②
$-20x-8y=-88$ ⋯①×4
$\underline{+\,)(-6x+8y)=36}$ ⋯②
$-26x=-52$
$x=2$

これを①に代入
$-5\times(2)-2y=-22$
$-2y=-22+10=-12$
$y=6$
$x=2,\ y=6$

④ $-4x+5y=8$ ⋯①
$3x-7y=-19$ ⋯②

①×3+②×4
$-12x+15y=24$
$\underline{+\,)(12x-28y)=-76}$
$-13y=-52$
$y=4$

これを①に代入
$-4x+5\times(4)=8$
$-4x=8-20=-12$
$x=3$
$x=3,\ y=4$

⑤ $3x+2y=1$ …①
          $11x+7y=1$ …②

①×7−②×2

$$\begin{array}{r}21x+14y=7 \\ -\underline{)(22x+14y)=2} \\ -x=5 \\ x=-5\end{array}$$
   …①×7
   …②×2

これを①に代入
$3×(-5)+2y=1$
      $2y=1+15=16$
       $y=8$
$x=-5, y=8$

⑥ $-3x+2y=5$ …①
     $4x-3y=-6$ …②

①×3+②×2

$$\begin{array}{r}-9x+6y=15 \\ +\underline{)(8x-6y)=-12} \\ -x=3 \\ x=-3\end{array}$$
   …①×3
   …②×2

これを①に代入
$-3×(-3)+2y=5$
       $2y=5-9=-4$
        $y=-2$
$x=-3, y=-2$

➡ もう少し練習したい方は 220 ページへ

11 連立方程式 代入法

解き方のおさらい

$y = x$ の式　あるいは　$x = y$ の式　がある場合、加減法ではなく代入法で解く方が簡単な場合が多いです。

例　次の連立方程式を代入法で解いてください。

$$y = x - 3 \quad \cdots ①$$
$$3x + y = 17 \quad \cdots ②$$

①を②に代入します。
$3x + (x-3) = 17$

$$y = x - 3 \quad \cdots ①$$
$$3x + y = 17 \cdots ②$$

$3x + x - 3 = 17$
$\quad 3x + x = 17 + 3$
$\qquad\quad 4x = 20$
$\qquad\quad\; x = 5$

これを①に代入
$y = (5) - 3 = 2$

　　　答　$x = 5, y = 2$

やってみよう！

問題 次の連立方程式を代入法で解いてください。

① $x=4y$
　$x+2y=6$

② $y=4x+12$
　$x+2y=15$

③ $-2x-y=-18$
　$x=6-2y$

④ $y=2-3x$
　$2x-3y=-39$

⑤ $y=x-3$
　$y=-2x+12$

⑥ $x=3y-5$
　$x=-2y+15$

答と解説

① $x=4y$ …①
　$x+2y=6$ …②

①を②に代入
$4y+2y=6$
$6y=6$
$y=1$
①に代入
$x=4\times(1)=4$
$x=4, y=1$

② $y=4x+12$ …①
　$x+2y=15$ …②

①を②に代入
$x+2(4x+12)=15$
$x+8x+24=15$
$9x=15-24=-9$
$x=-1$
①に代入
$y=4\times(-1)+12=8$
$x=-1, y=8$

③ $-2x-y=-18$ ⋯①

$x=6-2y$ ⋯②

②を①に代入
$-2(6-2y)-y=-18$
$-12+4y-y=-18$
$3y=-18+12=-6$
$y=-2$

②に代入
$x=6-2\times(-2)=10$
$x=10,\ y=-2$

④ $y=2-3x$ ⋯①

$2x-3y=-39$ ⋯②

①を②に代入
$2x-3(2-3x)=-39$
$2x-6+9x=-39$
$11x=-39+6=-33$
$x=-3$

①に代入
$y=2-3\times(-3)=11$
$x=-3,\ y=11$

⑤ $y=x-3$ ⋯①

$y=-2x+12$ ⋯②

①を②に代入
$x-3=-2x+12$
$x+2x=3+12$
$3x=15$
$x=5$

①に代入
$y=(5)-3$
$y=2$
$x=5,\ y=2$

⑥ $x=3y-5$ ⋯①

$x=-2y+15$ ⋯②

①を②に代入
$3y-5=-2y+15$
$3y+2y=15+5$
$5y=20$
$y=4$

①に代入
$x=3\times(4)-5$
$x=7$
$x=7,\ y=4$

➡ もう少し練習したい方は 221 ページへ

12 連立方程式の文章題で計算練習

解き方のおさらい

例 60円のみかんと100円のりんごを合わせて10個買って880円払いました。それぞれ何個買ったのでしょう。60円のみかんを x 個、100円のりんごを y 個として、方程式をたててください。

60円のみかん と 100円のりんご を 合わせて 10個買って 880円
　　↓　　　　　　　↓　　　　　　　　↓
　　x 個　　　　　　y 個　　　　　 $(x+y)$ 個
　　↓　　　　　　　↓
　　$60x$ 円　　　　 $100y$ 円

書き込みを見て

$$x+y=10 \quad \cdots ①$$
$$60x+100y=880 \quad \cdots ②$$

このように求めるものを x, y とおいて、部分的に解ったことをメモ的に書き込めば簡単に立式できます。
方程式をたてる方はこのように簡単ですから、あとは計算を楽しんでください。

やってみよう！

問題 以下の問いに答えてください。

1) 50円切手と80円切手を合わせて12枚買ったところ、代金は780円でした。50円切手と80円切手を、それぞれ何枚買ったのでしょう。50円切手をx枚、80円切手をy枚買ったとして、式をたてて解いてください。

2) ケーキ2個とワッフル3個で900円、ケーキ4個とワッフル2個で1000円です。ケーキ1個とワッフル1個の値段は、それぞれ何円ですか。ケーキ1個をx円、ワッフル1個をy円として、式をたてて解いてください。

3) A君とB君は合わせて76個のメダルを持っています。A君がB君に8個メダルをあげたところ、A君のメダルはB君のメダルの3倍になりました。A君とB君が最初に持っていたメダルの個数を求めてください。

答と解説

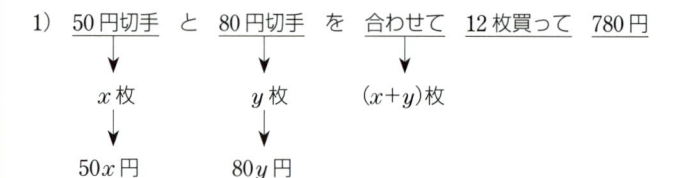

1) 50円切手 と 80円切手 を 合わせて 12枚買って 780円
   ↓   ↓   ↓
   x 枚 y 枚 $(x+y)$ 枚
   ↓   ↓
   $50x$ 円 $80y$ 円

書き込みより
$$x+y=12 \quad \cdots ①$$
$$50x+80y=780 \quad \cdots ②$$

①×50−②

$50x+50y=600 \quad \cdots ①\times 50$
$\underline{-)(50x+80y)=780 \quad \cdots ②}$
$\quad\quad -30y = -180 \quad y=6$

①に代入 $x+6=12 \quad x=6$ 　　　答 50円切手 6枚　80円切手 6枚

2) ケーキ2個 と ワッフル3個 で 900円
   ↓   ↓
   $2x$ 円 $3y$ 円
   ケーキ4個 と ワッフル2個 で 1000円
   ↓   ↓
   $4x$ 円 $2y$ 円

書き込みより
$2x+3y=900 \quad \cdots ①$
$4x+2y=1000 \quad \cdots ②$

①×2−②

$4x+6y=1800 \quad \cdots ①\times 2$
$\underline{-)(4x+2y)=1000 \quad \cdots ②}$
$\quad\quad 4y=800 \quad y=200$

①に代入 $2x+3\times(200)=900$
$2x=900-600=300 \quad x=150$

答　ケーキ1個 150円　ワッフル1個 200円

3) 最初に A 君が x 個、B 君が y 個持っていたとして書き込みます。

<u>A 君</u> と <u>B 君</u> は <u>合わせて</u> <u>76 個のメダル</u> を持っています。
↓　　　　↓　　　　↓
x 個　　y 個　　$(x+y)$ 個

A 君が B 君に 8 個メダルをあげたところ <u>A 君のメダル</u>は
　　　　　　　　　　　　　　　　　　　　　　↓
　　　　　　　　　　　　　　　　　　　　$(x-8)$ 個

<u>B 君のメダル</u>　の　<u>3 倍</u>
↓　　　　　　　　　↓
$(y+8)$ 個　　　$3(y+8)$ 個

書き込みより
$\quad x+y=76 \quad \cdots ①$
$\quad (x-8)=3(y+8) \quad \cdots ②$

②より　$x-8=3y+24$
$\qquad x-3y=24+8=32 \quad \cdots ③$

①－③

$\quad x+\ y\ =76 \quad \cdots ①$
$-\underline{)(x-3y)=32 \quad \cdots ③}$
$\qquad 4y=44 \quad y=11$

①に代入　$x+11=76 \quad x=76-11=65$

答　A 君 65 個　B 君 11 個

13 関数で計算練習

解き方のおさらい

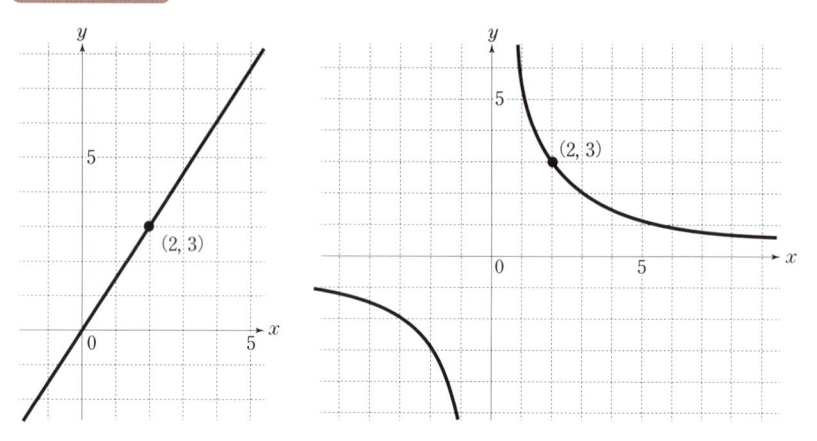

例 y が x に比例して $x=2$ のとき、$y=3$ です。
y を x の式であらわしてください（上左図参照）。

y が x に比例 → $y=ax$ とおく。$x=2, y=3$ を代入する。

$x=2$　$y=3$

$3=2a$　$a=\dfrac{3}{2}$　これを $y=ax$ に代入　$y=\dfrac{3}{2}x$　…答

例 y が x に反比例して $x=2$ のとき、$y=3$ です。
y を x の式であらわしてください（上右図参照）。

y が x に反比例 → $y=\dfrac{a}{x}$ とおく。$x=2, y=3$ を代入。

$3=\dfrac{a}{2}$　$a=6$　これを $y=\dfrac{a}{x}$ に代入　$y=\dfrac{6}{x}$　…答

例 y は x の一次関数で、グラフが $(1, 3)$ $(3, 7)$ を通ります。y を x の式であらわしてください。

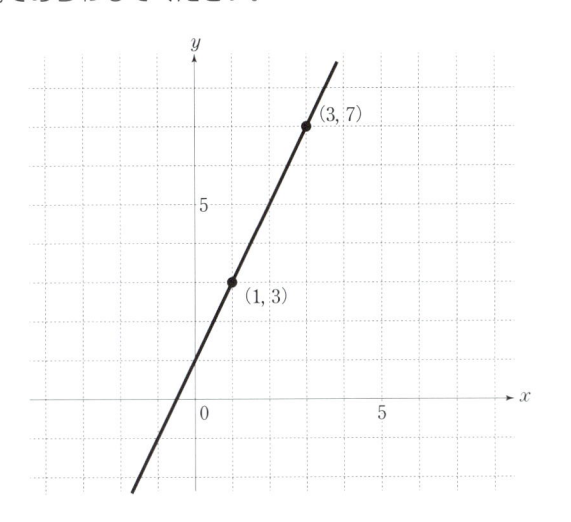

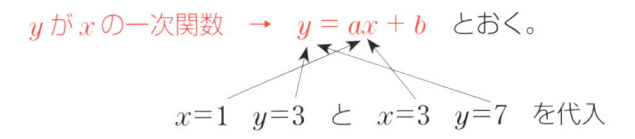

y が x の一次関数 → $y = ax + b$ とおく。

$x=1$ $y=3$ と $x=3$ $y=7$ を代入

$3 = a + b$ → $-a - b = -3$ …①
$7 = 3a + b$ → $-3a - b = -7$ …②

①－②より $2a = 4$ $a = 2$
①に代入 $-(2) - b = -3$ $b = 1$

$y = ax + b$ に $a=2, b=1$ を代入して $y = 2x + 1$ …答

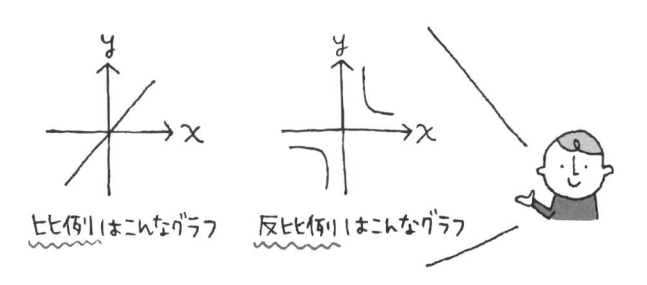

ヒヒ例はこんなグラフ　　反ヒヒ例はこんなグラフ

やってみよう!

問1 y が x に比例して、グラフが $(2, -4)$ を通ります。y を x の式であらわし、$x = -2$ のときの y の値を求めてください。

問2 y が x に反比例して、グラフが $(-2, 4)$ を通ります。y を x の式であらわし、$y = -16$ のときの x の値を求めてください。

問3 y は x の一次関数で、グラフが $(-1, 2)$ $(1, -4)$ を通ります。y を x の式であらわし、$x = 2$ のときの y の値を求めてください。

答と解説

問1 y が x に比例 → $y = ax$ とおく。

$x = 2, y = -4$ を代入

$-4 = 2a$　$a = -2$　これを　$y = ax$ に代入　$y = -2x$　…答

これに　$x = -2$ を代入　$y = -2 \times (-2) = 4$　…答

問2 y が x に反比例 → $y = \dfrac{a}{x}$ とおく。

$x = -2, y = 4$ を代入

$4 = \dfrac{a}{-2}$　$a = -8$　これを　$y = \dfrac{a}{x}$ に代入　$y = -\dfrac{8}{x}$　…答

これに　$y = -16$ を代入

$-16 = -8 \div x$　ですから　$x = -8 \div (-16) = \dfrac{1}{2}$　…答

問3 y が x の一次関数 → $y = ax + b$ とおく。

$x = -1, y = 2$ と　$x = 1, y = -4$ を代入

$2 = -a + b$ → $a - b = -2$ …①
$-4 = a + b$ → $-a - b = 4$ …②

①+②より
$-2b = 2$　$b = -1$
①に代入　$a - (-1) = -2$　$a = -3$
$y = ax + b$ に　$a = -3, b = -1$ を代入して　$y = -3x - 1$　…答

この式に　$x = 2$ を代入して　$y = -3 \times (2) - 1 = -7$　…答

14 因数分解と展開（その1）

解き方のおさらい

例 $10ab - 4bc$ を因数分解してください。

$10ab$ と $-4bc$ が何でわれるか見てみると、$2b$ でわれます。
この $2b$ が<u>共通因数</u>です。因数分解では、この $2b$ を（　）の外に出します。

$10ab - 4bc = 2b($　$)$、次に（　）の中を考えます。
（　）の中には $10ab \div 2b = 5a$ と $-4bc \div 2b = -2c$ が入ります。

$10ab - 4bc = 2b(5a - 2c)$　…**答**

展開して確認します。$2b(5a - 2c) = 10ab - 4bc$

例 $x^2 + 2x - 15$ を因数分解してください。

以下のように機械的に因数分解します。

$$x^2 + 2x - 15 = (x+5)(x-3) \quad \cdots 答$$

たして2　かけて-15　⇒　+5　と　-3

展開して確認します。

$(x+5)(x-3) = x^2 - 3x + 5x - 15 = x^2 + 2x - 15$

やってみよう！

問題 因数分解して展開し、確認してください。

① $7ac-21bc$

② $10mp-9m$

③ $10mx+25bx$

④ $2mx-5mp+10my$

⑤ x^2-6x-7

⑥ x^2+5x+6

⑦ $x^2+13x+42$

⑧ x^2-x-56

⑨ $x^2+2x-35$

⑩ $mx^2+3mx-28m$

⑪ $nx^2+7nx+12n$

⑫ $kx^2+10kx+24k$

答と解説

① $7ac-21bc$
 $=7c(a-3b)$

 $7c(a-3b)=7ac-21bc$

② $10mp-9m$
 $=m(10p-9)$

 $m(10p-9)=10mp-9m$

③ $10mx+25bx$
　$=5x(2m+5b)$

　$5x(2m+5b)=10mx+25bx$

④ $2mx-5mp+10my$
　$=m(2x-5p+10y)$

　$m(2x-5p+10y)$
　$=2mx-5mp+10my$

⑤ $x^2-6x-7=(x+1)(x-7)$

　$(x+1)(x-7)=x^2-7x+x-7=x^2-6x-7$

⑥ $x^2+5x+6=(x+2)(x+3)$

　$(x+2)(x+3)=x^2+3x+2x+6=x^2+5x+6$

⑦ $x^2+13x+42=(x+6)(x+7)$

　$(x+6)(x+7)=x^2+7x+6x+42=x^2+13x+42$

⑧ $x^2-x-56=(x-8)(x+7)$

　$(x-8)(x+7)=x^2+7x-8x-56=x^2-x-56$

⑨ $x^2+2x-35=(x-5)(x+7)$

　$(x-5)(x+7)=x^2+7x-5x-35=x^2+2x-35$

⑩ $mx^2+3mx-28m=m(x^2+3x-28)=m(x-4)(x+7)$
　　　　　　　　　└─まず共通因数mを(　)の外に

　$m(x-4)(x+7)=m(x^2+7x-4x-28)=mx^2+3mx-28m$

⑪ $nx^2+7nx+12n=n(x^2+7x+12)=n(x+3)(x+4)$

　$n(x+3)(x+4)=n(x^2+4x+3x+12)=nx^2+7nx+12n$

⑫ $kx^2+10kx+24k=k(x^2+10x+24)=k(x+4)(x+6)$

　$k(x+4)(x+6)=k(x^2+6x+4x+24)=kx^2+10kx+24k$

➡もう少し練習したい方は 223 ページへ

15 因数分解と展開（その2）

解き方のおさらい

例 ① $x^2+8x+16$ ② $x^2-10x+25$ ③ x^2-25 を因数分解してください。

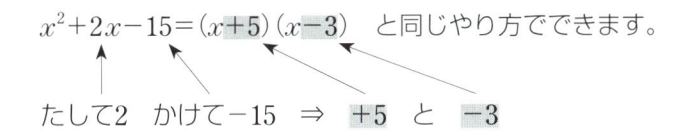

$x^2+2x-15=(x+5)(x-3)$ と同じやり方でできます。

たして2　かけて-15　⇒　+5　と　-3

① $x^2+8x+16=(x+4)(x+4)=(x+4)^2$

たして8　かけて16　⇒　+4　と　+4

② $x^2-10x+25=(x-5)(x-5)=(x-5)^2$

たして-10　かけて25　⇒　-5　と　-5

③ $x^2-25=x^2+0x-25=(x+5)(x-5)$

たして0　かけて-25　⇒　+5　と　-5

● この3つの因数分解は以下のように公式として習いますが、本書のやり方なら記憶不要、やっているうちに自然に身につきます。

$$x^2+2ax+a^2=(x+a)^2 \qquad x^2-2ax+a^2=(x-a)^2$$

$$x^2-a^2=(x+a)(x-a)$$

やってみよう!

問題 ▶ 因数分解して展開し、確認してください。

① x^2+4x+4　　　　② x^2-4x+4

③ x^2-49　　　　　④ x^2-100

⑤ $x^2+14x+49$　　　⑥ $x^2-12x+36$

⑦ x^2-64　　　　　⑧ $mx^2+6mx+9m$

⑨ $nx^2-10nx+25n$　　⑩ kx^2-4k

答と解説

① $x^2+4x+4=(x+2)^2$
　$(x+2)^2=(x+2)(x+2)=x^2+2x+2x+4=x^2+4x+4$

② $x^2-4x+4=(x-2)^2$
　$(x-2)^2=(x-2)(x-2)=x^2-2x-2x+4=x^2-4x+4$

③ $x^2-49=(x+7)(x-7)$
　$(x+7)(x-7)=x^2-7x+7x-49=x^2-49$

④ $x^2-100=(x+10)(x-10)$
　$(x+10)(x-10)=x^2-10x+10x-100=x^2-100$

⑤ $x^2+14x+49=(x+7)^2$
　$(x+7)^2=(x+7)(x+7)=x^2+7x+7x+49=x^2+14x+49$

⑥ $x^2-12x+36=(x-6)^2$
　$(x-6)^2=(x-6)(x-6)=x^2-6x-6x+36=x^2-12x+36$

⑦ $x^2-64=(x+8)(x-8)$
　$(x+8)(x-8)=x^2-8x+8x-64=x^2-64$

⑧ $mx^2+6mx+9m=m(x^2+6x+9)=m(x+3)^2$
　$m(x+3)^2=m(x+3)(x+3)=m(x^2+3x+3x+9)$
　　　　　　$=mx^2+6mx+9m$

⑨ $nx^2-10nx+25n=n(x^2-10x+25)=n(x-5)^2$
　$n(x-5)^2=n(x-5)(x-5)=n(x^2-5x-5x+25)$
　　　　　　$=nx^2-10nx+25n$

⑩ $kx^2-4k=k(x+2)(x-2)$
　$k(x+2)(x-2)=k(x^2-2x+2x-4)=kx^2-4k$

➡ もう少し練習したい方は 224 ページへ

16 確率で計算練習

解き方のおさらい

例 赤球 4 個と青球 2 個が入っている袋から 1 個を取り出すとき、それが赤玉である確率を求めてください。

確率＝何回やって何回起こるかの割合です。

赤玉に ① ② ③ ④、青球に 5 6 と番号を打つ。6 回やると（① ② ③ ④ 5 6）が出ます。この中で赤玉は（① ② ③ ④）です。6 回やって 4 回だから、赤球が出る確率は $\frac{4}{6}=\frac{2}{3}$ です。

例 2 つのサイコロ A, B を同時に投げるとき、目の数の和が 5 になる確率を求めてください。

2 つのコインやサイコロを同時に投げる確率は樹形図で考えます。

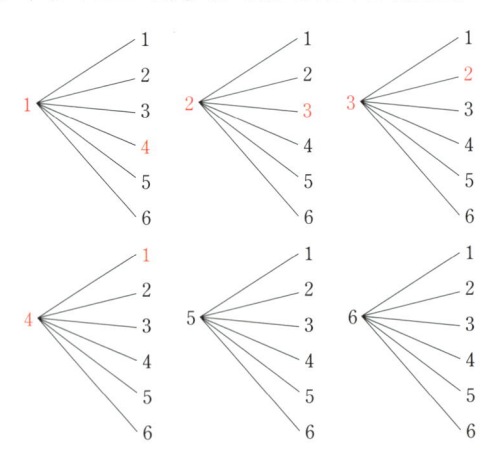

目の出方は全部で 36 通り。この中で目の和が 5 となるのは (1,4) (2,3) (3,2) (4,1) の 4 通りです。36 回やって 4 回だから、目の数の和が 5 となる確率は $\frac{4}{36}=\frac{1}{9}$ です。

やってみよう!

問1 当たりが5本、はずれが43本のくじを1本引くとき、当たる確率を求めてください。

問2 1組のトランプのカード52枚から1枚のカードを取り出すとき、それがハートである確率を求めてください。

問3 2つのサイコロA, Bを同時に投げるとき、目の積(2つの目をかけた値)が6となる確率を求めてください。

問4 2枚の硬貨A, Bを同時に投げるとき、2枚とも裏になる確率を求めてください。

答と解説

問1　当たりに①②③④⑤、はずれに6, 7, 8,・・・・・43, 44,・・・48と番号を打つ。48回引くと(①②③④⑤ 6, 7, 8・・・・・・48)が出ます。この中で当たりは(①②③④⑤)です。48回やって5回だから、当たりが出る確率は $\dfrac{5}{48}$ です。

問2　52枚のトランプのうちハートは13枚です。52回やるとハートが13回出ます。そこで1枚のカードをひいてハートが出る確率は　$\dfrac{13}{52} = \dfrac{1}{4}$　です。

問3

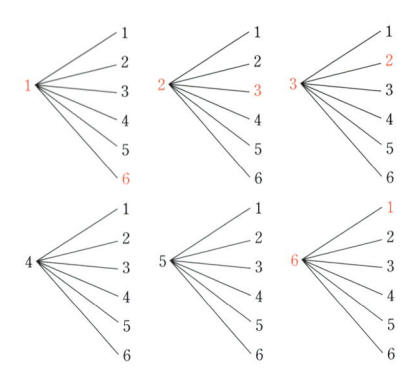

目の出方は全部で36通り。この中で目の積が6となるのは(1,6) (2,3) (3,2) (6,1)の4通りです。36回やって4回だから、目の数の積が6となる確率は　$\dfrac{4}{36} = \dfrac{1}{9}$　です。

問4　2枚の硬貨 A, B を同時に投げるときの表と裏の出方を樹形図で書くと下のようになります。

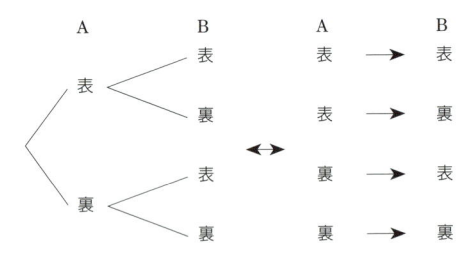

樹形図より表と裏の出方は全部で(表　表)(表　裏)(裏　表)(裏　裏)の4通り。この中で2枚とも裏になるのは(裏　裏)の1通りです。

4回やって1回だから、2枚とも裏になる確率は　$\dfrac{1}{4}$　です。

17 平方根の計算（その1）

解き方のおさらい

● 36の平方根は2乗して36になる数。
　（　）^{2}＝36の（　）の中に入る数で6と－6

　6の平方根とは（　）^{2}＝6の（　）の中に入る数で
　プラスの方を$\sqrt{6}$、マイナスの方を$-\sqrt{6}$とあらわします。

● 平方根のかけ算には3つのパターンがあります。
　① $\sqrt{3} \times \sqrt{5} = \sqrt{3 \times 5} = \sqrt{15}$

　② $\sqrt{2} \times \sqrt{18} = \sqrt{2 \times 18} = \sqrt{36} = 6$　（$\sqrt{}$がはずれる）

　③ $\sqrt{3} \times \sqrt{6} = \sqrt{3 \times 6} = \sqrt{18} = \sqrt{9 \times 2} = 3\sqrt{2}$
　　　　　　　　　　　　　　　　　　　　（$\sqrt{}$から一部数字が出る）

● 平方根のわり算には3つのパターンがあります。
　① $\dfrac{\sqrt{15}}{\sqrt{3}} = \sqrt{\dfrac{15}{3}} = \sqrt{5}$

　② $\dfrac{\sqrt{50}}{\sqrt{2}} = \sqrt{\dfrac{50}{2}} = \sqrt{25} = 5$　（$\sqrt{}$がはずれる）

　③ $\dfrac{\sqrt{54}}{\sqrt{3}} = \sqrt{\dfrac{54}{3}} = \sqrt{18} = \sqrt{9 \times 2} = 3\sqrt{2}$　（$\sqrt{}$から一部数字が出る）

🖊 やってみよう!

問1 以下の数の平方根を求めてください。

① 64　　② 25　　③ 49　　④ 121

問2 計算してください。

① $\sqrt{5} \times \sqrt{7}$　　　　　② $\sqrt{2} \times \sqrt{50}$

③ $\sqrt{3} \times \sqrt{15}$　　　　　④ $\sqrt{6} \times \sqrt{10}$

⑤ $3\sqrt{3} \times 4\sqrt{5}$　　　　　⑥ $4\sqrt{2} \times 4\sqrt{14}$

⑦ $\dfrac{\sqrt{35}}{\sqrt{5}}$　　　　　⑧ $\dfrac{\sqrt{98}}{\sqrt{2}}$

⑨ $\dfrac{\sqrt{64}}{\sqrt{2}}$　　　　　⑩ $\sqrt{96} \div \sqrt{6}$

⑪ $\sqrt{32} \div \sqrt{6} \times \sqrt{12}$　　⑫ $\sqrt{75} \div \sqrt{5} \times \sqrt{3}$

答と解説

問1 ① ±8　② ±5　③ ±7　④ ±11

問2 $\sqrt{1}=1$　$\sqrt{4}=2$　$\sqrt{9}=3$　$\sqrt{16}=4$　$\sqrt{25}=5$　$\sqrt{36}=6$
$\sqrt{49}=7$　$\sqrt{64}=8$　$\sqrt{81}=9$　$\sqrt{100}=10$　に慣れてください。
$\sqrt{45}=\sqrt{9\times 5}=3\sqrt{5}$　などが簡単にわかります。

① $\sqrt{5}\times\sqrt{7}=\sqrt{5\times 7}=\sqrt{35}$

② $\sqrt{2}\times\sqrt{50}=\sqrt{2\times 50}=\sqrt{100}=10$

③ $\sqrt{3}\times\sqrt{15}=\sqrt{3\times 15}=\sqrt{45}=\sqrt{9\times 5}=3\sqrt{5}$

④ $\sqrt{6}\times\sqrt{10}=\sqrt{6\times 10}=\sqrt{60}=\sqrt{4\times 15}=2\sqrt{15}$

⑤ $3\sqrt{3}\times 4\sqrt{5}=3\times 4\times\sqrt{3}\times\sqrt{5}=12\sqrt{15}$

⑥ $4\sqrt{2}\times 4\sqrt{14}=4\times 4\times\sqrt{2}\times\sqrt{14}=16\sqrt{28}=16\sqrt{4\times 7}=16\times 2\sqrt{7}=32\sqrt{7}$

⑦ $\dfrac{\sqrt{35}}{\sqrt{5}}=\sqrt{\dfrac{35}{5}}=\sqrt{7}$　　⑧ $\dfrac{\sqrt{98}}{\sqrt{2}}=\sqrt{\dfrac{98}{2}}=\sqrt{49}=7$

⑨ $\dfrac{\sqrt{64}}{\sqrt{2}}=\sqrt{\dfrac{64}{2}}=\sqrt{16\times 2}=4\sqrt{2}$

⑩ $\sqrt{96}\div\sqrt{6}=\dfrac{\sqrt{96}}{\sqrt{6}}=\sqrt{\dfrac{96}{6}}=\sqrt{16}=4$

⑪ $\sqrt{32}\div\sqrt{6}\times\sqrt{12}=\sqrt{\dfrac{32}{6}\times 12}=\sqrt{64}=8$

⑫ $\sqrt{75}\div\sqrt{5}\times\sqrt{3}=\sqrt{\dfrac{75}{5}\times 3}=\sqrt{45}=\sqrt{9\times 5}=3\sqrt{5}$

➡もう少し練習したい方は 226 ページへ

18 平方根の計算 (その2)

解き方のおさらい

例 $\sqrt{\dfrac{3}{5}}$ の分母の有理化をしてください。

$$\sqrt{\dfrac{3}{5}} = \dfrac{\sqrt{3}}{\sqrt{5}} = \dfrac{\sqrt{3}}{\sqrt{5}} \times \dfrac{\sqrt{5}}{\sqrt{5}} = \dfrac{\sqrt{15}}{5} \quad (\sqrt{5} \times \sqrt{5} = 5 \text{ です})$$

√のついた数を分母に残せないので、このように見かけを変えます。

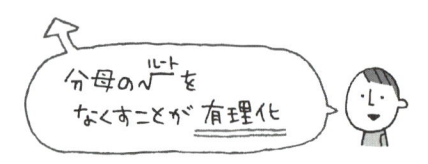

> 分母のルート√ をなくすことが 有理化

例 計算してください。

① $4\sqrt{2} - 5\sqrt{3} + 6\sqrt{2} - 4\sqrt{3} = 10\sqrt{2} - 9\sqrt{3}$ （文字式の感覚でOKです）

② $\sqrt{27} + 5\sqrt{3}$

√の中が大きな数字の場合、まず√が取れないか？ あるいは√の一部が飛び出さないか？ チェックします。

$\sqrt{27} = \sqrt{9} \times \sqrt{3} = 3\sqrt{3}$ だから $\sqrt{27} + 5\sqrt{3} = 3\sqrt{3} + 5\sqrt{3} = 8\sqrt{3}$

③ $6\sqrt{3} - \dfrac{9}{\sqrt{3}} = 6\sqrt{3} - \dfrac{9 \times \sqrt{3}}{\sqrt{3} \times \sqrt{3}} = 6\sqrt{3} - \dfrac{9 \times \sqrt{3}}{3} = 6\sqrt{3} - 3\sqrt{3} = 3\sqrt{3}$

分母に√の数なので、さしあたり有理化します。

やってみよう！

問1 分母の有理化をしてください。

① $\sqrt{\dfrac{2}{5}}$

② $\sqrt{\dfrac{3}{11}}$

問2 計算してください。

① $5\sqrt{2}-2\sqrt{3}+5\sqrt{2}-8\sqrt{3}$

② $9\sqrt{3}-2\sqrt{5}+4\sqrt{3}-8\sqrt{5}$

③ $-2\sqrt{7}-9\sqrt{11}-6\sqrt{7}+5\sqrt{11}$

④ $6\sqrt{10}-2\sqrt{6}-7\sqrt{10}-4\sqrt{6}$

⑤ $\sqrt{32}+\sqrt{75}$

⑥ $\sqrt{50}-\sqrt{54}+8\sqrt{8}-\sqrt{24}$

⑦ $\sqrt{45}+\dfrac{10}{\sqrt{5}}$

⑧ $2\sqrt{54}+\dfrac{36}{\sqrt{6}}$

⑨ $4\sqrt{2}-(5-\sqrt{8})$

⑩ $-\sqrt{3}(4\sqrt{2}-5)-\sqrt{24}$

⑪ $\sqrt{2}(3\sqrt{7}-6)-\dfrac{14\sqrt{2}}{\sqrt{7}}$

答と解説

問 1

① $\sqrt{\dfrac{2}{5}} = \dfrac{\sqrt{2}}{\sqrt{5}} = \dfrac{\sqrt{2}}{\sqrt{5}} \times \dfrac{\sqrt{5}}{\sqrt{5}} = \dfrac{\sqrt{10}}{5}$ ② $\sqrt{\dfrac{3}{11}} = \dfrac{\sqrt{3}}{\sqrt{11}} = \dfrac{\sqrt{3}}{\sqrt{11}} \times \dfrac{\sqrt{11}}{\sqrt{11}} = \dfrac{\sqrt{33}}{11}$

問 2

① $5\sqrt{2} - 2\sqrt{3} + 5\sqrt{2} - 8\sqrt{3} = 10\sqrt{2} - 10\sqrt{3}$

② $9\sqrt{3} - 2\sqrt{5} + 4\sqrt{3} - 8\sqrt{5} = 13\sqrt{3} - 10\sqrt{5}$

③ $-2\sqrt{7} - 9\sqrt{11} - 6\sqrt{7} + 5\sqrt{11} = -8\sqrt{7} - 4\sqrt{11}$

④ $6\sqrt{10} - 2\sqrt{6} - 7\sqrt{10} - 4\sqrt{6} = -\sqrt{10} - 6\sqrt{6}$

⑤ $\sqrt{32} + \sqrt{75} = \sqrt{16 \times 2} + \sqrt{25 \times 3} = 4\sqrt{2} + 5\sqrt{3}$

⑥ $\sqrt{50} - \sqrt{54} + 8\sqrt{8} - \sqrt{24} = \sqrt{25 \times 2} - \sqrt{9 \times 6} + 8\sqrt{4 \times 2} - \sqrt{4 \times 6}$
$= 5\sqrt{2} - 3\sqrt{6} + 8 \times 2\sqrt{2} - 2\sqrt{6} = 21\sqrt{2} - 5\sqrt{6}$

⑦ $\sqrt{45} + \dfrac{10}{\sqrt{5}} = \sqrt{9 \times 5} + \dfrac{10}{\sqrt{5}} \times \dfrac{\sqrt{5}}{\sqrt{5}} = 3\sqrt{5} + \dfrac{10\sqrt{5}}{5} = 3\sqrt{5} + 2\sqrt{5} = 5\sqrt{5}$

⑧ $2\sqrt{54} + \dfrac{36}{\sqrt{6}} = 2\sqrt{9 \times 6} + \dfrac{36}{\sqrt{6}} \times \dfrac{\sqrt{6}}{\sqrt{6}} = 2 \times 3\sqrt{6} + \dfrac{36\sqrt{6}}{6} = 6\sqrt{6} + 6\sqrt{6} = 12\sqrt{6}$

⑨ $4\sqrt{2} - (5 - \sqrt{8}) = 4\sqrt{2} - 5 + \sqrt{8} = 4\sqrt{2} - 5 + \sqrt{4 \times 2} = 4\sqrt{2} - 5 + 2\sqrt{2} = 6\sqrt{2} - 5$

⑩ $-\sqrt{3}(4\sqrt{2} - 5) - \sqrt{24} = -4\sqrt{6} + 5\sqrt{3} - \sqrt{4 \times 6} = -4\sqrt{6} + 5\sqrt{3} - 2\sqrt{6}$
$= -6\sqrt{6} + 5\sqrt{3}$

⑪ $\sqrt{2}(3\sqrt{7} - 6) - \dfrac{14\sqrt{2}}{\sqrt{7}} = 3\sqrt{14} - 6\sqrt{2} - \dfrac{14\sqrt{2}}{\sqrt{7}} \times \dfrac{\sqrt{7}}{\sqrt{7}} = 3\sqrt{14} - 6\sqrt{2} - \dfrac{14\sqrt{14}}{7}$
$= 3\sqrt{14} - 6\sqrt{2} - 2\sqrt{14} = \sqrt{14} - 6\sqrt{2}$

➡ もう少し練習したい方は 227 ページへ

19 三平方の定理で計算練習

> 解き方のおさらい

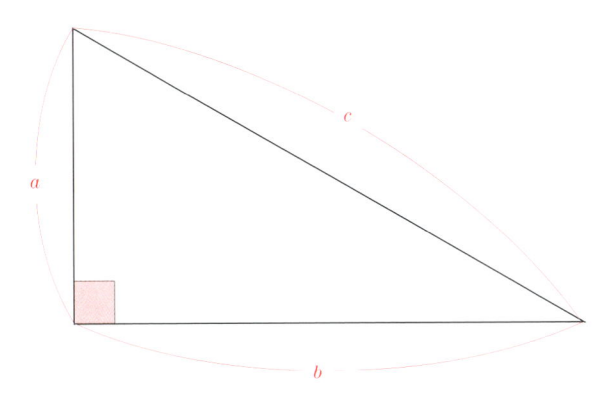

直角三角形の3つの辺の長さを a, b, c（斜辺）とすると
$a^2 + b^2 = c^2$ ＜三平方の定理＞ がなりたちます。これを使って直角三角形の辺の長さが計算できます。

例　下図の x を求めてください。

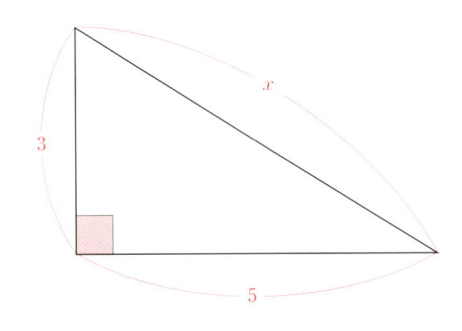

三平方の定理より
$3^2 + 5^2 = x^2$
$9 + 25 = x^2$
$34 = x^2$
$x > 0$　より
$x = \sqrt{34}$

おさらい編

小学校の計算

中学校の計算

高校の計算

やってみよう!

問1 x を求めてください。

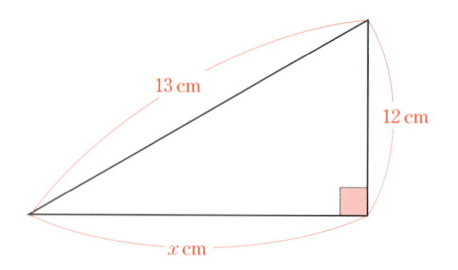

13 cm, 12 cm, x cm

問2 AD と x を求めてください。

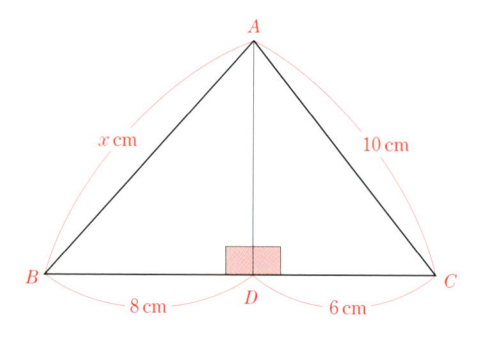

x cm, 10 cm, 8 cm, 6 cm

問3 x を求めてください。

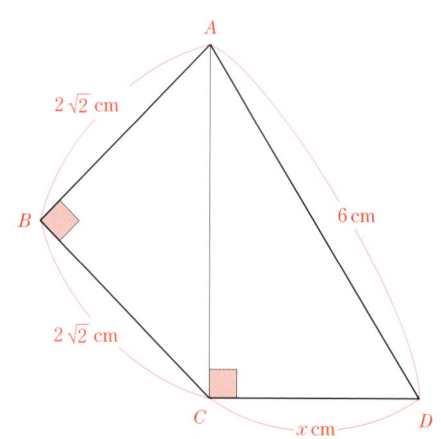

$2\sqrt{2}$ cm, 6 cm, $2\sqrt{2}$ cm, x cm

答と解説

問1　三平方の定理より
$x^2+12^2=13^2$　　$x^2+144=169$
$x^2=169-144=25$　　$x>0$ より　$x=5$ …答

問2　△ADC について　三平方の定理より
$AD^2+6^2=10^2$
$AD^2=10^2-6^2=100-36=64$

$AD>0$ より　$AD=8$ …答

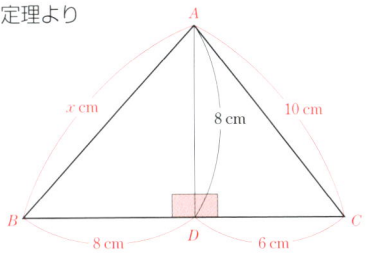

△ABD について　三平方の定理より
$8^2+8^2=x^2$　　$64+64=128=x^2$

$x>0$ より　$x=\sqrt{128}=\sqrt{64\times 2}=8\sqrt{2}$ …答

問3　△ABC について　三平方の定理より
$(2\sqrt{2})^2+(2\sqrt{2})^2=AC^2$
$2\sqrt{2}\times 2\sqrt{2}+2\sqrt{2}\times 2\sqrt{2}=AC^2$
$8+8=16=AC^2$

$AC>0$ より　$AC=4$

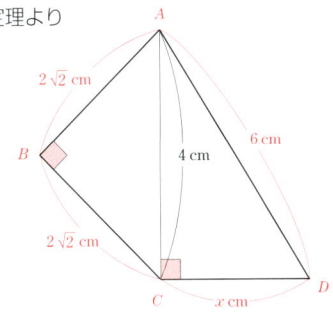

△ACD について　三平方の定理より
$4^2+x^2=6^2$　　$x^2=6^2-4^2=36-16=20$
$x>0$ より　$x=\sqrt{20}=\sqrt{4\times 5}=2\sqrt{5}$ …答

20 ２次方程式の計算

解き方のおさらい

例 $x^2-28=0$ を解いてください。

２次方程式とは $ax^2+bx+c=0$ $a \neq 0$ です。
$x^2-28=0$ のように x の項がない場合、移項して
$x^2=28$ 平方根の意味から $x=\pm\sqrt{28}=\pm\sqrt{4\times 7}=\pm 2\sqrt{7}$

例 $(x-2)^2=6$ を解いてください。

$(\ \ )^2=6$ のとき $(\ \ )=\pm\sqrt{6}$ だから
$(x-2)^2=6$ より $(x-2)=\pm\sqrt{6}$ 移項して $x=2\pm\sqrt{6}$ です。

例 $x^2+7x+12=0$ を解いてください。

$$x^2+7x+12=(x+3)(x+4)=0 \quad より$$

たして7 かけて12 → +3 と +4
$x+3=0$ か $x+4=0$
$x=-3$ か $x=-4$ 答 $x=-3, -4$

例 $2x^2-x-5=0$ を解いてください。
$ax^2+bx+c=0$ を見比べることにより
$a=2$ $b=-1$ $c=-5$ これを下の解の公式に当てはめます。

$$x=\frac{-b\pm\sqrt{b^2-4ac}}{2a}=\frac{-(-1)\pm\sqrt{(-1)^2-4\times(2)\times(-5)}}{2\times 2}=\frac{1\pm\sqrt{41}}{4}$$

やってみよう！

問題▶ 以下の方程式を解いてください。

① $5x^2-40=0$ 　　　② $7x^2-28=0$

③ $(x-3)^2=7$ 　　　④ $x^2-7x+12=0$

⑤ $x^2+2x-15=0$ 　　　⑥ $x^2-12x+36=0$

⑦ $x^2-16=0$ 　　　⑧ $x^2-x-3=0$

⑨ $2x^2+x-4=0$

> おさらい？
> 解の公式は
> $$x=\frac{-b\pm\sqrt{b^2-4ac}}{2a}$$
> でしたね。

答と解説

① $5x^2-40=0$ 　　$5x^2=40$ 　　$x^2=8$ 　　$x=\pm\sqrt{8}=\pm\sqrt{4\times 2}=\pm 2\sqrt{2}$

② $7x^2-28=0$ 　　$7x^2=28$ 　　$x^2=4$ 　　$x=\pm 2$

③ $(x-3)^2=7$ $(x-3)=\pm\sqrt{7}$ $x=3\pm\sqrt{7}$

④ $x^2-7x+12=0$ かけて12 たして−7 → −4 と −3
$x^2-7x+12=(x-4)(x-3)=0$
$x-4=0$ か $x-3=0$
$x=4$ か $x=3$ 答 $x=3, 4$

⑤ $x^2+2x-15=0$ かけて−15 たして+2 → −3 と +5
$x^2+2x-15=(x-3)(x+5)=0$
$x-3=0$ か $x+5=0$ $x=3$ か $x=-5$ 答 $x=-5, 3$

⑥ $x^2-12x+36=0$ かけて36 たして−12 → −6 と −6
$x^2-12x+36=(x-6)(x-6)=(x-6)^2=0$
$x-6=0$ $x=6$ 答 $x=6$

⑦ $x^2-16=0$
$x^2-16=x^2+0x-16=0$ かけて−16 たして0 → −4 と +4
$x^2-16=(x-4)(x+4)=0$
$x-4=0$ か $x+4=0$ $x=4$ か $x=-4$ 答 $x=-4, 4$

⑧ $x^2-x-3=0$
$ax^2+bx+c=0$ を見比べることにより
$a=1$ $b=-1$ $c=-3$ これを下の解の公式に当てはめます。

$$x=\frac{-b\pm\sqrt{b^2-4ac}}{2a}=\frac{-(-1)\pm\sqrt{(-1)^2-4\times(1)\times(-3)}}{2\times 1}=\frac{1\pm\sqrt{13}}{2}$$

⑨ $2x^2+x-4=0$
$ax^2+bx+c=0$ を見比べることにより
$a=2$ $b=1$ $c=-4$ これを下の解の公式に当てはめます。

$$x=\frac{-b\pm\sqrt{b^2-4ac}}{2a}=\frac{-(1)\pm\sqrt{(1)^2-4\times(2)\times(-4)}}{2\times 2}=\frac{-1\pm\sqrt{33}}{4}$$

➡もう少し練習したい方は229ページへ

21 2次方程式の文章題で計算練習

解き方のおさらい

例 ある正の数を2乗して10をひくと、もとの数の3倍になります。ある正の数を求めてください。

求めるものを x として問題文に書き込みます。要注意なのは、2次方程式の文章題では、x を求めた後、適・不適の検討をします。
ではさっそくやってみましょう。

まず求めるもの(ここではある正の数)を x とします。そして以下のように問題文に書き込みます。

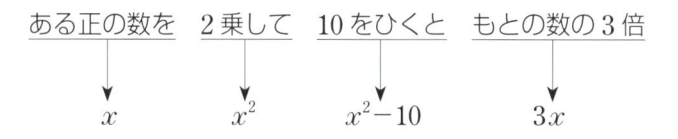

ある正の数を	2乗して	10をひくと	もとの数の3倍
↓	↓	↓	↓
x	x^2	x^2-10	$3x$

書き込みを見て $x^2-10=3x$ という方程式がたてられます。

$ax^2+bx+c=0$ の形に持っていって、
まず因数分解、だめなら解の公式です。

$x^2-10=3x$
         移項
$x^2-3x-10=0$ → $(x-5)(x+2)=0$ → $x-5=0$ か $x+2=0$
たして-3 かけて-10 → -5 と $+2$ $x=5$ か $x=-2$

ここから適・不適の検討をします。ある正の数を x としましたから、

$x=-2$ は不適、$x=5$ は適となります。   **答** ある正の数は5

やってみよう!

問1 ある正の数を2乗したら、もとの数の4倍より12大きくなりました。もとの数を求めてください。

問2 大小2つの正の整数があり、その差は6で、積は27です。小さい方の整数を求めてください。

問3 縦が横より3cm長く、面積が54cm²の長方形の横の長さを求めてください。

答と解説

問1　求めるもの(もとの数=ある正の数)を x とします。そして以下のように問題文に書き込みます。

ある正の数を	2乗したら	もとの数の4倍	より12大きく・・・
↓	↓	↓	↓
x	x^2	$4x$	$4x+12$

書き込みより　$x^2 = 4x+12$　→　$x^2-4x-12=0$　←　ax^2+bx+c の形に

たして-4　かけて-12　→　-6 と $+2$

$x^2-4x-12=(x-6)(x+2)=0$

$x-6=0$ か $x+2=0$ より $x=6$ か $x=-2$

x は正の数なので、$x=-2$ は不適、$x=6$ は適

答　もとの数は6

問2　求めるもの(小さい方の整数)を x とします。そして以下のように問題文に書き込みます。

　　大　小　2つの正の整数があり　その差は6で　積は 27
　　$x+6$　x　　　　　　　　　　　　　　　　　　　$x(x+6)$

書き込みより　$x(x+6)=27$ → $x^2+6x-27=0$
　たして$+6$　かけて-27 → -3 と $+9$
　$x^2+6x-27=(x-3)(x+9)=0$
　　$x-3=0$ か $x+9=0$ より $x=3$ か $x=-9$

　　　x は正の数なので、$x=-9$ は不適、$x=3$ は適

　　　　　　　　　　　　　　　　答　小さい方の整数は3

問3　求めるもの(横の長さ)を $x$cm とします。そして以下のように問題文に書き込みます。

　　縦　が　横　より3cm長く　面積　が54cm^2
　　$(x+3)$　　x　　　　　　　　$x(x+3)$

書き込みより　$x(x+3)=54$ → $x^2+3x-54=0$
　たして$+3$　かけて-54 → -6 と $+9$
　$x^2+3x-54=(x-6)(x+9)=0$
　　$x-6=0$ か $x+9=0$ より $x=6$ か $x=-9$

　　　x は正の数なので、$x=-9$ は不適、$x=6$ は適

　　　　　　　　　　　　　　　　答　横の長さは6 cm

高校
START

1 因数分解 タスキガケ

解き方のおさらい

例 $5x^2 + 6x + 1$ を因数分解してください。

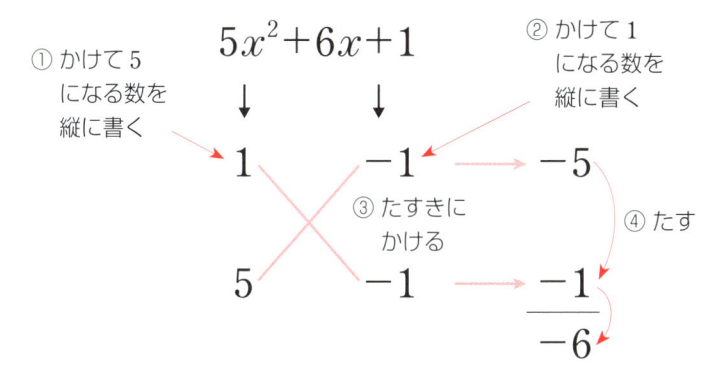

① かけて5になる数を縦に書く
② かけて1になる数を縦に書く
③ たすきにかける
④ たす

$5x^2 + 6x + 1$

```
1     −1  →  −5
  ✕
5     −1  →  −1
              ――
              −6
```

⑤ x の係数6と比較 合わないので次

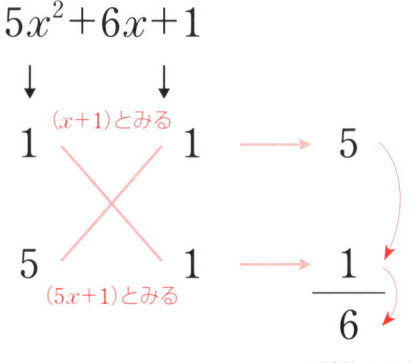

$5x^2 + 6x + 1$

```
1 ($x+1$とみる)  1  →  5
        ✕
5 ($5x+1$とみる) 1  →  1
                       ―
                       6
```

x の係数6と比較 合うので正解

$5x^2 + 6x + 1 = (x+1)(5x+1)$

こんな感じで、正解が出るまでチャレンジします。

おさらい編 / 小学校の計算 / 中学校の計算 / 高校の計算

やってみよう！

問題 ▶ 因数分解してください。

① $2x^2+7x+3$ ② $3x^2+7x+2$

③ $6x^2+x-1$ ④ $4x^2-9x+2$

⑤ $7x^2+15x+2$ ⑥ $4x^2+8x+3$

⑦ $10x^2+13x-3$ ⑧ $5x^2-17x+6$

答と解説

① $2x^2+7x+3$

```
      ↓      ↓
   1  (x+3)  3  ─── 6
       ╲╱
       ╱╲
   2  (2x+1) 1  ─── 1
                   ───
                    7
```

$2x^2+7x+3=(x+3)(2x+1)$

② $3x^2+7x+2$

```
      ↓      ↓
   1  (x+2)  2  ─── 6
       ╲╱
       ╱╲
   3  (3x+1) 1  ─── 1
                   ───
                    7
```

$3x^2+7x+2=(x+2)(3x+1)$

③ $6x^2+x-1$

```
      ↓      ↓
   2  (2x+1) 1  ─── 3
       ╲╱
       ╱╲
   3  (3x-1) -1 ─── -2
                   ───
                    1
```

$6x^2+x-1=(2x+1)(3x-1)$

④ $4x^2-9x+2$

```
      ↓      ↓
   4  (4x-1) -1 ─── -1
       ╲╱
       ╱╲
   1  (x-2)  -2 ─── -8
                   ───
                    -9
```

$4x^2-9x+2=(4x-1)(x-2)$

⑤ $7x^2+15x+2$

```
      ↓      ↓
   1  (x+2)  2  ─── 14
       ╲╱
       ╱╲
   7  (7x+1) 1  ─── 1
                   ───
                    15
```

$7x^2+15x+2=(x+2)(7x+1)$

⑥ $4x^2+8x+3$

```
      ↓      ↓
   2  (2x+3) 3  ─── 6
       ╲╱
       ╱╲
   2  (2x+1) 1  ─── 2
                   ───
                    8
```

$4x^2+8x+3=(2x+3)(2x+1)$

⑦ $10x^2+13x-3$

```
      ↓      ↓
   5  (5x-1) -1 ─── -2
       ╲╱
       ╱╲
   2  (2x+3) 3  ─── 15
                   ───
                    13
```

$10x^2+13x-3=(5x-1)(2x+3)$

⑧ $5x^2-17x+6$

```
      ↓      ↓
   5  (5x-2) -2 ─── -2
       ╲╱
       ╱╲
   1  (x-3)  -3 ─── -15
                   ───
                    -17
```

$5x^2-17x+6=(5x-2)(x-3)$

➡もう少し練習したい方は 232 ページへ

2 複素数の計算

解き方のおさらい

● 複素数は $i^2=-1$ となる i のついた数です。

具体的には $2+i, \sqrt{3}+4i, 6i, -3i$ …
そこで一般的には、$a+bi$ （a, b 実数）とあらわせます。

● 計算の仕方を順番に見ていきましょう。

1) 加減は文字式の感覚で行います。

例 $2+3i+4+5i=6+8i$

> i アイと読みます。
> i は $i \times i = -1$
> となる数

2) かけ算では i^2 を -1 に書き換えます。

例 $4i \times 5i = 4 \times i \times 5 \times i = 20 \times i^2 = 20 \times (-1) = -20$

ココがポイントです

3) わり算では i を分母に残さないようにします。

例 $6 \div i = \dfrac{6}{i} = \dfrac{6 \times i}{i \times i} = \dfrac{6i}{i^2} = \dfrac{6i}{-1} = -6i$

分母分子に i をかける。すなわち $\dfrac{i}{i}$ をかけます。

以上の点に留意していただくと、あとはこれまでやった文字式と同様に計算できます。

やってみよう!

問題 計算してください。

① $6+3i-8-4i$

② $-6i+6-8-5i$

③ $-9i-7i+12$

④ $6i\times7i$

⑤ $-2i\times(3+2i)$

⑥ $4\div3i$

⑦ $-3\div2i$

⑧ $6(3+2i)+40\div8i$

⑨ $(3+7i)+2(-4+5i)$

⑩ $(2+3i)(4-7i)$

⑪ $(4-2i)(6+2i)-6\div3i$

答と解説

① $6+3i-8-4i=-2-i$

② $-6i+6-8-5i=-2-11i$

③ $-9i-7i+12=12-16i$

④ $6i\times 7i=42i^2=42\times(-1)=-42$

⑤ $-2i\times(3+2i)=-6i-4i^2=-6i-4\times(-1)=-6i+4=4-6i$

⑥ $4\div 3i=\dfrac{4}{3i}=\dfrac{4\times i}{3i\times i}=\dfrac{4i}{3i^2}=\dfrac{4i}{-3}=-\dfrac{4i}{3}$

⑦ $-3\div 2i=\dfrac{-3}{2i}=\dfrac{-3\times i}{2i\times i}=\dfrac{-3i}{2i^2}=\dfrac{-3i}{-2}=\dfrac{3i}{2}$

⑧ $6(3+2i)+40\div 8i$
$=18+12i+\dfrac{40}{8i}=18+12i+\dfrac{5\times i}{i\times i}=18+12i+\dfrac{5i}{-1}=18+12i-5i$
$=18+7i$

⑨ $(3+7i)+2(-4+5i)=3+7i-8+10i=-5+17i$

⑩ $(2+3i)(4-7i)=8-14i+12i-21i^2$
$\qquad\qquad\quad\,=8-14i+12i-21\times(-1)=29-2i$

⑪ $(4-2i)(6+2i)-6\div 3i$
$=24+8i-12i-4\times i^2-\dfrac{6}{3i}=24+8i-12i-4\times(-1)-\dfrac{2i}{i^2}$
$=24+8i-12i+4-\dfrac{2i}{-1}=28-4i+2i=28-2i$

➡もう少し練習したい方は 233 ページへ

3 恒等式の計算

● 恒等式とは
たとえば $5x + 1 + 2x + 5 = 7x + 6$ は恒等式です。
左辺と右辺が、見かけが違うだけで同じ式です。
$x = -4$　$x = -3$　$x = -2$　$x = -1$　$x = 0$　$x = 1$
……と、どんな値を入れてもうまくいきます。

● 恒等式になるように定数を決めます。
x についての 2 次式なら　(　)x^2 + (　)x + (　)
1 次式なら　(　)x + (　)　の形に整理して、左辺と右辺を見比べます。

例　$7x + 4 + 2x = ax + b$　が x についての恒等式となるように、定数 a と b を決めてください。

左辺を　(　)x + (　)　の形にします。

$7x + 4 + 2x = ax + b$ より
$(9)x + (4) = ax + b$

x についての恒等式だから
　$a = (9)$　$b = (4)$

やってみよう!

問1 $3x+2-7x-6=bx+c$ が x についての恒等式となるように、定数 b と c を決めてください。

問2 $-4(x-3)+5=bx+c$ が x についての恒等式となるように、定数 b と c を決めてください。

問3 $(x+4)(x+5)-3=x^2+ax+b$ が x についての恒等式となるように、定数 a と b を決めてください。

問4 $(x+a)(x-5)=x^2-2x+b$ が x についての恒等式となるように、定数 a と b を決めてください。

問5 $(x+2)(x-5)+ax=x^2-4x+b$ が x についての恒等式となるように、定数 a と b を決めてください。

答と解説

問1　$3x + 2 - 7x - 6 = bx + c$　より
　　　　$-4x - 4 = bx + c$
　　xについての恒等式だから　$b = -4$　$c = -4$　…答

問2　$-4(x - 3) + 5 = bx + c$　より
　　　　$-4x + 12 + 5 = bx + c$
　　　　$-4x + 17 = bx + c$
　　xについての恒等式だから　$b = -4$　$c = 17$　…答

問3　$(x + 4)(x + 5) - 3 = x^2 + ax + b$　より
　　$x^2 + 5x + 4x + 20 - 3 = x^2 + ax + b$
　　$x^2 + 9x + 17 = x^2 + ax + b$
　　xについての恒等式だから　$a = 9$　$b = 17$　…答

問4　$(x + a)(x - 5) = x^2 - 2x + b$　より
　　$x^2 - 5x + ax - 5a = x^2 - 2x + b$
　　$x^2 + (a - 5)x - 5a = x^2 - 2x + b$
　　xについての恒等式だから
　　$a - 5 = -2$　…①　　$-5a = b$　…②
　　①より　$a = -2 + 5 = 3$　　②に代入　$-5 \times (3) = -15 = b$
　　　　　　　　　　　　　　　　　　答　$a = 3$　$b = -15$

問5　$(x + 2)(x - 5) + ax = x^2 - 4x + b$　より
　　$x^2 - 5x + 2x - 10 + ax = x^2 - 4x + b$
　　$x^2 + (a - 3)x - 10 = x^2 - 4x + b$
　　xについての恒等式だから
　　$a - 3 = -4$　…①　　$-10 = b$　…②
　　①より　$a = -1$
　　　　　　　　　　　　　　　　　　答　$a = -1$　$b = -10$

➡もう少し練習したい方は234ページへ

4 整式のわり算

解き方のおさらい

● 数字のわり算とやり方は同じです。
　商・かける　→　ひく・おろす　の繰り返しです。

例　$(6x+4) \div (x+3)$

$$
\begin{array}{r}
6 \\
x+3 \overline{\smash{)}\, 6x+4} \\
\underline{6x+18} \\
-14
\end{array}
$$

（かける→商、ひく）

$(6x+4) \div (x+3) = 6$（商）-14（余り）

$$6x+4 = (x+3) \times 6 \ -14$$
わられる数　＝　わる数　×商　＋余り　になっています。

例　$(x^2+6x+5) \div (x-4)$

$$
\begin{array}{r}
x+10 \\
x-4 \overline{\smash{)}\, x^2+6x+5} \\
\underline{x^2-4x} \\
10x+5 \\
\underline{10x-40} \\
45
\end{array}
$$

（かける→商、ひく、おろす、ひく）

やってみよう！

問題 わり算をして、商と余りを求めてください。

① $(x^2+7x+6) \div (x+4)$

② $(8x^3+6x^2+2x+3) \div (2x-4)$

③ $(x^3-1) \div (x-1)$

④ $(4x^3+x^2+2x-3) \div (x^2+x+1)$

⑤ $(4x^3+2x^2+1) \div (2x-1)$

⑥ $(3x^3+2x^2+x-1) \div (x^2-x+2)$

答と解説

①
$$\begin{array}{r} x+3 \\ x+4 \overline{) x^2+7x+6} \\ x^2+4x \\ \hline 3x+6 \\ 3x+12 \\ \hline -6 \end{array}$$

商 $x+3$ 余り -6

②
$$\begin{array}{r} 4x^2+11x+23 \\ 2x-4 \overline{) 8x^3+6x^2+2x+3} \\ 8x^3-16x^2 \\ \hline 22x^2+2x \\ 22x^2-44x \\ \hline 46x+3 \\ 46x-92 \\ \hline 95 \end{array}$$

商 $4x^2+11x+23$ 余り 95

③
$$\begin{array}{r} x^2+x+1 \\ x-1 \overline{) x^3 \square \square -1} \\ x^3-x^2 \\ \hline x^2 \\ x^2-x \\ \hline x-1 \\ x-1 \\ \hline 0 \end{array}$$

ここはあけておきます

商 x^2+x+1 余り 0

④
$$\begin{array}{r} 4x-3 \\ x^2+x+1 \overline{) 4x^3+x^2+2x-3} \\ 4x^3+4x^2+4x \\ \hline -3x^2-2x-3 \\ -3x^2-3x-3 \\ \hline x \end{array}$$

商 $4x-3$ 余り x

⑤
$$\begin{array}{r} 2x^2+2x+1 \\ 2x-1 \overline{) 4x^3+2x^2 \square +1} \\ 4x^3-2x^2 \\ \hline 4x^2 \\ 4x^2-2x \\ \hline 2x+1 \\ 2x-1 \\ \hline 2 \end{array}$$

商 $2x^2+2x+1$ 余り 2

⑥
$$\begin{array}{r} 3x+5 \\ x^2-x+2 \overline{) 3x^3+2x^2+x-1} \\ 3x^3-3x^2+6x \\ \hline 5x^2-5x-1 \\ 5x^2-5x+10 \\ \hline -11 \end{array}$$

商 $3x+5$ 余り -11

➡もう少し練習したい方は 236 ページへ

5 指数の計算

解き方のおさらい

● $a^2 \times a^3 = a \times a \times a \times a \times a = a^{2+3} = a^5$

a^2（a を 2 回）と a^3（a を 3 回）をかけると
a を $2+3=5$ 回かけます。そこで一般的に

$$a^m \times a^n = a^{m+n}$$

● $(a^2)^3 = (a^2) \times (a^2) \times (a^2) = a^{2\times 3} = a^6$

a^2 を 3 回かける（3 乗する）と
a を $2\times 3=6$ 回かけます。そこで一般的に

$$(a^m)^n = a^{mn}$$

● $(ab)^3 = (ab) \times (ab) \times (ab) = a \times a \times a \times b \times b \times b = a^3 b^3$

(ab) を 3 回かける（3 乗する）と
a を 3 回（3 乗）、b も 3 回（3 乗）かけます。そこで一般的に

$$(ab)^n = a^n b^n$$

● $a^5 \div a^3 = \dfrac{a^5}{a^3} = \dfrac{a \times a \times a \times a \times a}{a \times a \times a} = a^{5-3} = a^2$

分子に a が 5 個、分母に a が 3 個なら、約分によって
分子に a が $(5-3)$ 個残ります。そこで一般的に

$$a^m \div a^n = a^{m-n}$$

おさらい編 / 小学校の計算 / 中学校の計算 / 高校の計算

やってみよう！

問題 ( ) をうめてください。

① $4^5 \times 4^2 = 4^{(\ \ )} = 4^{(\ \ )}$

② $6^3 \times 6^4 = 6^{(\ \ )} = 6^{(\ \ )}$

③ $(2^3)^4 = 2^{(\ \ )} = 2^{(\ \ )}$

④ $(e^2)^3 = e^{(\ \ )} = e^{(\ \ )}$

⑤ $(bc)^4 = b^{(\ \ )} c^{(\ \ )}$

⑥ $(2 \times 7)^3 = 2^{(\ \ )} \times 7^{(\ \ )}$

⑦ $a^6 \div a^3 = a^{(\ \ )} = a^{(\ \ )}$

⑧ $4^7 \div 4^2 = 4^{(\ \ )} = 4^{(\ \ )}$

⑨ $3^3 \div 3^3 = 3^{(\ \ )} = 3^{(\ \ )}$

⑩ $4^3 \times 4^6 \div 4^4 = 4^{(\ \ )} \div 4^4 = 4^{(\ \ )} = 4^{(\ \ )}$

⑪ $7^4 \div 7^2 \times 7^7 = 7^{(\ \ )} \times 7^7 = 7^{(\ \ )} = 7^{(\ \ )}$

⑫ $(b^2)^5 \times b^4 = b^{(\ \ )} \times b^4 = b^{(\ \ )} = b^{(\ \ )}$

⑬ $(bc)^3 \times b^4 \times c^2 = b^{(\ \ )} c^{(\ \ )} \times b^4 \times c^2 = b^{(\ \ )} c^{(\ \ )} = b^{(\ \ )} c^{(\ \ )}$

答と解説

① $4^5 \times 4^2 = 4\times4\times4\times4\times4\times4\times4 = 4^{(5+2)} = 4^{(7)}$

② $6^3 \times 6^4 = 6\times6\times6\times6\times6\times6\times6 = 6^{(3+4)} = 6^{(7)}$

③ $(2^3)^4 = (2\times2\times2)\times(2\times2\times2)\times(2\times2\times2)\times(2\times2\times2) = 2^{(3\times4)} = 2^{(12)}$

④ $(e^2)^3 = (e\times e)\times(e\times e)\times(e\times e) = e^{(2\times3)} = e^{(6)}$

⑤ $(bc)^4 = (bc)\times(bc)\times(bc)\times(bc) = b^{(4)}c^{(4)}$

⑥ $(2\times7)^3 = 2^{(3)}\times7^{(3)}$

⑦ $a^6 \div a^3 = \dfrac{a^6}{a^3} = \dfrac{a\times a\times a\times a\times a\times a}{a\times a\times a} = a^{(6-3)} = a^{(3)}$

⑧ $4^7 \div 4^2 = 4^{(7-2)} = 4^{(5)}$

⑨ $3^3 \div 3^3 = 3^{(3-3)} = 3^{(0)}$

$\dfrac{3^3}{3^3} = 1$

$3^{(0)} = 1$
一般的に $a^m \div a^m = a^{(m-m)} = a^{(0)} = 1$

⑩ $4^3 \times 4^6 \div 4^4 = 4^{(3+6)} \div 4^4 = 4^{(3+6-4)} = 4^{(5)}$

⑪ $7^4 \div 7^2 \times 7^7 = 7^{(4-2)} \times 7^7 = 7^{(4-2+7)} = 7^{(9)}$

⑫ $(b^2)^5 \times b^4 = b^{(2\times5)} \times b^4 = b^{(10+4)} = b^{(14)}$

⑬ $(bc)^3 \times b^4 \times c^2 = b^{(3)}c^{(3)} \times b^4 \times c^2 = b^{(3+4)}c^{(3+2)} = b^{(7)}c^{(5)}$

➡もう少し練習したい方は 237 ページへ

6 対数の計算（その1）

解き方のおさらい

● 対数とは

$3^{(\ )} = 9\ (= 3^2)$　なら（　）$= 2$

$3^{(\ )} = 81\ (= 3^4)$　なら（　）$= 4$

では、下の（　）の中の数はいくらでしょう？

$3^{(\ )} = 8$

困ります。そこでこの数を

$\log_3 8$（ログ3 底の8）と書くことにします。これが対数です。

こんな数です。

$3^{(\log_3 8)} = 8$ です。

● $3^{(\ )} = 9$

（　）の中の数は対数を使うと $\log_3 9$

さしあたり書けます。

$3^{\log_3 9} = 9$

一方　$3^2 = 9$　なので、$\log_3 9$ は2という、log を使わない数でもあらわせます。

- $\log_4 16 = (\ \ )$ の（ ）に入る数は？

    こういう問題では、対数の意味を考えます。

    こんな数です。

    $$4^{\log_4 16} = 16 \quad (=4^2)$$

    それなら　$\log_4 16 = (2)$　です。

- $\log_a a = (\ \ )$ の（ ）に入る数は？

    こんな数です。

    $$a^{\log_a a} = a \quad (=a^1)$$

    それなら　$\log_a a = (1)$　です。

    　　　　覚えてね。よく使います。

- $\log_a 1 = (\ \ )$ の（ ）に入る数は？

    こんな数です。

    $$a^{\log_a 1} = 1 \quad (=a^0)$$

    それなら　$\log_a 1 = (0)$　です。

    　　　　覚えてね。よく使います。

やってみよう!

問1 ( )と〈 〉をうめてください。

log を使って

$2^\square = 1$　 □は（　　　　）=〈　　　〉

$2^\square = 2$　 □は（　　　　）=〈　　　〉

$2^\square = 4$　 □は（　　　　）=〈　　　〉

$2^\square = 8$　 □は（　　　　）=〈　　　〉

問2 ( )に入る数を求めてください。

① $\log_3 27 = (\quad)$　　② $\log_3 1 = (\quad)$

③ $\log_3 3 = (\quad)$　　④ $\log_3 81 = (\quad)$

⑤ $\log_5 25 = (\quad)$　　⑥ $\log_5 125 = (\quad)$

⑦ $\log_5 1 = (\quad)$　　⑧ $\log_5 5 = (\quad)$

答と解説

問1 $2^{\square}=1$ □は$(\log_2 1)=\langle\,0\,\rangle$

$2^{\square}=2$ □は$(\log_2 2)=\langle\,1\,\rangle$

$2^{\square}=4$ □は$(\log_2 4)=\langle\,2\,\rangle$

$2^{\square}=8$ □は$(\log_2 8)=\langle\,3\,\rangle$

問2
① $\log_3 27=(\,3\,)$　　② $\log_3 1=(\,0\,)$
　$3^3=27$　　　　　　　　$3^0=1$
③ $\log_3 3=(\,1\,)$　　　④ $\log_3 81=(\,4\,)$
　$3^1=3$　　　　　　　　　$3^4=81$
⑤ $\log_5 25=(\,2\,)$　　⑥ $\log_5 125=(\,3\,)$
　$5^2=25$　　　　　　　　$5^3=125$
⑦ $\log_5 1=(\,0\,)$　　　⑧ $\log_5 5=(\,1\,)$
　$5^0=1$　　　　　　　　　$5^1=5$

➡もう少し練習したい方は 238 ページへ

7 対数の計算 (その2)

解き方のおさらい

● 対数の計算公式を覚えましょう。

その1 $\log_a m + \log_a n = \log_a mn$

例 $\log_2 3 + \log_2 5 = \log_2(3 \times 5) = \log_2 15$

$\log_a mn = \log_a m + \log_a n$

例 $\log_2 15 = \log_2(3 \times 5) = \log_2 3 + \log_2 5$

その2 $\log_a m^p = p \log_a m$

例 $\log_3 9 = \log_3 3^2 = 2\log_3 3 = 2 \times 1 = 2$
($\log_3 3 = 1$)

その3 $\log_a m - \log_a n = \log_a \dfrac{m}{n}$

例 $\log_2 8 - \log_2 2 = \log_2 \dfrac{8}{2} = \log_2 4 = \log_2 2^2 = 2\log_2 2 = 2 \times 1 = 2$

$\log_a \dfrac{m}{n} = \log_a m - \log_a n$

例 $\log_5 \dfrac{25}{3} = \log_5 25 - \log_5 3 = \log_5 5^2 - \log_5 3$
$= 2\log_5 5 - \log_5 3 = 2 - \log_5 3$

やってみよう！

問題　次の計算をしてください。

① $\log_2 2 + \log_2 1 = (\quad) + (\quad) = (\quad)$

② $\log_3 4 + \log_3 7 = \log_3 (\quad) = \log_3 (\quad)$

③ $\log_3 12 - \log_3 4$

④ $\log_4 64$

⑤ $\log_{10} 4 + \log_{10} 15 - \log_{10} 6$

⑥ $\log_2 18 - \log_2 3 + \log_2 \dfrac{2}{3}$

⑦ $\log_4 9 + 2\log_4 5 - \log_4 45$
　【ヒント】$\log_a m^p = p\log_a m \quad p\log_a m = \log_a m^p$

⑧ $2\log_3 6 - \log_3 2 + \log_3 \dfrac{1}{2}$

答と解説

① $\log_2 2 + \log_2 1 = (\ 1\ ) + (\ 0\ ) = (\ 1\ )$

② $\log_3 4 + \log_3 7 = \log_3 (\ 4 \times 7\ ) = \log_3 (\ 28\ )$

③ $\log_3 12 - \log_3 4 = \log_3 \dfrac{12}{4} = \log_3 3 = 1$

④ $\log_4 64 = \log_4 4^3 = 3\log_4 4 = 3 \times 1 = 3$

⑤ $\log_{10} 4 + \log_{10} 15 - \log_{10} 6 = \log_{10}(4 \times 15) - \log_{10} 6$
$\qquad\qquad\qquad\qquad\qquad = \log_{10}\left(\dfrac{4 \times 15}{6}\right) = \log_{10} 10 = 1$

⑥ $\log_2 18 - \log_2 3 + \log_2 \dfrac{2}{3} = \log_2\left(\dfrac{18}{3} \times \dfrac{2}{3}\right) = \log_2 4 = \log_2 2^2 = 2\log_2 2 = 2$

⑦ $\log_4 9 + 2\log_4 5 - \log_4 45$
$= \log_4 9 + \log_4 5^2 - \log_4 45 = \log_4\left(\dfrac{9 \times 25}{45}\right) = \log_4 5$

⑧ $2\log_3 6 - \log_3 2 + \log_3 \dfrac{1}{2} = \log_3 6^2 - \log_3 2 + \log_3 \dfrac{1}{2}$
$\qquad\qquad\qquad\qquad = \log_3\left(\dfrac{36}{2} \times \dfrac{1}{2}\right) = \log_3 9 = \log_3 3^2 = 2\log_3 3 = 2$

➡もう少し練習したい方は 239 ページへ

8 等差数列の計算

● 隣り合う項の差が等しい数列を、等差数列といいます。
そしてこの差を公差、初めの項を初項といいます。
初項を a, 第 2 項を a_2, …第 n 項を a_n のようにあらわします。

```
初項   第2項   第3項   第4項   第5項 …第n項
 2      5       8      11      14   … aₙ
    3       3       3       3   ← 公差
```

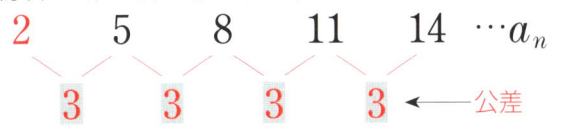

上図を見ながら□に入る数を入れてください。

$a_2(5) = 2 + (\Box - 1) \times 3$ （第2項が5）

$a_3(8) = 2 + (\Box - 1) \times 3$ （第3項が8）

$a_4(11) = 2 + (\Box - 1) \times 3$ （第4項が11）

$a_n = 2 + (\Box - 1) \times 3$

$\underline{a_n = a + (\Box - 1) \times d}$ ← 初項が a で公差が d なら
〈第 n 項を求める公式〉

⇨ □の中は順に 2, 3, 4, n, n

例 次の等差数列の第 9 項を求めてください。
　　　$-4, \ 0, \ 4, \ 8, \ \cdots\cdots a_9$

〈公式を書いて、わかったことを書き入れる〉が方針です。

$$a_n = \overset{-4}{a} + (\overset{9}{n} - 1)\overset{4}{d}$$
（n の上に 9）

$a_9 = -4 + (9 - 1) \times 4 = -4 + 32 = 28$ …圀

おさらい編

小学校の計算

中学校の計算

高校の計算

やってみよう！

問題 以下の問いに答えてください。

① 等差数列　－5, 2, 9　……の、第10項はいくらですか。

② 初項が5で公差が7の等差数列の、第12項はいくらですか。

③ 初項が5で公差が6の等差数列で、167は第何項ですか。

④ 公差が4で第3項が10の等差数列の、第10項を求めてください。

答と解説

① 初項 $a=-5$　公差 $d=7$　第 10 項を求めるから $n=10$ を公式に代入

$$a_n = \underset{n=10}{a} + (n-1)\overset{7}{d} \quad \text{（}a\text{に}-5\text{、}d\text{に}7\text{）} = -5+(10-1)\times 7 = 58 \quad \cdots \text{答}$$

② 初項が 5　公差が 7　第 12 項より

$$a_n = \overset{5}{\underset{n=12}{a}} + (n-1)\overset{7}{d} = 5+(12-1)\times 7 = 5+11\times 7 = 5+77 = 82 \quad \cdots \text{答}$$

③ 初項が 5　公差が 6　第 n 項が 167 とすると

$$\overset{167}{a_n} = \overset{5}{a} + (n-1)\overset{6}{d} \quad \text{より}$$

$167 = 5 + (n-1)\times 6 \qquad n=28 \qquad$ 答　第 28 項

④ 公差が 4 で　第 3 項が 10　より

$$\overset{10}{a_n} = \underset{n=3}{a} + (n-1)\overset{4}{d}$$

$10 = a+(3-1)\times 4 = a+8 \quad a=2$
第 10 項を求めます。

$$a_n = \overset{2}{\underset{n=10}{a}} + (n-1)\overset{4}{d}$$

$a_{10} = 2+(10-1)\times 4 = 38 \quad \cdots \text{答}$

➡ もう少し練習したい方は 241 ページへ

9 等差数列の和の計算

解き方のおさらい

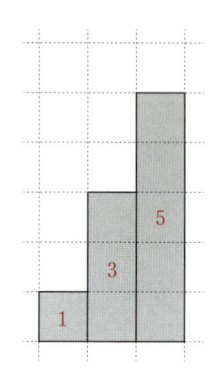

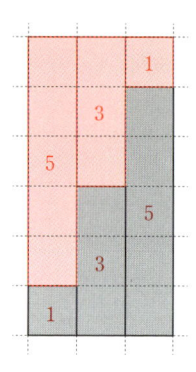

初項が 1 で、公差が 2 の等差数列の、初項から第 3 項までの和（上左図）は、上右図の $(1+5) \times 3$ の半分で $\dfrac{3 \times (1+5)}{2}$ です。

$$\dfrac{\overset{項数}{3} \times (\overset{初項}{1} + \overset{最後の項}{5})}{2}$$

この仕組みから

初項が a で、最後の項が a_n である等差数列の和 S は

$$S = \dfrac{n \times (a + a_n)}{2} \quad \cdots ①$$

これと

$$a_n = a + (n-1)d \quad \cdots ②$$

①と②を書いて、わかったことを書き入れるのが攻め方です。

やってみよう！

問1 初項が6で、最後の項が206、項数が40の等差数列の和を求めてください。

問2 等差数列 －1, 3, 7, 11 ……の第20項と、初項から第20項までの和 S を求めてください。

問3 初項が5で公差が3の等差数列の第35項と、初項から第35項までの和 S を求めてください。

問4 初項が－1で最後の項が48、和が188の等差数列の項数を求めてください。

答と解説

問1 ①式に $n=40$ $a=6$ $a_n=206$ を代入します。

$$S=\frac{n\times(a+a_n)}{2} \quad \cdots ① \qquad S=\frac{40\times(6+206)}{2}=4240 \quad \cdots \boxed{答}$$

(矢印: 40, 6, 206)

問2 問3の①式と②式に $a=-1$ $d=4$ $n=20$ を代入します。

$$S=\frac{20\times(-1+a_{20})}{2} \quad \cdots ①' \qquad a_{20}=-1+(20-1)\times 4=75 \quad \cdots \boxed{答}②'$$

$a_{20}=75$ を①'に代入 $\quad S=\dfrac{20\times(-1+75)}{2}=740 \quad \cdots \boxed{答}$

問3 ①式と②式に $a=5$ $d=3$ $n=35$ を代入します。

$$S=\frac{n\times(a+a_n)}{2} \quad \cdots ① \qquad a_n=a+(n-1)d \quad \cdots ②$$

(矢印: 5, 35 / 5, 3, 35)

$$S=\frac{35\times(5+a_{35})}{2} \quad \cdots ①' \qquad a_{35}=5+(35-1)\times 3=107 \quad \cdots \boxed{答}②'$$

$a_{35}=107$ を①'に代入 $\quad S=\dfrac{35\times(5+107)}{2}=1960 \quad \cdots \boxed{答}$

問4 ①式に $a=-1$ $a_n=48$ $S=188$ を代入します。

$$S=\frac{n\times(a+a_n)}{2} \quad \cdots ①$$

(矢印: 188, −1, 48)

$$188=\frac{n\times(-1+48)}{2}=\frac{47n}{2} \quad \text{これを解いて} \quad n=8 \qquad \boxed{答} \text{ 項数 } 8$$

➡もう少し練習したい方は 242 ページへ

10 等比数列の計算

解き方のおさらい

● 等比数列とは、たとえば下のような数列です。

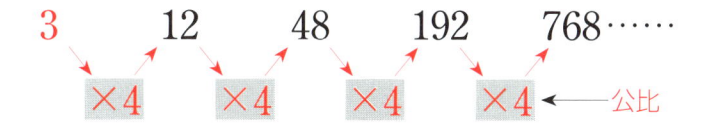

3　　12　　48　　192　　768……
　　×4　　×4　　×4　　×4 ← 公比

上図を見ながら□に入る数を入れてください。

初項　　a（3）
第2項　a_2（12）＝ 3 × 4
第3項　a_3（48）＝ 3 × 4 × 4
　　　　初項3に　4　を2個＝（□－1）個かけるから
　　　　a_3（48）＝ 3 × $4^{(3-1)}$　で計算できます。
第4項　a_4（192）＝ 3 × 4 × 4 × 4
　　　　初項3に　4　を3個＝（□－1）個かけるから
　　　　a_4（192）＝ 3 × $4^{(4-1)}$　で計算できます。この仕組みから

第n項は、初項3に公比4を（□－1）個かけますから

$a_n = 3 \times 4^{(n-1)}$　となります。

　　　　　初項がaで　公比がr　の等比数列の
　　　　　第n項a_nは、初項aに公比rを（□－1）個
　　　　　かけますから
$a_n = ar^{n-1}$　です。

⇨ □の中は順に　3, 4, n, n

等比数列の攻め方は等差数列と同じ、

〈公式を書いて、わかったことを書き入れる〉が方針です。

やってみよう!

問1 等比数列 4, 20, 100 ……の第7項 a_7 を求めてください。

問2 下の数列の第10項を求めてください。
5, 10, 20, 40 ……a_{10}

問3 公比 r が3で、第3項が54の等比数列の初項 a と第6項 a_6 を求めてください。

問4 初項が7で、第4項が189である等比数列の公比を求めてください。

答と解説

問1 初項 4 公比 5 さらに第 7 項を求めるから $n=7$

$$a_n = ar^{n-1}$$

（$n=7$, $a=4$, $r=5$）

$a_7 = 4 \times 5^{7-1} = 4 \times 5^6 = 4 \times 15625 = 62500$ …答

問2 初項 5 公比 2 の等比数列の第 10 項だから $n=10$

$$a_n = ar^{n-1}$$

（$n=10$, $a=5$, $r=2$）

$a_{10} = 5 \times 2^{10-1} = 5 \times 2^9 = 5 \times 512 = 2560$ …答

問3 公比 r が 3 で、第 3 項が 54 だから

$$a_n = ar^{n-1} = 54$$

（$n=3$, $r=3$）

$a \times 3^{3-1} = a \times 3^2 = 54$ $a = 54 \div 9 = 6$ …答

a_6 だから $n=6$ $a=6$ $r=3$ を代入

$$a_n = ar^{n-1}$$

（$n=6$, $a=6$, $r=3$）

$a_6 = 6 \times 3^{6-1} = 6 \times 3^5 = 6 \times 243 = 1458$ …答

問4 $a=7$ で $n=4$ $a_4=189$ より

$$a_n = ar^{n-1}$$

（$n=4$, $a=189$, $r=7$）

$a_4 = 7 \times r^{4-1} = 7 \times r^3 = 189$

$r^3 = 27$ $r = 3$ …答

➡ もう少し練習したい方は 244 ページへ

11 等比数列の和の計算

解き方のおさらい

$2 \quad 2\times3 \quad 2\times3^2$

この等比数列の初項から第3項までの和 S は
$S = 2 + 2\times3 + 2\times3^2$
この式の両辺に 公比3 をかけ、$3S$ を作ります。
$S = \quad 2 \quad + \quad 2\times3 + 2\times3^2 \quad \cdots ①$

$3S = \quad\quad\quad 2\times3 + 2\times3^2 + 2\times3^3 \quad \cdots ①\times3$

①$-$①$\times 3$ _____ の部分は消えます。

$S - 3S = S(1-3) = 2 - 2\times3^3 = 2(1-3^3)$

$$S = \frac{2(1-3^3)}{1-3}$$

(初項／項数／公比)

初項が a で、公比が r ($r \neq 1$) の
等比数列の初項から第 n 項までの和 S は

$$S = \frac{a(1-r^n)}{1-r}$$

(初項／項数／公比)

等比数列($r \neq 1$)の和に関する問題は、この公式と
$a_n = ar^{n-1}$ にわかったことを書き入れて解決します。

やってみよう！

問1 等比数列 2, 4, 8 ……の初項から第6項までの和 S を求めてください。

問2 等比数列 3, 15, 75 ……の初項から第5項までの和 S を求めてください。

問3 等比数列 2, 6, 18 ……の第7項はいくらですか。また初項から第7項までの和 S を求めてください。

問4 等比数列 3, 6 ……の第6項はいくらですか。また初項から第6項までの和 S を求めてください。

答と解説

問1 初項 $a=2$　公比 $r=2$　項数 $n=6$　を和の公式に代入

$$S=\frac{a(1-r^n)}{1-r}$$

(↑$a=2$, $n=6$, $1-r=1-2$)

$$S=\frac{2(1-2^6)}{1-2}=\frac{2\times(1-64)}{-1}=\frac{2\times(-63)}{-1}=126 \quad \cdots \text{答}$$

問2 初項 $a=3$　公比 $r=5$　項数 $n=5$　を和の公式に代入

$$S=\frac{a(1-r^n)}{1-r}$$

(↑$a=3$, $n=5$, $1-r=1-5$)

$$S=\frac{3\times(1-5^5)}{1-5}=\frac{3\times(1-3125)}{-4}=\frac{3\times(-3124)}{-4}=2343 \quad \cdots \text{答}$$

問3 $a=2$　$r=3$　$n=7$　を①式と②式に代入します。

$$a_n=ar^{n-1} \quad \cdots ① \qquad S=\frac{a(1-r^n)}{1-r} \quad \cdots ②$$

$$a_7=2\times 3^{7-1}=2\times 3^6=2\times 729=1458 \quad \cdots \text{答}$$

$$S=\frac{2\times(1-3^7)}{1-3}=\frac{2\times(1-2187)}{-2}=\frac{2\times(-2186)}{-2}=2186 \quad \cdots \text{答}$$

問4 $a=3$　$r=2$　$n=6$　を①式と②式に代入します。

$$a_n=ar^{n-1} \quad \cdots ① \qquad S=\frac{a(1-r^n)}{1-r} \quad \cdots ②$$

$$a_6=3\times 2^{6-1}=3\times 2^5=3\times 32=96 \quad \cdots \text{答}$$

$$S=\frac{3\times(1-2^6)}{1-2}=\frac{3\times(1-64)}{-1}=\frac{3\times(-63)}{-1}=189 \quad \cdots \text{答}$$

➡もう少し練習したい方は 245 ページへ

第2部
実践編

第1部・おさらい編で、小・中・高の計算の
やり方を思い出していただきました。
目的は、第2部・実践編のための
ウォーミングアップです。
適度に計算力を復活させたところで、いよいよ
この第2部・実践編で、小・中・高の計算問題を、
サクサクと解き流して楽しんでください。

1 たし算の筆算

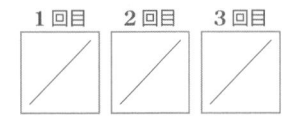

|1回目|2回目|3回目|
|/|/|/|

問題 次の計算をしてください。

①
```
   4 4
 + 8 8
```

②
```
   7 6
 + 6 7
```

③
```
   4 9 5
 + 9 3 5
```

④
```
   8 3 4
 + 5 9 9
```

⑤
```
   7 0 5 8
 + 8 2 7 6
```

⑥
```
   9 6 7 9
 + 5 9 4 5
```

2 ひき算の筆算

|1回目|2回目|3回目|

問題＞ 次の計算をしてください。

①
```
   7 3
 - 5 8
```

②
```
   8 0 5
 -   7 9
```

③
```
   7 0 5
 - 4 5 9
```

④
```
   5 2 0 3
 -   9 3 6
```

⑤
```
   7 0 4 0
 - 5 3 5 8
```

⑥
```
   9 1 8 2
 - 7 4 8 9
```

➡ 答は p.295

小テスト 第1回

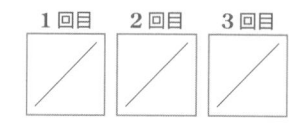

|1回目|2回目|3回目|
|/|/|/|

問1 計算してください。

① 　　1 3 8
　＋　　 5 2

② 　　3 4 7 8
　＋　　 8 9 9

③ 　　6 7 8
　－　5 8 9

④ 　　7 8 4 5
　－　6 0 8 7

問2 □に数字を入れてください。

① 　　□ 5
　＋　6 □
　　1 1 3

② 　　6 □ □ 8
　＋　□ 4 5 □
　1 0 3 7 2

③ 　　6 □
　－　□ 5
　　　1 7

④ 　　□ 3 6 3
　－　2 □ 7 □
　　3 2 8 4

3 かけ算の筆算

1回目　2回目　3回目

問題> 次の筆算をしてください。

①
```
    8 3
×     9
```

②
```
    4 5
×   6 7
```

③
```
    3 7
×   4 5
```

④
```
    9 2
×   8 3
```

⑤
```
    7 0 8
×   8 5 9
```

⑥
```
    6 2 7
×   2 9 4
```

➡ 答は p.295

4 わり算の筆算

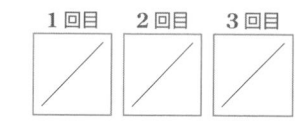

問題 次の筆算をしてください（商は整数まで求め、余りも出してください）。

① 5) 4 6 7

② 6) 9 3 4

③ 29) 7 8 1

④ 52) 9 1 2

⑤ 56) 7 6 4 3

⑥ 621) 4 2 0 1 8

小テスト 第2回

1回目　2回目　3回目

問1 計算してください（わり算は商は整数まで求め、余りも出してください）。

① 　　８６
　×　４５

② 　　５６９
　×　４８７

③ ３１) ５７１

④ ７８) ３５２８

問2 □に数字を入れてください。

①
```
      □ 3
×     1 □
    1 □ 1
    □ 3
   □ □ 1
```

②
```
          2 □
2 □ ) 7 2 5
      □ 0
      □ □ □
      □ □ □
              0
```

➡ 答は p.295

5 計算の順序

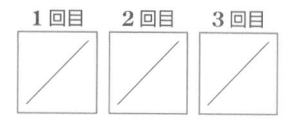

問題 以下の計算をしてください。

① $123 - 98 + 33$

② $123 \div 3 \times 13$

③ $98 - 56 \div 7 \times 12$

④ $78 - (42 \div 7 + 13 \times 3) - 12$

⑤ $21 + \{56 - 3 \times (4 \times 9 - 3 \times 7)\}$

⑥ $21 + 8 \times \{(83 - 11) \div 9 + 5\}$

⑦ $125 - \{23 \times 5 - (57 - 11) \div 2 + 1\} \div 3$

まとめテスト 第1回

|1回目|2回目|3回目|

問題 計算してください（わり算は商は整数まで求め、余りも出してください）。

① 　567
　＋678

② 　7865
　＋9034

③ 　398
　－209

④ 　1235
　－ 984

⑤ 　 74
　× 52

⑥ 　657
　×293

⑦ 56) 764

⑧ 327) 9812

⑨ 73 − {4 × (3 × 9 − 2 × 7) − 36}

⑩ 9 × {(78 − 22) ÷ 7 + 4} ÷ 3

➡ 答は p.296

6 分数のたし算

|問題| 次の計算をしてください。

① $2\dfrac{4}{5} + 4\dfrac{4}{5}$

② $5\dfrac{5}{8} + 1\dfrac{7}{8}$

③ $\dfrac{2}{5} + \dfrac{1}{4}$

④ $\dfrac{3}{8} + \dfrac{1}{3}$

⑤ $1\dfrac{3}{4} + 2\dfrac{1}{3}$

⑥ $2\dfrac{4}{15} + 3\dfrac{3}{20}$

⑦ $1\dfrac{3}{7} + 2\dfrac{5}{8}$

⑧ $2\dfrac{3}{8} + 3\dfrac{7}{12}$

7 分数のひき算

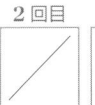

問題 次の計算をしてください。

① $\dfrac{3}{4} - \dfrac{2}{5}$

② $\dfrac{4}{15} - \dfrac{2}{25}$

③ $2\dfrac{5}{6} - 1\dfrac{1}{4}$

④ $7\dfrac{2}{3} - 1\dfrac{5}{7}$

⑤ $5\dfrac{1}{3} - 1\dfrac{3}{5}$

⑥ $3\dfrac{2}{5} - 2\dfrac{5}{6}$

⑦ $3\dfrac{1}{4} + 2\dfrac{1}{5} - 4\dfrac{5}{6}$

⑧ $2\dfrac{1}{2} - 1\dfrac{1}{3} + 1\dfrac{3}{4}$

➡ 答は p.296

8 分数のかけ算・わり算

問題　次の計算をしてください。

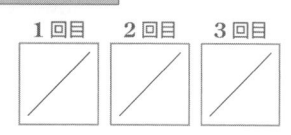

① $\dfrac{5}{12} \times 4$

② $\dfrac{5}{42} \times 36$

③ $3\dfrac{5}{12} \times 3$

④ $\dfrac{5}{9} \times \dfrac{3}{35}$

⑤ $\dfrac{5}{24} \div \dfrac{7}{12}$

⑥ $\dfrac{3}{8} \div 2\dfrac{1}{10}$

⑦ $\dfrac{3}{14} + \dfrac{5}{6} \times \dfrac{2}{7}$

⑧ $\left(\dfrac{5}{8} + \dfrac{5}{12}\right) \div \dfrac{10}{3}$

小テスト 第3回

問題 次の計算をしてください。

① $1\dfrac{3}{5} + 2\dfrac{3}{4}$

② $2\dfrac{2}{3} + 3\dfrac{3}{7}$

③ $4\dfrac{1}{2} + 2\dfrac{1}{3} - 4\dfrac{1}{6}$

④ $3\dfrac{1}{5} - 1\dfrac{1}{2} + 1\dfrac{3}{10}$

⑤ $4\dfrac{2}{15} \times 5$

⑥ $\dfrac{14}{25} \times \dfrac{5}{7}$

⑦ $\dfrac{1}{2} + \dfrac{3}{8} \div \dfrac{3}{4}$

⑧ $\left(\dfrac{5}{6} + \dfrac{5}{18}\right) \div \dfrac{10}{7}$

➡ 答は p.297

9 □の逆算（その1）

|1回目|2回目|3回目|

問題 □を求めてください。

① $\square - \dfrac{1}{5} = \dfrac{1}{4}$

② $\square + \dfrac{1}{3} = \dfrac{2}{5}$

③ $3\dfrac{1}{2} - \square = 2\dfrac{1}{3}$

④ $3\dfrac{1}{3} + \square = 5\dfrac{7}{8}$

⑤ $\square - \dfrac{3}{5} = \dfrac{17}{20}$

⑥ $\square + 4\dfrac{2}{5} = 6\dfrac{1}{6}$

⑦ $5\dfrac{4}{9} - \square = 5\dfrac{2}{5}$

⑧ $3\dfrac{1}{4} + \square = 5\dfrac{1}{2}$

⑨ $\square \times 2\dfrac{1}{3} = 1\dfrac{1}{6}$

⑩ $\square \div 3\dfrac{1}{7} = 1\dfrac{10}{11}$

⑪ $4\dfrac{1}{8} \div \square = 2\dfrac{3}{4}$

⑫ $2\dfrac{3}{10} \times \square = 4\dfrac{3}{5}$

10 □の逆算（その2）

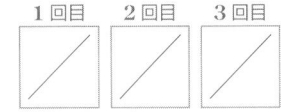

問題　□を求めてください。

① $\left(\square - \dfrac{1}{3}\right) \div \dfrac{3}{4} = \dfrac{1}{6}$

② $\square \div \dfrac{7}{10} + \dfrac{1}{3} = \dfrac{3}{4}$

③ $\left(\square - 4\dfrac{1}{5}\right) \times 2\dfrac{1}{4} + 2 = 6\dfrac{7}{8}$

④ $\left\{\left(\square - \dfrac{5}{12}\right) \div \dfrac{2}{5} + 3\right\} \div \dfrac{2}{9} = 27$

➡ 答は p.298

まとめテスト 第2回

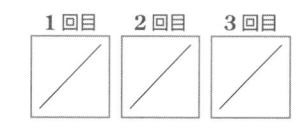

1回目　2回目　3回目

問1 計算してください。

① $2\dfrac{1}{6}+3\dfrac{3}{24}$　　② $4\dfrac{1}{3}-2\dfrac{1}{8}+5\dfrac{1}{6}$

問2 □を求めてください。

① $\left(\square-\dfrac{1}{5}\right)\div\dfrac{5}{8}=\dfrac{1}{25}$　　② $\dfrac{1}{5}\div\square+\dfrac{1}{4}=\dfrac{2}{5}$

問3 大きい数と小さい数の和が35で、差が19のとき、小さい数と大きい数を求めてください。

まとめテスト 第3回

1回目	2回目	3回目

問1 計算してください。

① $\dfrac{1}{5} \times \dfrac{3}{4} + \dfrac{3}{5}$

② $\dfrac{1}{8} \div \left(\dfrac{1}{3} + \dfrac{1}{4} \right)$

問2 □を求めてください。

① $\left(□ - 3\dfrac{1}{2} \right) \div \dfrac{1}{2} - 5 = \dfrac{1}{2}$

② $\left\{ 4 + \left(□ - \dfrac{7}{12} \right) \div \dfrac{1}{3} \right\} \times 3 = 27$

問3 ツルとカメが合わせて12匹います。足の数は合わせて32本です。カメは何匹いますか。

➡ 答は p.299

11 小数の加減

1回目	2回目	3回目

問題 次の計算をしてください。

① $0.5 + 0.9$　　　② $0.9 - 0.2$

③ $5.5 + 21.3$　　　④ $3.24 + 3.21$

⑤ $43.4 - 9.8$　　　⑥ $243.5 - 95.7$

⑦ $0.43 + 0.58$　　　⑧ $74.25 - 66.46$

⑨ $3.2 - 0.78$　　　⑩ $1.23 + 0.75$

⑪ $43.56 + 78.99$　　　⑫ $56.23 - 37.27$

12 小数のかけ算

|1回目|2回目|3回目|

問題 次の計算をしてください。

① 　7.8　　　　　　② 　0.56
　×　　9　　　　　　　×　　 6

③ 　 73　　　　　　④ 　4.9
　×4.5　　　　　　　×5.7

⑤ 　9.67　　　　　　⑥ 　67.2
　×　5.3　　　　　　　×0.73

⑦ 　0.57　　　　　　⑧ 　9.72
　×　0.6　　　　　　　×0.53

➡ 答は p.299

13 小数のわり算

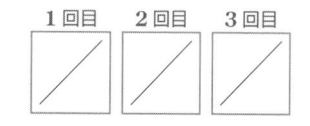

問題 商は小数第1位まで求め、余りも出してください。

① 8) 9 8 . 5

② 6) 5 . 3 2

③ 0.7) 4 . 5 3

④ 1.2) 8 7 . 5

⑤ 0.44) 3 . 5 6 7

⑥ 2.34) 6 . 7 8 1

⑦ 0.35) 1 . 2 3 9

⑧ 3.81) 9 . 7 8 4

小テスト 第4回

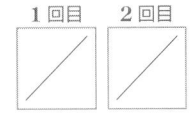

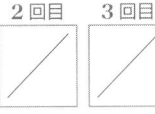

1回目 2回目 3回目

問1 計算してください(⑦⑧ → 商は小数第1位まで求め、余りも出してください)。

① $52.4 - 10.9$

② $513.2 - 178.5$

③ $0.23 + 0.99$

④ $64.25 + 70.06$

⑤
```
   4 3.6
 ×   0.6
```

⑥
```
    9 8.4
 × 0.7 7
```

⑦ $3.4 \overline{)8 7.6}$

⑧ $0.72 \overline{)1.2 6}$

問2 面積を計算してください。

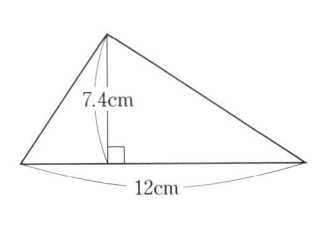

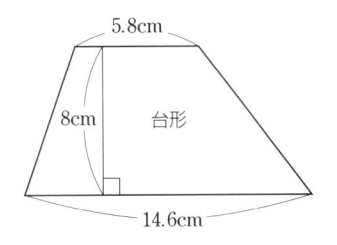

(三角形: 高さ 7.4cm、底辺 12cm)

(台形: 上底 5.8cm、高さ 8cm、下底 14.6cm)

⇒ 答は p.300

まとめテスト 第4回

問1 計算してください(⑥ → 商は小数第1位まで求め、余りも出してください)。

① $6\frac{1}{2} + 2\frac{1}{6} - 4\frac{5}{18}$

② $3\frac{1}{5} - 1\frac{1}{7} + 4\frac{3}{35}$

③ $\frac{1}{6} + \frac{6}{7} \div \frac{2}{21}$

④ $\left(\frac{5}{36} + \frac{7}{72}\right) \div \frac{5}{6}$

⑤ $\begin{array}{r} 5.26 \\ \times\ 0.34 \\ \hline \end{array}$

⑥ $6.4 \overline{)33.28}$

問2 体積を求めてください(円周率3.14)。

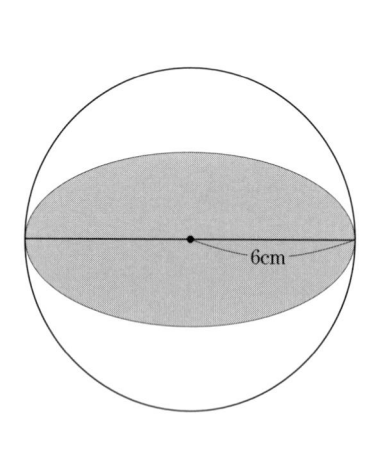

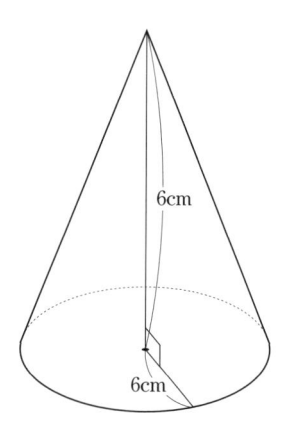

(左:半径6cmの球、右:高さ6cm・底面の半径6cmの円錐)

14 割合の計算（その1）

問1 135円は450円のどれだけでしょう。
分数、小数、百分率、歩合で答えてください。

問2 Aさんの得点は675点、Bさんは900点です。Bさんの得点をもとにすると、Aさんの得点は何倍（小数で）でしょう。また何%でしょう。

問3 あるコンテストで、Aさんには125人の得票がありました。これは、投票総数500人の何%ですか。

問4 今月の遊興費は125000円で、先月の遊興費は200000円でした。今月の遊興費は先月のそれのどれだけですか。歩合で答えてください。

⇒ 答は p.300

15 割合の計算(その2)

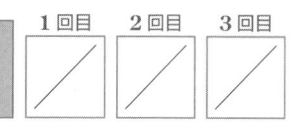

1回目　2回目　3回目

問1　□に入る数字を求めてください。

① 26m は 65m の □ % です。

② 560kg の 35% は □ kg です。

問2　45000 円は給料の 15% です。給料はいくらでしょう。

問3　大人と子どものグループの 5 割 5 分が子どもで、440 人です。グループ全体の人数は何人でしょうか。

16 比の計算

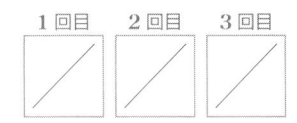

問1 比を簡単にしてください。

① $75:125$ ② $3.4:8.5$ ③ $0.11:0.66$

④ $\dfrac{3}{4}:\dfrac{3}{5}$ ⑤ $2\dfrac{1}{2}:4\dfrac{2}{3}$

問2 x を求めてください。

① $4:5=x:125$ ② $5.2:x=1.3:2$

③ $4:5=\dfrac{1}{3}:x$ ④ $x:3.5=\dfrac{9}{4}:1.4$

➡ 答は p.301

小テスト 第5回

問1 □に入る数字を求めてください。

① 1200人の2割5分は、□人です。

② 年収の3割2分が124万8千円のとき、年収は□円です。

③ 88人は400人の□割□分です。

問2 簡単にした比を□に入れてください。

① $24:144=$ □ : □　　② $4.8:11.2=$ □ : □

③ $\dfrac{1}{4}:\dfrac{3}{7}=$ □ : □　　④ $1.2:\dfrac{1}{6}=$ □ : □

問3 女子と男子の比が3:11で、男子が77人です。
女子は何人でしょう。

まとめテスト 第5回

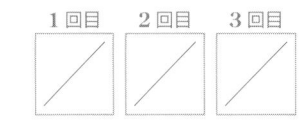

問1 計算してください（④ → 商は小数第1位まで求め、余りも出してください）。

① $4\dfrac{1}{4}+2\dfrac{1}{12}-4\dfrac{2}{3}$

② $4\dfrac{1}{4}\times\dfrac{2}{3}+1\dfrac{2}{5}$

③ 　　0. 5 6
　　×　6. 7

④ $7.8\overline{\smash{)}45.9}$

問2 □ に入る数字を求めてください。

① 6400m を 25 分で走るときの速さは、分速□m、時速□m です。

② 長さ 240m の列車が、秒速 6m で長さ 1800m のトンネルを通過するとき、入り始めてから出てしまうまでに□秒かかります。

17 正の数・負の数の加減

問題 次の計算をしてください。

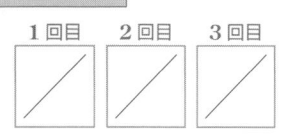

① $-12-5$

② $-45-78$

③ $-8.5-6.3$

④ $-\dfrac{3}{4}-\dfrac{4}{5}$

⑤ $-78+48$

⑥ $12.4-33.5$

⑦ $1\dfrac{1}{4}-2\dfrac{3}{5}$

⑧ $5.3-9.6+4.4$

⑨ $-15+9-17+3$

⑩ $5.2-7.6+3.6-3.7$

⑪ $-1\dfrac{1}{2}+2\dfrac{2}{3}-4\dfrac{3}{4}+1\dfrac{1}{4}$

⑫ $-5.2+7.5-7.3-1.5+2.9$

18 正の数・負の数の乗除

問題 次の計算をしてください。

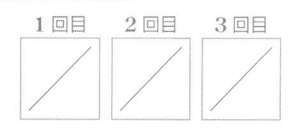

① $-9 \times 8 \times (-4)$
② $5 \times (-3) \times (-5) \times 12 \div (-4)$

③ $-0.2 \times (-4) \times 10 \times (-6) \div (-2)$

④ 4^2
⑤ $(-4)^2$

⑥ -4^2
⑦ (-4^2)

⑧ $-32 - 8 \times (-3)$
⑨ $-42 - 34 \div (-17) \times 5$

⑩ $7 \times (-3)^2 - 8 \times (-6)$
⑪ $-75 \times \left(-\dfrac{1}{5}\right) - \dfrac{3}{4} \times 72 \times 2$

⑫ $75 \times \left(-\dfrac{1}{5}\right) \times \dfrac{1}{3} - \dfrac{2}{7} \times 21 \times (-3)$

➡ 答は p.303

19 文字式の省略と加減

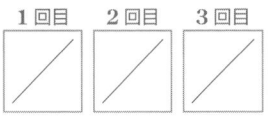

問1 省略できるところを省略してください。

① $-12 \times a$　　② $h \times 5 \times b$　　③ $y \times 1 \times p$

④ $n \times (-1) \times m$　　⑤ $c \times c$　　⑥ $k \times k \times k \times k$

⑦ $c \div d$　　⑧ $12 \times a - e \div h$　　⑨ $(c-d) \times 8$

⑩ $-1 \times b - 1 \times q \times p$　　⑪ $b \times c \times b - d \times (m \times c + e)$

問2 計算してください。

① $5a + 12 - 13a - 33$　　② $5m + 8s - 16s - 12m$

③ $3a + 7b + 14 - 5a - 18b + 9$

20 文字式の計算と代入

問1 計算してください。

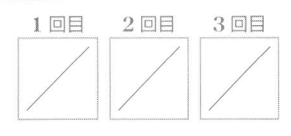

① $12x-16(x+9)$

② $-3(b-9)-(b+4)$

③ $-3(2a-5b-4c)-5(3a-b+4c)$

問2 $x=-5, y=-9$ のとき、次の式の値を求めてください。

① $-2xy$

② $4x^2$

③ $-7x-4y+12x+9y$

問3 次の数量を、文字を使った式であらわしてください。

① 60個のみかんを a 人の子どもに4個ずつ分けたときの余り

② 兄が b 円で、弟が兄より500円少ないお金を持っているときの弟の所持金

⇒ 答は p.303

小テスト　第6回

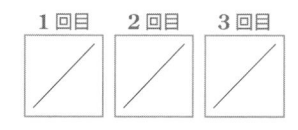

問1 計算してください。

① $-2\dfrac{1}{2}+3\dfrac{2}{3}-5\dfrac{3}{4}+1\dfrac{1}{6}$ ② $-5.2+7.5-7.3-1.5+2.9$

③ $2\times(-4)^2-8\times(-6)^2$ ④ $-64\times\left(-\dfrac{1}{4}\right)-\dfrac{3}{7}\times48\times(-14)$

⑤ $16y-(y-9)$ ⑥ $-5(c-7)-(c-7)$

問2 $a=-4, b=-8$ のとき、次の式の値を求めてください。

① $-3ab$ ② $-5a-4b+6a-5b$

問3 次の数量を、文字を使った式であらわしてください。

① 縦が $a$cm、横が $b$cm の長方形の周長

② 分速 am で b 分歩いたとき、進んだ道のり

21 1次方程式の解き方（その1）

問題 次の方程式を解いてください。

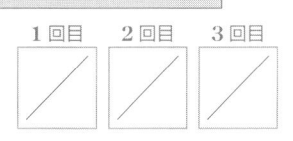

① $25x = -225$

② $-7x = -56$

③ $\dfrac{3}{4}x = -84$

④ $-\dfrac{3}{8}x = -81$

⑤ $7x - 8 = 48$

⑥ $-4x = 27 + 5x$

⑦ $12x - 58 = -4x + 6$

⑧ $13x + 5 = -8x + 68$

⑨ $9(2x+1) - 18 = 27$

⑩ $7x - 77 = -6(x+2)$

⇒ 答は p.304

22 1次方程式の解き方（その2）

1回目　2回目　3回目

問題> 方程式を解いてください。

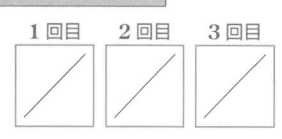

① $\dfrac{1}{3}x+5=8$

② $\dfrac{x}{3}+4=\dfrac{x}{6}+5$

③ $\dfrac{x}{10}=\dfrac{x}{4}-6$

④ $0.12x+1=0.76$

⑤ $1.2x-0.9=0.7x+1.6$

⑥ $0.4x-\dfrac{3}{5}=-2.6$

小テスト 第7回

1回目	2回目	3回目

問1 方程式を解いてください。

① $-2(2x+1)-10=-4$

② $5x-71=-4(x+2)$

③ $\dfrac{x}{4}+4=\dfrac{x}{12}+8$

④ $0.24x+1=0.76$

問2 ある数の4倍に8をたすと、ある数の5倍より5小さくなりました。ある数を求めてください。

→ 答は p.305

まとめテスト 第6回

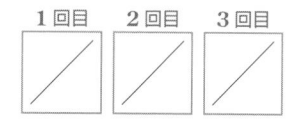

問1 計算してください。

① $-3\dfrac{1}{3}+4\dfrac{2}{7}-5\dfrac{3}{21}+2\dfrac{1}{7}$

② $-8.2+4.5-5.3-2.5$

③ $-3^2-4\times(-2)^2$

④ $-75\times\left(-\dfrac{1}{5}\right)-\dfrac{3}{8}\times48$

問2 方程式を解いてください。

① $\dfrac{x}{10}=\dfrac{x}{4}-6$

② $0.6x-\dfrac{3}{5}=2.4$

問3 大人と子ども合わせて250人います。大人が子どもより32人多いとき、子どもは何人ですか。

23 連立方程式 加減法(その1)

問題> 次の連立方程式を加減法で解いてください。

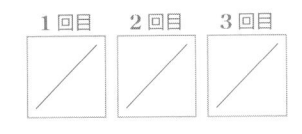

① $3x + 2y = 0$
　$x + 2y = 4$

② $-3x + y = 2$
　$3x - 2y = -1$

③ $2x + 5y = -11$
　$4x + 5y = -7$

④ $3x - 8y = 55$
　$3x + 9y = -30$

⑤ $-11x + 18y = -3$
　$11x + 20y = -73$

⑥ $4x - 2y = -1$
　$6x + 2y = 6$

→ 答は p.306

24 連立方程式 加減法（その2）

問題 次の連立方程式を加減法で解いてください。

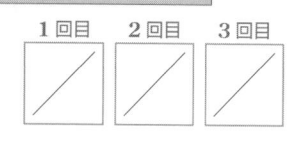

① $2x + y = 5$
　$x + 4y = 13$

② $-3x + 2y = 1$
　$6x + 4y = -34$

③ $5x + 2y = -16$
　$6x + 4y = -24$

④ $-5x + 4y = -17$
　$-7x - 3y = -41$

⑤ $2x + 3y = 3$
　$4x + 9y = 8$

⑥ $20x + 5y = 6$
　$4x + 10y = 3$

25 連立方程式 代入法

問題 次の連立方程式を代入法で解いてください。

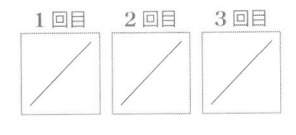

① $y = 4x$
　$2x + y = 12$

② $x = 4y + 6$
　$2x + y = 21$

③ $-x - 2y = -4$
　$y = 5 - 2x$

④ $x = 2 - 3y$
　$3x - 2y = 39$

⑤ $y = 2x - 3$
　$y = -4x + 12$

⑥ $x = 2y - 5$
　$x = -3y + 15$

→ 答は p.306

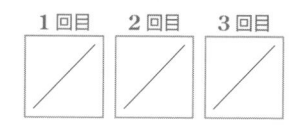

小テスト 第8回

問1 次の連立方程式を解いてください。

① $5x + 2y = 0$
　$x + 2y = -8$

② $-3x + 2y = -1$
　$5x - 4y = 3$

③ $y = x - 1$
　$3x + y = 23$

④ $x = 3y - 5$
　$2x + y = 18$

問2 みかん3個とりんご4個で720円、みかん2個とりんご3個で520円です。みかん1個とりんご1個の値段は、それぞれ何円ですか。

26 因数分解（その1）

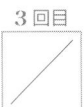

問題 因数分解してください。

① $8ab - 32ac$

② $4an - 10np + 7nq$

③ $14my + 35by$

④ $x^2 - 2x - 8$

⑤ $x^2 + 11x + 28$

⑥ $x^2 - 14x + 45$

⑦ $mx^2 - 4mx - 21m$

⑧ $nx^2 + 9nx + 20n$

⑨ $kx^2 - 15kx + 56k$

⑩ $bx^2 - 2bx - 35b$

➡ 答は p.306

27 因数分解（その2）

問題 因数分解してください。

① $x^2 + 8x + 16$

② $x^2 - 10x + 25$

③ $x^2 - 81$

④ $x^2 - 121$

⑤ $mx^2 - 14mx + 49m$

⑥ $ax^2 - 16ax + 64a$

⑦ $bx^2 - 25b$

⑧ $ax^2 + 4ax + 4a$

⑨ $ax^2 - 6ax + 9a$

⑩ $kx^2 - 36k$

小テスト 第9回

問1 因数分解してください。

① $16ab - 24ad$

② $x^2 - 3x - 18$

③ $ax^2 + 4ax - 21a$

④ $x^2 + 16x + 64$

⑤ $x^2 - 144$

⑥ $mx^2 - 18mx + 81m$

⑦ $ax^2 + 16ax + 64a$

⑧ $kx^2 - 100k$

問2 正十五角形の内角の和と、1つの内角を求めてください。

→ 答は p.307

28 平方根の計算(その1)

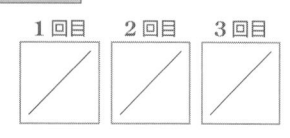

問題> 計算してください。

① $\sqrt{6} \times \sqrt{7}$

② $\sqrt{2} \times \sqrt{18}$

③ $\sqrt{7} \times \sqrt{21}$

④ $\sqrt{10} \times \sqrt{14}$

⑤ $5\sqrt{2} \times 4\sqrt{7}$

⑥ $4\sqrt{3} \times 4\sqrt{15}$

⑦ $\dfrac{\sqrt{42}}{\sqrt{6}}$

⑧ $\dfrac{\sqrt{75}}{\sqrt{3}}$

⑨ $\dfrac{\sqrt{48}}{\sqrt{2}}$

⑩ $\sqrt{48} \div \sqrt{3}$

⑪ $\sqrt{14} \div \sqrt{6} \times \sqrt{21}$

⑫ $\sqrt{50} \div \sqrt{3} \times \sqrt{9}$

29 平方根の計算(その2)

問題 計算してください。

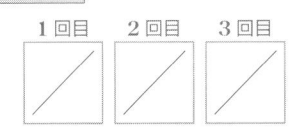

① $4\sqrt{3}-3\sqrt{5}+8\sqrt{3}-5\sqrt{5}$

② $8\sqrt{2}-2\sqrt{3}+5\sqrt{2}-8\sqrt{3}$

③ $\sqrt{72}+\sqrt{50}$

④ $\sqrt{32}-\sqrt{24}+\sqrt{18}-\sqrt{54}$

⑤ $\sqrt{28}+\dfrac{14}{\sqrt{7}}$

⑥ $6\sqrt{3}-(5-\sqrt{12})$

⑦ $-\sqrt{5}(4\sqrt{2}-5)-\sqrt{45}$

⑧ $\sqrt{7}(3\sqrt{3}-6)-\dfrac{9\sqrt{7}}{\sqrt{3}}$

➡ 答は p.308

小テスト 第10回

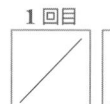

問1 計算してください。

① $\sqrt{3}\times\sqrt{7}$

② $\sqrt{3}\times\sqrt{12}$

③ $\sqrt{6}\times\sqrt{3}$

④ $3\sqrt{2}\times5\sqrt{5}$

⑤ $2\sqrt{5}\times3\sqrt{15}$

⑥ $\dfrac{\sqrt{42}}{\sqrt{7}}$

⑦ $\sqrt{21}\div\sqrt{6}\times\sqrt{14}$

⑧ $\sqrt{64}-\sqrt{50}+\sqrt{81}-\sqrt{72}$

⑨ $\sqrt{20}+\dfrac{15}{\sqrt{5}}$

問2 y は x の一次関数で、グラフが $(-1, -1)$ $(1, 5)$ を通るとき、y を x の式であらわしてください。

30 2次方程式の計算

|問題| 次の方程式を解いてください。

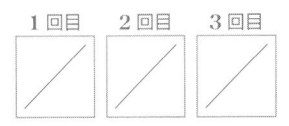

① $6x^2 - 54 = 0$

② $(x+5)^2 = 11$

③ $x^2 + 7x + 12 = 0$

④ $x^2 - 14x + 49 = 0$

⑤ $x^2 - 64 = 0$

⑥ $x^2 - 2x - 5 = 0$

➡ 答は p.309

小テスト 第11回

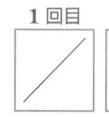

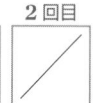

問1 次の方程式を解いてください。

① $x^2 - 12x + 27 = 0$ ② $x^2 - 16x + 64 = 0$

③ $x^2 - 25 = 0$ ④ $x^2 - 3x - 6 = 0$

問2 ある正の数を2乗して20をひくと、もとの数の10倍に4をたした数になります。ある正の数を求めてください。

まとめテスト 第7回

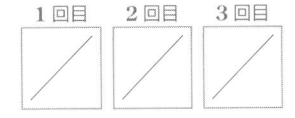

問1 因数分解してください。

① $cx^2 - 81c$

② $mx^2 + 14mx + 49m$

問2 計算してください。

① $4\sqrt{7} - (8 - \sqrt{63})$

② $\sqrt{3}(3\sqrt{2} - 6) - \dfrac{9}{\sqrt{6}}$

問3 x を求めてください。

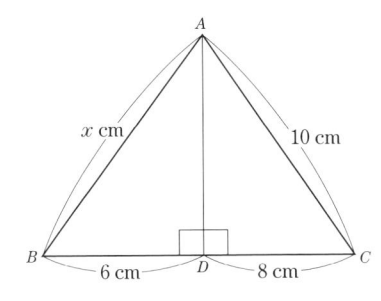

31 因数分解 タスキガケ

問題 > 因数分解してください。

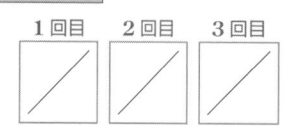

① $3x^2+5x+2$

② $5x^2+16x+3$

③ $6x^2+11x+3$

④ $4x^2-4x-3$

⑤ $12x^2-5x-2$

⑥ $8x^2-14x+3$

⑦ $10x^2-11x+3$

⑧ $5x^2-22x+8$

32 複素数の計算

問題 計算してください。

① $8+5i-24-9i$

② $-9i+9-14-6i$

③ $8i \times 9i$

④ $12 \div 4i$

⑤ $9(3+6i)+64 \div 16i$

⑥ $(3+4i)(4-5i)-6 \div 2i$

➡ 答は p.310

33 恒等式の計算

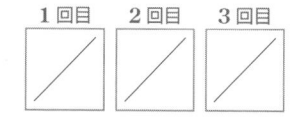

問1 $5(x-6)+5 = ax+b$ が x についての恒等式となるように、定数 a と b を決めてください。

問2 $(x+6)(x+8)-9 = x^2+ax+b$ が x についての恒等式となるように、定数 a と b を決めてください。

問3 $(x+a)(x-6) = x^2-2x+b$ が x についての恒等式となるように、定数 a と b を決めてください。

小テスト 第12回

問1 因数分解してください。

① $3x^2 + 7x + 2$

② $12x^2 + 5x - 2$

③ $10x^2 + x - 3$

④ $5x^2 + 6x - 8$

問2 計算してください。

① $2(4 - 6i) + 25 \div 5i$

② $(3 - 4i)(4 + 5i) - 8 \div 2i$

問3 $(x - 5)(x + 8) - 8x = x^2 + ax + b$ が x についての恒等式となるように、定数 a と b を決めてください。

➡ 答は p.311

34 整式のわり算

|問題| わり算をして、商と余りを求めてください。

① $(x^2 - 7x - 5) \div (x - 6)$

② $(9x^3 + 12x^2 + 7x + 13) \div (3x + 2)$

③ $(x^3 + 1) \div (x + 1)$

④ $(5x^3 - 2x^2 + 2x - 3) \div (x^2 - x + 1)$

35 指数の計算

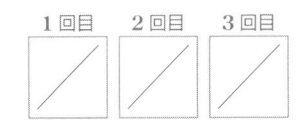

問題 ( )をうめてください。

① $5^5 \times 5^3 = 5^{(\ \ )} = 5^{(\ )}$

② $7^2 \times 7^4 = 7^{(\ \ )} = 7^{(\ )}$

③ $(3^3)^4 = 3^{(\ \ )} = 3^{(\ )}$

④ $(a^5)^2 = a^{(\ \ )} = a^{(\ )}$

⑤ $(ab)^5 = a^{(\ )} b^{(\ )}$

⑥ $(3 \times 5)^4 = 3^{(\ )} \times 5^{(\ )}$

⑦ $a^7 \div a^5 = a^{(\ \ )} = a^{(\ )}$

⑧ $4^8 \div 4^6 = 4^{(\ \ )} = 4^{(\ )}$

⑨ $6^4 \div 6^4 = 6^{(\ \ )} = 6^{(\ )}$

⑩ $4^6 \times 4^3 \div 4^5 = 4^{(\ \ )} \div 4^5 = 4^{(\ \ )} = 4^{(\ )}$

⑪ $(b^3)^4 \times b^4 = b^{(\ \ )} \times b^4 = b^{(\ \ )} = b^{(\ )}$

➡ 答は p.312

36 対数の計算(その1)

|問題| ( )に入る数を入れてください。

① $\log_3 9 = ($　　$)$　　② $\log_5 1 = ($　　$)$

③ $\log_2 4 = ($　　$)$　　④ $\log_2 8 = ($　　$)$

⑤ $\log_7 7 = ($　　$)$　　⑥ $\log_2 16 = ($　　$)$

⑦ $\log_3 81 = ($　　$)$　　⑧ $\log_5 125 = ($　　$)$

37 対数の計算(その2)

問題 次の計算をしてください。

① $\log_4 5 + \log_4 3$

② $\log_4 1 + \log_4 4$

③ $\log_3 6 - \log_3 2$

④ $\log_3 9$

⑤ $\log_5 50 - \log_5 2$

⑥ $\log_7 14 + \log_7 21 - \log_7 6$

⑦ $\log_3 72 - \log_3 4 + \log_3 \dfrac{1}{2}$

➡ 答は p.313

小テスト 第13回

問1 わり算をして、商と余りを求めてください。

① $(x^2 + 6x + 9) \div (x + 5)$ ② $(x^3 - 1) \div (x - 1)$

問2 （　）をうめてください。

① $6^4 \times 6^3 = 6^{(\ \ )} = 6^{(\ )}$ ② $(5^4)^5 = 5^{(\ \ )} = 5^{(\ )}$

③ $(bc)^4 = b^{(\ )} c^{(\ )}$ ④ $a^9 \div a^4 = a^{(\ \ )} a^{(\ )}$

⑤ $3^7 \times 3^4 \div 3^7 = 3^{(\ \ )} \div 3^7 = 3^{(\ \ )} = 3^{(\ )}$

⑥ $\log_5 25 = (\ \ \ )$ ⑦ $\log_4 64 = (\ \ \ )$

⑧ $\log_2 72 - \log_2 3 + \log_2 \dfrac{1}{3} = \log_2 (\ \ \ ) + \log_2 \dfrac{1}{3}$

$= \log_2 \left(\ \ \ \times \dfrac{1}{3}\right) = \log_2 (\ \ \ ) = 3$

38 等差数列の計算

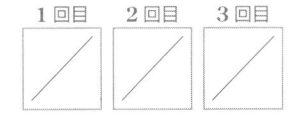

問題> 以下の問いに答えてください。

① 等差数列 4, 7 ……の第8項はいくらですか。

② 初項が6で公差が8の等差数列の第15項はいくらですか。

③ 初項が−5で公差が9の等差数列で85は第何項ですか。

➡ 答は p.314

39 等差数列の和の計算

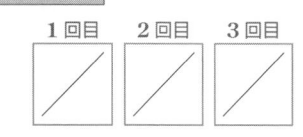

問1 初項が2、最後の項が142で、項数が21の等差数列の和を求めてください。

問2 等差数列 $-5, 3, 11, 19 \cdots$ の第15項 a_{15} と、初項から第15項までの和 S を求めてください。

まとめテスト 第8回

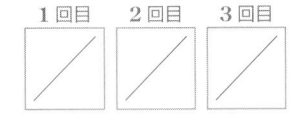

問1 因数分解してください。

① $18x^2 + 15x + 2$
② $5x^2 - 19x + 12$

問2 計算してください。

① $8(4 - 6i) + 72 \div 12i$
② $(7 - 4i)(2 - 5i) - 3i \times 6i$

問3 等差数列 $-7, -1, 5$ ……の第10項 a_{10} と、初項から第10項までの和 S を求めてください。

➡ 答は p.314

40 等比数列の計算

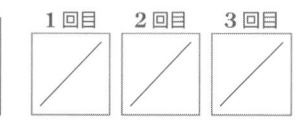

問1 等比数列 $7,\ 14,\ 28\ \cdots\cdots$ の第6項 a_6 を求めてください。

問2 下の数列の第9項を求めてください。

$2,\ 6,\ 18\ \cdots\cdots a_9$

問3 初項が8で第4項が512である等比数列の公比を求めてください。

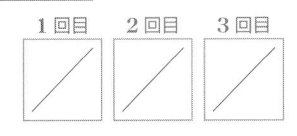

41 等比数列の和の計算

問1 等比数列 4, 12, 36 ……の初項から第6項までの和 S を求めてください。

問2 等比数列 2, 8, 32 ……の第8項はいくらですか。
また初項から第8項までの和 S を求めてください。

→ 答は p.315

まとめテスト 第9回

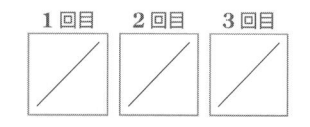

問1 $(x+a)(x+5) = x^2 + x + b$ が x についての恒等式となるように定数 a と b を決めてください。

問2 $(3x^3 + x - 2) \div (x - 1)$ の商と余りを求めてください。

問3 因数分解してください。

① $6x^2 - 23x + 20$ 　　② $10x^2 + 11x - 6$

問4 等比数列 2, 10 ……の第5項はいくらですか。
また初項から第5項までの和 S を求めてください。

仕上げテスト ①

問1 計算してください。

① 　　328
　　＋456

② 　　6798
　　－4003

③ $3 \times (-6)^2 - 7^2$

④ $-24 \times \left(-\dfrac{1}{8}\right) - \dfrac{3}{7} \times 35 \div \dfrac{5}{8}$

⑤ $16a - (2a - 11)$

⑥ $-3(e - 9) - 3(e - 7)$

問2 $a = -5$　$b = -6$　のとき、次の式の値を求めてください。

① $a^2 b$　　　② $-6a - 4b + 8a - 12b$

問3 大きい数と小さい数の和が77で、差が7のとき、小さい数と大きい数を求めてください。

➡ 答は p.316

仕上げテスト ②

1回目　2回目　3回目

問1　□に数字を入れてください。

①
```
   3 □ □ 6
 + □ 5 4 □
 ─────────
   9 9 9 9
```

②
```
   □ 5 1 2
 - 3 □ 6 5
 ─────────
   3 4 4 7
```

問2　計算してください（わり算は商は整数まで求め、余りも出してください）。

①
```
     6 9 2
 ×     9 9
```

② 67) 789

問3　次の数量を、文字を使った式であらわしてください。

① 底辺が a cm で高さが b cm の三角形の面積

② a 円のりんごを6個と b 円のりんごを4個買ったときの代金

問4　ツルとカメが合わせて30匹います。足の数は合わせて100本です。カメは何匹いますか。

仕上げテスト ③

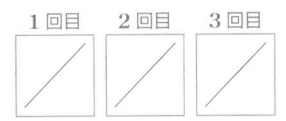

1回目　2回目　3回目

問1 計算してください。

① $\{(4 \times 9 - 2 \times 7) - 36 \div 18\} - 11$

② $12 \times \{(34 - 22) \div 2 + 4\} \div 4$

③ $\dfrac{5}{7} \div \dfrac{5}{12} + \dfrac{1}{4}$

④ $\left(\dfrac{7}{12} + \dfrac{5}{24}\right) \div \dfrac{11}{24}$

問2 方程式を解いてください。

① $-3(3x + 1) - 2 = 22$

② $7x + 62 = -5(x + 2)$

問3 □に入る数字を求めてください。

① 2500人の32%は □ 人です。

② 利益の4割5分が135万のとき、利益は □ 万円です。

③ 32人は160人の □ 割です。

問4 ある数の6倍に8をたすと、ある数の8倍より4小さくなりました。ある数を求めてください。

➡ 答は p.317

仕上げテスト ④

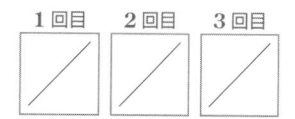

問1 計算してください。

① $7.5 + 41.3$

② $5.24 + 3.01$

③ $93.4 - 10.8$

④ $143.5 - 85.7$

⑤ $\begin{array}{r} 5.67 \\ \times\ 0.7 \\ \hline \end{array}$

⑥ $\begin{array}{r} 87.7 \\ \times 0.55 \\ \hline \end{array}$

問2 □を求めてください。

① $\left(\Box + \dfrac{1}{3}\right) \times \dfrac{3}{5} = \dfrac{9}{25}$

② $\dfrac{5}{6} + \Box \div \dfrac{2}{3} = \dfrac{11}{12}$

問3 x を求めてください。

① $\dfrac{x}{3} + 5 = \dfrac{x}{5} + 9$

② $0.12x + 0.05 = 0.07x - 0.15$

問4 面積を求めてください(円周率3.14)。

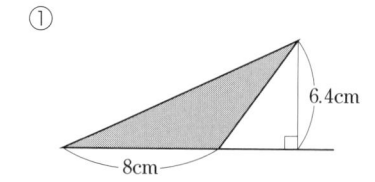

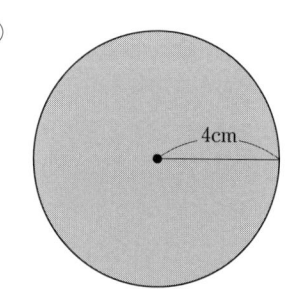

① (底辺8cm、高さ6.4cmの三角形)

② (半径4cmの円)

仕上げテスト ⑤

問1 計算してください(商は小数第1位まで求め、余りも出してください)。

① $5.6\overline{)54.7}$

② $0.81\overline{)4.53}$

問2 体積を求めてください。

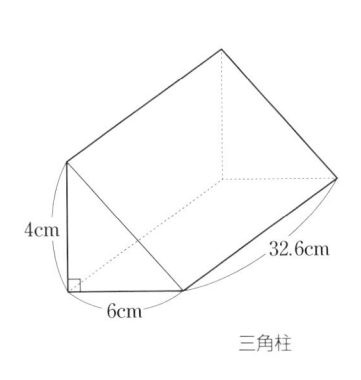

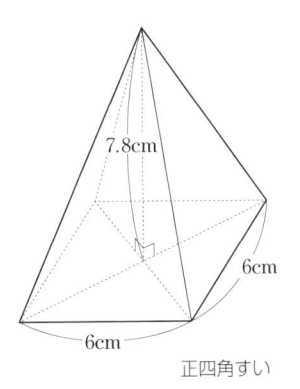

三角柱（4cm, 6cm, 32.6cm）

正四角すい（7.8cm, 6cm, 6cm）

問3 次の連立方程式を解いてください。

① $5x + 2y = 11$
$x + 3y = -3$

② $2x - 3y = 6$
$8x - 4y = -8$

⇒ 答は p.317

仕上げテスト ⑥

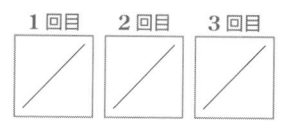

問1 計算してください。

① $\sqrt{2} \times \sqrt{32}$

② $\sqrt{10} \times \sqrt{5}$

③ $\dfrac{\sqrt{42}}{\sqrt{6}}$

④ $\sqrt{28} \div \sqrt{2} \times \sqrt{7}$

問2 簡単にした比を□に入れてください。

① $12:72=\square:\square$

② $2.8:6.3=\square:\square$

③ $\dfrac{1}{7}:\dfrac{5}{6}=\square:\square$

④ $0.15:\dfrac{2}{5}=\square:\square$

問3 方程式を解いてください。

① $y=x+1$
　$4x+y=26$

② $x=2y-5$
　$6x+y=100$

問4 女子と男子の比が4：7で、女子が36人です。男子は何人でしょう。

仕上げテスト ⑦

問1 計算してください。

① $\sqrt{100}-\sqrt{48}+\sqrt{81}-\sqrt{75}$

② $\sqrt{24}+\dfrac{12}{\sqrt{6}}$

問2 因数分解してください。

① $25ac-35ad$　② $x^2+3x-18$　③ $ax^2+3ax-28a$

問3 □に数字を入れてください。

① 3200mを16分で走るときの速さは、分速□m、時速□mです。

② 長さ120mの列車が、秒速6mで、長さ1200mのトンネルを通過するとき、すっかりトンネルに隠れているのは□秒です。

仕上げテスト ⑧

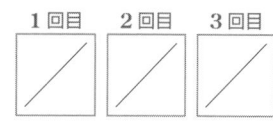

問1 計算してください。

① $3(4-3i)+36\div 6i$　　　② $(5-6i)(-2+5i)-8i\times 2i$

問2 因数分解してください。

① a^2-49　　② $ax^2-10ax+25a$　　③ $ax^2-12ax+36a$

問3 (　)をうめてください。

① $7^3\times 7^3 = 7^{(\ \ )} = 7^{(\ \ )}$　　② $(4^3)^5 = 4^{(\ \ )} = 4^{(\ \ )}$

③ $(ac)^4 = a^{(\ \ )}c^{(\ \ )}$　　④ $b^7\div b^4 = b^{(\ \ )} = b^{(\ \ )}$

問4 ケーキ2個とドーナツ3個で480円、ケーキ5個とドーナツ4個で920円です。ケーキ1個とドーナツ1個の値段はそれぞれ何円ですか。

仕上げテスト ⑨

問1 計算してください。

① $\log_4 2 + \log_4 8$

② $\log_3 9 - \log_3 3$

問2 (　)をうめてください。

① $5^2 \times 5^5 \div 5^7 = 5^{(\ \ )} \div 5^7 = 5^{(\ \ )} = 5^{(0)} = (\ \ \ )$

② $(3 \times 5)^3 \div 3^2 = 3^{(\ \ )} \times 5^{(\ \ )} \div 3^2 = 3^{(\ \ )} \times 5^{(\ \ )} = 3 \times 5^3$

③ $\log_2 16 = (\ \ \ \ )$

④ $\log_3 27 = (\ \ \ \ )$

問3 ある正の数を2乗して1をひくと、もとの数の7倍に7たした数になります。ある正の数を求めてください。

仕上げテスト ⑩

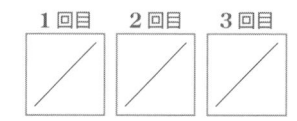

問1 わり算をして、商と余りを求めてください。

① $(x^2 + 10x + 5) \div (x + 6)$ ② $(x^3 + 2x^2 - 1) \div (x + 1)$

問2 次の方程式を解いてください。

① $x^2 - x - 72 = 0$ ② $x^2 - 5x - 4 = 0$

問3 $(x - 5)(x - 4) - 5x = x^2 + ax + b$ が x についての恒等式となるように、定数 a と b を決めてください。

問4 等差数列 $-3,\ 2,\ 7\ \cdots\cdots$ の第9項 a_9 と、初項から第9項までの和 S を求めてください。

第3部
チャレンジ編

三角関数・2次不等式・微分積分。
学生の頃でも手ごわかったこれらの計算も、
おさらい編・実践編を通して、計算力をピーク
近くにまで取り戻した今やれば、案外
簡単なはずです。
最後に、手ごわい計算を楽々解き流す
快感を味わってください!!

● チャレンジ！その１ ➡ 三角関数 ●

1 三角関数の計算（その１）

解き方のおさらい

● 30°について

30°，60°，90°の直角三角形を下図のようにおき、赤い棒と棒の先の●の座標に着目します。

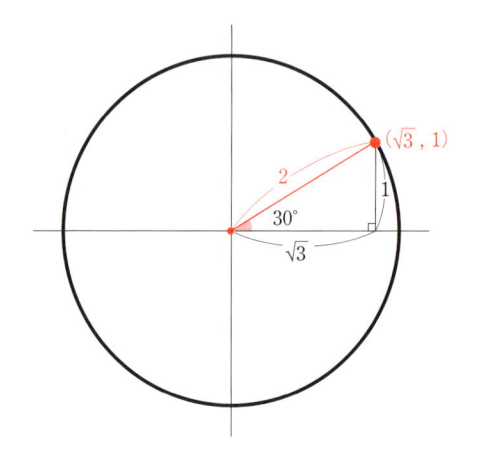

$$\sin\theta = \frac{y座標}{棒の長さ} \quad \cos\theta = \frac{x座標}{棒の長さ} \quad \tan\theta = \frac{y座標}{x座標}$$

より

$$\sin 30° = \frac{y}{r} = \frac{1}{2} \quad \cos 30° = \frac{x}{r} = \frac{\sqrt{3}}{2} \quad \tan 30° = \frac{y}{x} = \frac{1}{\sqrt{3}} = \frac{\sqrt{3}}{3}$$

（y は y 座標、r は棒の長さ、x は x 座標）

● 60°について

30°, 60°, 90°の直角三角形を下図のようにおきます。

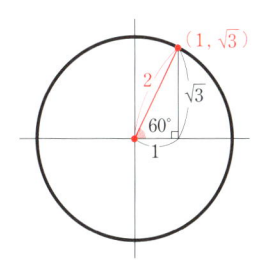

$$\sin 60° = \frac{y}{r} = \frac{\sqrt{3}}{2} \quad \cos 60° = \frac{x}{r} = \frac{1}{2} \quad \tan 60° = \frac{y}{x} = \frac{\sqrt{3}}{1} = \sqrt{3}$$

（y座標／棒の長さ、x座標／棒の長さ、y座標／x座標）

● 135°について

45°, 45°, 90°の直角三角形を下図のようにおきます。

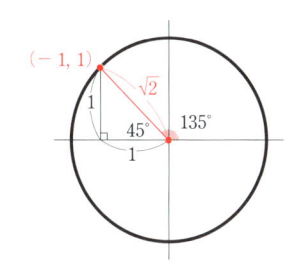

$$\sin 135° = \frac{y}{r} = \frac{1}{\sqrt{2}} = \frac{\sqrt{2}}{2} \quad \cos 135° = \frac{x}{r} = \frac{-1}{\sqrt{2}} = -\frac{\sqrt{2}}{2}$$

$$\tan 135° = \frac{y}{x} = \frac{1}{-1} = -1$$

結局、30°, 60°, 120°, 150°については、棒の長さを2として $2:1:\sqrt{3}$ を利用。45°, 135°については、棒の長さを $\sqrt{2}$ として $1:1:\sqrt{2}$ を利用すれば簡単です。

やってみよう!

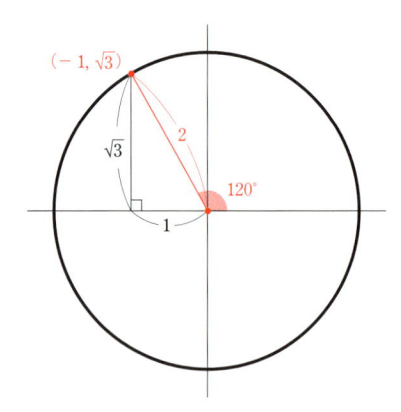

問題
① $\sin 120°$　　$\cos 120°$　　$\tan 120°$
② $\sin 150°$　　$\cos 150°$　　$\tan 150°$
③ $\sin 45°$　　$\cos 45°$　　$\tan 45°$　を求めてください。

答と解説

①

$$\sin 120° = \frac{y}{r} = \frac{\sqrt{3}}{2} \quad \cos 120° = \frac{x}{r} = \frac{-1}{2} = -\frac{1}{2} \quad \tan 120° = \frac{y}{x} = \frac{\sqrt{3}}{-1} = -\sqrt{3}$$

②

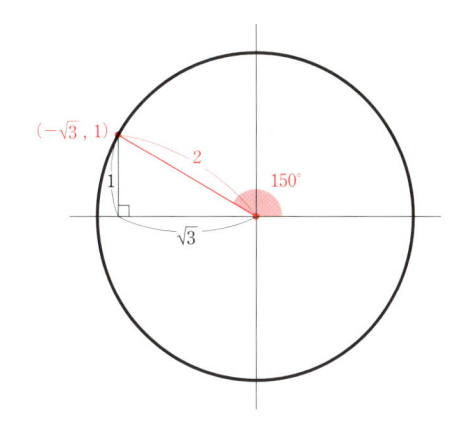

$\sin 150° = \dfrac{y}{r} = \dfrac{1}{2}$ $\cos 150° = \dfrac{x}{r} = \dfrac{-\sqrt{3}}{2}$ $\tan 150° = \dfrac{y}{x} = \dfrac{1}{-\sqrt{3}} = -\dfrac{\sqrt{3}}{3}$

③

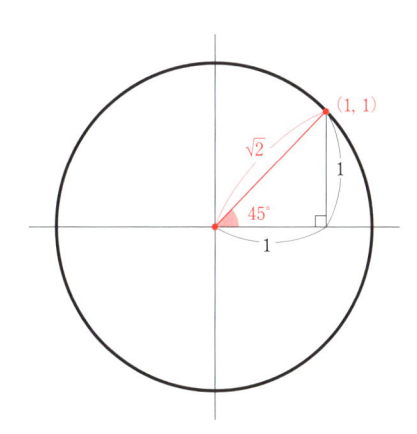

$\sin 45° = \dfrac{y}{r} = \dfrac{1}{\sqrt{2}} = \dfrac{\sqrt{2}}{2}$ $\cos 45° = \dfrac{x}{r} = \dfrac{1}{\sqrt{2}} = \dfrac{\sqrt{2}}{2}$ $\tan 45° = \dfrac{y}{x} = \dfrac{1}{1} = 1$

● チャレンジ！その1 ➡ 三角関数 ●

2 三角関数の計算（その2）

解き方のおさらい

例 $\sin A = \dfrac{4}{5}$ $(90° < A < 180°)$ のとき、$\cos A$, $\tan A$ を求めてください。

sin, cos, tan の1つがわかって残りを求めるとき、

$$\sin^2 A + \cos^2 A = 1 \cdots ① \quad \tan A = \dfrac{\sin A}{\cos A} \cdots ②$$

を使います。

① に $\sin A = \dfrac{4}{5}$ を代入します。

$$\left(\dfrac{4}{5}\right) \times \left(\dfrac{4}{5}\right) + \cos^2 A = 1 \quad \leftarrow \quad \sin^2 A + \cos^2 A = 1 \cdots ①$$

（$\sin A = \dfrac{4}{5}$）

$\cos^2 A = 1 - \left(\dfrac{4}{5}\right) \times \left(\dfrac{4}{5}\right) = \dfrac{9}{25}$

$90° < A < 180°$ なので $\cos A < 0$ だから

$\cos A = -\sqrt{\dfrac{9}{25}} = -\dfrac{3}{5}$

（負, 正）

② に $\sin A = \dfrac{4}{5}$, $\cos A = -\dfrac{3}{5}$ を代入します。

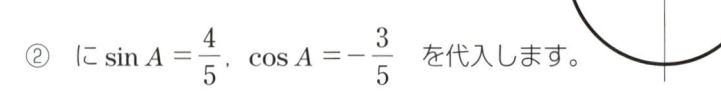

$$\tan A = \dfrac{\sin A}{\cos A} = \dfrac{\frac{4}{5}}{-\frac{3}{5}} = \dfrac{4}{5} \div \left(-\dfrac{3}{5}\right) = -\dfrac{4}{5} \times \dfrac{5}{3} = -\dfrac{4}{3}$$

$\dfrac{a}{b} = a \div b$

やってみよう!

問1 計算してください。
① $\sin 150° \times \cos 135°$
② $\sin 30° + \cos 120°$
③ $\tan 45° + \sin 150°$
④ $\sin 120° + \cos 30°$

問2 $\cos A = -\dfrac{12}{13}$ $(90° < A < 180°)$ のとき、$\sin A$, $\tan A$ を求めてください。

問3 $\sin A = \dfrac{3}{5}$ $(0° < A < 90°)$ のとき、$\cos A$, $\tan A$ を求めてください。

答と解説

問1 ① $\sin 150° \times \cos 135° = \dfrac{1}{2} \times \dfrac{(-1)}{\sqrt{2}} = -\dfrac{1}{2\sqrt{2}} = -\dfrac{1}{2\sqrt{2}} \times \dfrac{\sqrt{2}}{\sqrt{2}} = -\dfrac{\sqrt{2}}{4}$

② $\sin 30° + \cos 120° = \dfrac{1}{2} + \left(-\dfrac{1}{2}\right) = 0$

③ $\tan 45° + \sin 150° = 1 + \dfrac{1}{2} = 1\dfrac{1}{2}$

④ $\sin 120° + \cos 30° = \dfrac{\sqrt{3}}{2} + \dfrac{\sqrt{3}}{2} = \sqrt{3}$

問2　$\sin^2 A + \cos^2 A = 1$　に　$\cos A = -\dfrac{12}{13}$　を代入。

$\sin^2 A + \left(-\dfrac{12}{13}\right) \times \left(-\dfrac{12}{13}\right) = 1$

$\sin^2 A = 1 - \dfrac{144}{169} = \dfrac{25}{169}$　　　$90° < A < 180°$　なので　$\sin A > 0$　より

$\sin A = \dfrac{5}{13}$　…答

$\tan A = \dfrac{\sin A}{\cos A} = \dfrac{\dfrac{5}{13}}{-\dfrac{12}{13}} = -\dfrac{5}{13} \div \dfrac{12}{13} = -\dfrac{5}{13} \times \dfrac{13}{12} = -\dfrac{5}{12}$　…答

問3　$\sin^2 A + \cos^2 A = 1$　に　$\sin A = \dfrac{3}{5}$　を代入。

$\left(\dfrac{3}{5}\right) \times \left(\dfrac{3}{5}\right) + \cos^2 A = 1$

$\cos^2 A = 1 - \dfrac{9}{25} = \dfrac{16}{25}$　　　$0° < A < 90°$　なので　$\cos A > 0$　より

$\cos A = \dfrac{4}{5}$　…答

$\tan A = \dfrac{\sin A}{\cos A} = \dfrac{\dfrac{3}{5}}{\dfrac{4}{5}} = \dfrac{3}{5} \div \dfrac{4}{5} = \dfrac{3}{5} \times \dfrac{5}{4} = \dfrac{3}{4}$　…答

$\sin\theta = \dfrac{y}{r}$、$\cos\theta = \dfrac{x}{r}$、$\tan\theta = \dfrac{y}{x}$

式に当てはめて
ドンドン計算してみよう！

1 1次不等式

● チャレンジ！その2 ➡ 不等式を解く ●

解き方のおさらい

例 ① $2x > 4$ ② $-2x > 4$ を解いてください。

① $2x > 4$

両辺に $\frac{1}{2}$ をかける。

$$\frac{1}{2} \times 2x > 4 \times \frac{1}{2}$$

$$x > 2$$

両辺に同じ正の数をかけても、不等号の向きは変わらない。

② $-2x > 4$

両辺に $-\frac{1}{2}$ をかける。

$$-\frac{1}{2} \times (-2x) < 4 \times \left(-\frac{1}{2}\right)$$

$$x < -2$$

両辺に同じ負の数をかけると、不等号の向きが変わる。

例 $3 < 5 + 2x$ を解いてください。

移項

$$-2x < 5 - 3$$

$$-2x < 2$$

$$x > 2 \times \left(-\frac{1}{2}\right)$$

両辺に同じ負の数 $-\frac{1}{2}$ をかける。
このとき、不等号の向きが変わる。

$$x > -1$$

やってみよう！

問題 次の不等式を解いてください。

① $-6x - 8 > 28$

② $-5x + 2 > -8x + 23$

③ $5(x - 1) \leqq 10(x + 1)$

④ $3x - 18 < -2(x + 4)$

⑤ $7(x - 4) \geqq 6(2x - 3) + 15$

⑥ $\dfrac{1}{5}x - \dfrac{1}{10} > \dfrac{1}{4}x + \dfrac{3}{4}$

⑦ $-\dfrac{1}{3}x - 2 > \dfrac{1}{5}x - 10$

答と解説

① $-6x - 8 > 28$
　$-6x > 28 + 8$
　$-6x > 36$
　$x < 36 \times \left(-\dfrac{1}{6}\right)$
　$x < -6$ …答

② $-5x + 2 > -8x + 23$
　$-5x + 8x > -2 + 23$
　$3x > 21$
　$x > 7$

③ $5(x - 1) \leqq 10(x + 1)$
　$5x - 5 \leqq 10x + 10$
　$5x - 10x \leqq 10 + 5$
　$-5x \leqq 15$
　$x \geqq 15 \times \left(-\dfrac{1}{5}\right)$
　$x \geqq -3$ …答

④ $3x - 18 < -2(x + 4)$
　$3x - 18 < -2x - 8$
　$3x + 2x < 18 - 8$
　$5x < 10$
　$x < 2$ …答

266

⑤ $7(x-4) \geqq 6(2x-3)+15$
   $7x-28 \geqq 12x-18+15$
   $7x-12x \geqq 28-18+15$
    $-5x \geqq 25$
     $x \leqq -5$ …答

⑥ $\dfrac{1}{5}x - \dfrac{1}{10} > \dfrac{1}{4}x + \dfrac{3}{4}$
両辺に 20 をかける
$$20\left(\dfrac{1}{5}x - \dfrac{1}{10}\right) > 20\left(\dfrac{1}{4}x + \dfrac{3}{4}\right)$$
   $4x - 2 > 5x + 15$
   $4x - 5x > 2 + 15$
    $-x > 17$
     $x < -17$ …答

⑦ $-\dfrac{1}{3}x - 2 > \dfrac{1}{5}x - 10$
両辺に 15 をかける
$$15\left(-\dfrac{1}{3}x - 2\right) > 15\left(\dfrac{1}{5}x - 10\right)$$
   $-5x - 30 > 3x - 150$
   $-5x - 3x > -150 + 30$
    $-8x > -120$
     $x < 15$ …答

● チャレンジ！その2 ➡ 不等式を解く ●

2 2次関数とx軸の共有点の個数

解き方のおさらい

● 2次関数 $y = ax^2 + bx + c$ と x 軸の関係は、
$ax^2 + bx + c = 0$ の判別式 D を調べて、

$D > 0$ なら共有点 2
$D = 0$ なら共有点 1
$D < 0$ なら共有点 0

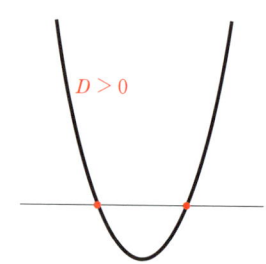

$D > 0$ $D = 0$ $D < 0$

例 $y = x^2 - 5x + 6$ と x 軸の共有点の個数を調べてください。

$x^2 - 5x + 6 = 0$ の判別式を調べます。
$D = b^2 - 4ac = (-5)^2 - 4 \times (1) \times (6) = 1 > 0$
だから、共有点の個数は 2個です。

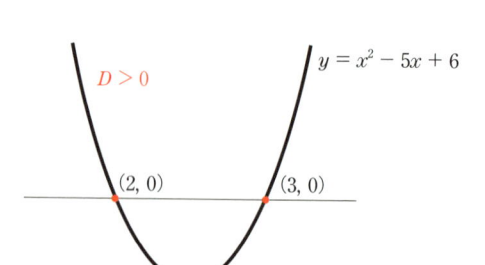

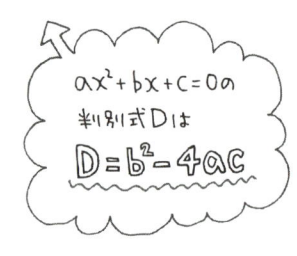

$D > 0$ $y = x^2 - 5x + 6$
(2, 0)　(3, 0)

> $ax^2 + bx + c = 0$の判別式Dは
> $D = b^2 - 4ac$

やってみよう!

例 次の2次関数とx軸との共有点の数を求めてください。

① $y = x^2 - 6x + 9$

② $y = x^2 - x - 2$

③ $y = x^2 - 3x + 5$

答と解説

① $D = b^2 - 4ac = (-6)^2 - 4 \times (1) \times (9) = 0$　共有点　1

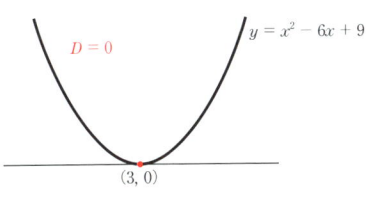

$D = 0$　　　　$y = x^2 - 6x + 9$

$(3, 0)$

② $D = b^2 - 4ac = (-1)^2 - 4 \times (1) \times (-2) = 9 > 0$　共有点　2

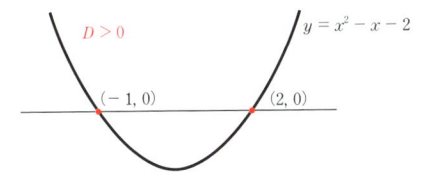

$D > 0$　　　　$y = x^2 - x - 2$

$(-1, 0)$　　$(2, 0)$

③ $D = b^2 - 4ac = (-3)^2 - 4 \times (1) \times (5) = 9 - 20 = -11 < 0$　共有点　0

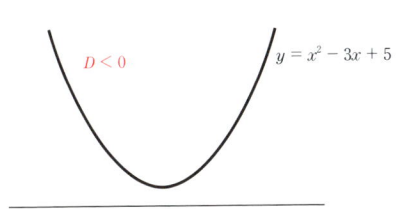

$D < 0$　　　　$y = x^2 - 3x + 5$

● チャレンジ！ その２ ➡ 不等式を解く ●

3 ２次関数と x 軸の共有点

解き方のおさらい

例　$y = x^2 - 2x + 1$　と x 軸の共有点の個数を調べ、共有点があれば求めてください。そしてグラフを書いてください。

$x^2 - 2x + 1 = 0$　の判別式
$$D = b^2 - 4ac = (-2)^2 - 4 \times (1) \times (1) = 0$$
共有点の個数は　1個

$x^2 - 2x + 1 = 0$　を解の公式で解きます。

$$x = \frac{-(-2) \pm \sqrt{(-2)^2 - 4 \times 1 \times 1}}{2 \times 1} = \frac{2 \pm \sqrt{4-4}}{2}$$

$$= \frac{2 \pm \sqrt{0}}{2} = \frac{2}{2} = 1$$

共有点は $(1, 0)$

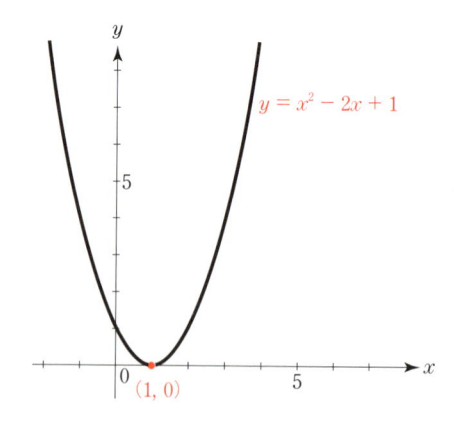

やってみよう！

問1 $y = x^2 - 5x + 6$ と x 軸の共有点の個数を調べ、共有点があれば求めてください。そしてグラフを書いてください。

問2 $y = x^2 - 2x + 3$ と x 軸の共有点の個数を調べ、共有点があれば求めてください。そしてグラフを書いてください。

答と解説

問1　$x^2 - 5x + 6 = 0$
　　　$D = b^2 - 4ac = (-5)^2 - 4 \times (1) \times (6) = 1 > 0$　共有点　2個

$$x = \frac{-(-5) \pm \sqrt{(-5)^2 - 4 \times 1 \times 6}}{2 \times 1} = \frac{5 \pm \sqrt{25 - 24}}{2} = \frac{5 \pm \sqrt{1}}{2} = \frac{5 \pm 1}{2}$$

$x = \dfrac{5-1}{2} = 2$　　$x = \dfrac{5+1}{2} = 3$

共有点は $(2, 0)$　$(3, 0)$　　　　　［グラフは下］

問2　$x^2 - 2x + 3 = 0$
　　　$D = b^2 - 4ac = (-2)^2 - 4 \times (1) \times (3) = -8 < 0$　共有点　0個

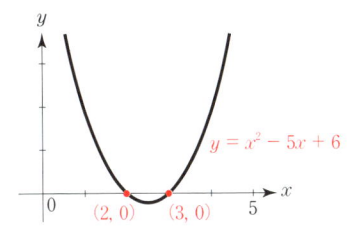

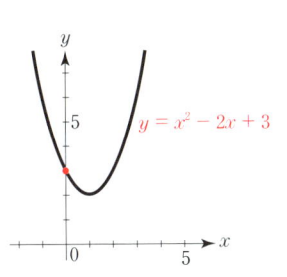

● チャレンジ！その2 ➡ 不等式を解く ●

4 2次不等式をグラフで解く

解き方のおさらい

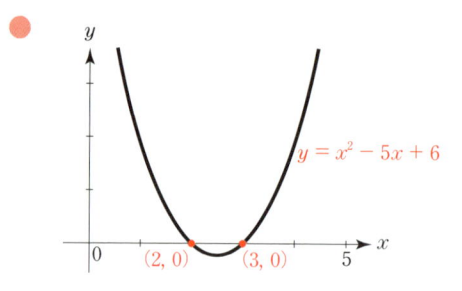

●

$y = x^2 - 5x + 6$ のグラフが上図のとき、
$x^2 - 5x + 6 < 0$ の解は、$y = x^2 - 5x + 6$ のグラフが
x 軸より下にある x の範囲（x 軸上の赤い線で示した範囲）で
$2 < x < 3$

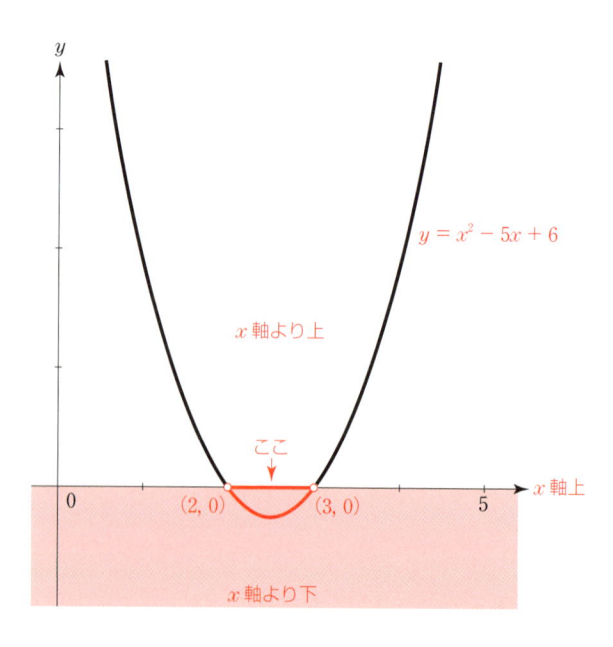

$x^2 - 5x + 6 \geqq 0$ の解は、$y = x^2 - 5x + 6$ のグラフが x 軸より上にあるか、x 軸上にある x の範囲（x 軸上の赤い線で示した範囲） $x \leqq 2, \ x \geqq 3$

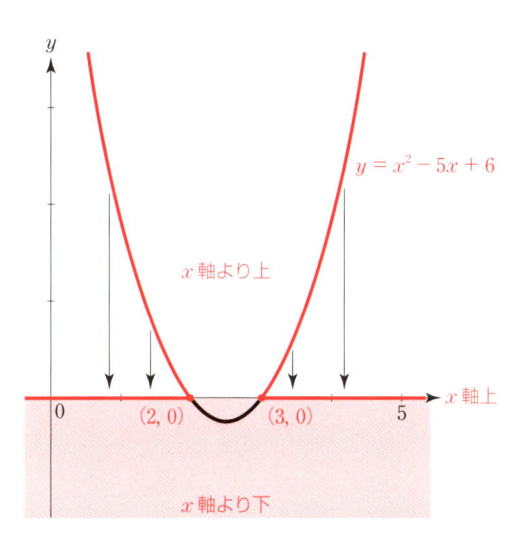

● 最初から2次不等式を解く場合、以下の流れで解きます。

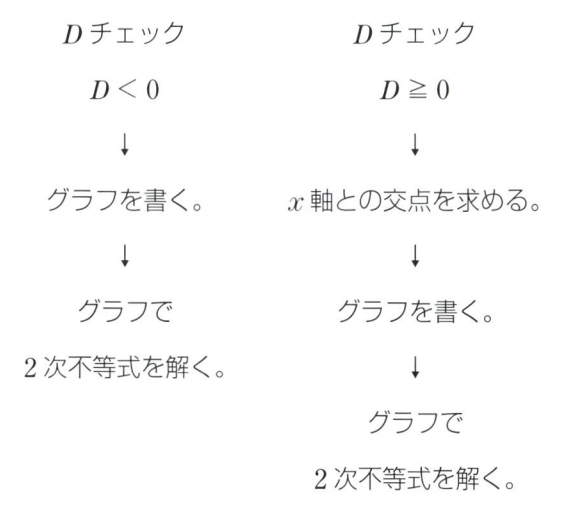

D チェック D チェック

$D < 0$ $D \geqq 0$

↓   ↓

グラフを書く。 x 軸との交点を求める。

↓   ↓

グラフで   グラフを書く。

2次不等式を解く。 ↓

           グラフで

           2次不等式を解く。

例 $x^2 - 4x + 5 > 0$ を解いてください。

$x^2 - 4x + 5 = 0$ の判別式

$D = (-4)^2 - 4 \times 1 \times 5 = 16 - 20 = -4$

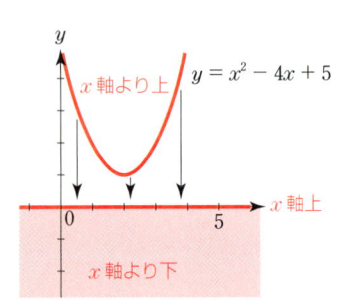

Dチェック
↓
$D < 0$

↓

グラフを書く

↓

2次不等式を解く

$x^2 - 4x + 5 > 0$ の解は
$y = x^2 - 4x + 5$ のグラフが
x軸より上にあるxの範囲(x軸上の赤い線で示した範囲)。
xはすべての実数。

補足 $x^2 - 4x + 5 < 0$ を解いてくださいなら、
グラフを書いた後…

$x^2 - 4x + 5 < 0$ の解は、$y = x^2 - 4x + 5$ のグラフが
x軸より下にあるxの範囲(そんな範囲はありませんから)で、
【解なし】 となります。

やってみよう！

問 1 $x^2 - 3x + 2 > 0$ を解いてください。

> D チェック → $D \geqq 0$ → x 軸との交点 → グラフを書く → 不等式を解く の流れで解いてください。

問 2 問 1 のグラフを用いて $x^2 - 3x + 2 < 0$ を解いてください。

問 3 $x^2 - 4x + 4 > 0$ を解いてください。

> D チェック → $D \geqq 0$ → x 軸との交点 → グラフを書く → 不等式を解く の流れで解いてください。

問 4 問 3 のグラフを用いて $x^2 - 4x + 4 < 0$ を解いてください。

答と解説

問1　$x^2 - 3x + 2 = 0$　の判別式

$$D = (-3)^2 - 4 \times 1 \times 2 = 9 - 8 = 1 > 0$$

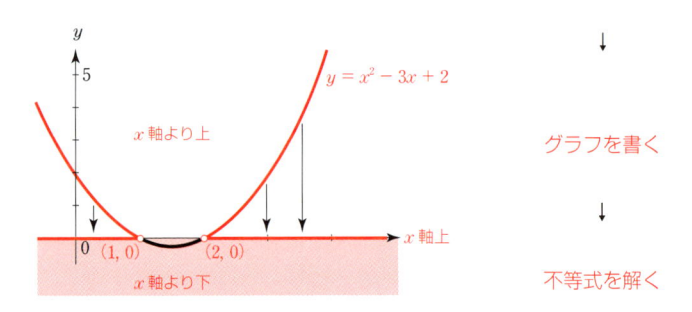

Dチェック
↓
$D > 0$
交点2

$$x = \frac{-(-3) \pm \sqrt{(-3)^2 - 4 \times 1 \times 2}}{2 \times 1} = \frac{3 \pm 1}{2}$$

$$x = \frac{3-1}{2} = 1 \qquad x = \frac{3+1}{2} = 2$$

交点は$(1, 0)$ $(2, 0)$

↓

交点を求める

↓

グラフを書く

↓

不等式を解く

$x^2 - 3x + 2 > 0$　の解は　$y = x^2 - 3x + 2$　のグラフが
x軸より上にあるxの範囲（x軸上の赤い線で示した範囲）
$x < 1$　,　$x > 2$　…答

問2　$x^2 - 3x + 2 < 0$　の解は　$y = x^2 - 3x + 2$　のグラフが
x軸より下にあるxの範囲　　$1 < x < 2$　…答

問3 $x^2 - 4x + 4 = 0$ の判別式

$D = (-4)^2 - 4 \times 1 \times 4 = 0$

$Dチェック$
$\downarrow$
$D = 0$
交点1

$\downarrow$

$x = \dfrac{-(-4) \pm \sqrt{(-4)^2 - 4 \times 1 \times 4}}{2 \times 1} = \dfrac{4}{2} = 2$

交点は$(2, 0)$

交点を求める

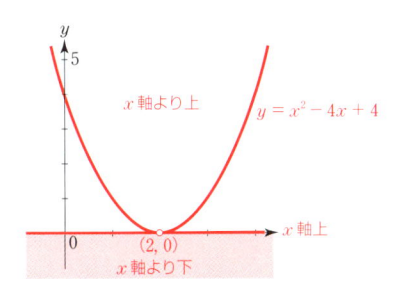

$\downarrow$

グラフを書く

$\downarrow$

不等式を解く

$x^2 - 4x + 4 > 0$ の解は $y = x^2 - 4x + 4$ のグラフが x 軸より上にある x の範囲（x 軸上の赤い線で示した範囲） $x \neq 2$ …答

問4 $x^2 - 4x + 4 < 0$ の解は $y = x^2 - 4x + 4$ のグラフが
x 軸より下にはないので　　解なし …答

1 微分（その1）

●チャレンジ！その3 ➡ 微分●

解き方のおさらい

● $f(x) = x^2 + 2x$ のとき、$f(2)$ は次のように計算します。

$$f(2) = (2)^2 + 2 \times (2) = 4 + 4 = 8$$

● $f(x) = x^2$ のとき

$$\frac{f(4) - f(2)}{4 - 2} = \frac{(4)^2 - (2)^2}{4 - 2} = \frac{16 - 4}{2} = 6$$

やってみよう！

問1 $f(x) = x^3 + 3x$ のとき、$f(3)$ を求めてください。

問2 $f(x) = x^2 - 2x + 6$ のとき、$f(-2)$ を求めてください。

問3 $f(x) = x^2$ のとき、$f(x+h)$ を求めてください。

問4 $f(x) = x^2$ のとき、$\dfrac{f(3) - f(1)}{3 - 1}$ を計算してください。

問5 $f(x) = x^2$ のとき、$\dfrac{f(x+h) - f(x)}{(x+h) - x}$ を計算してください。

問6 $f(x) = 3x^2$ のとき、$\dfrac{f(x+h) - f(x)}{(x+h) - x}$ を計算してください。

答と解説

問1 $f(x) = x^3 + 3x$
$f(3) = (3)^3 + 3\times(3) = 3\times 3\times 3 + 9 = 27 + 9 = 36$

問2 $f(x) = x^2 - 2x + 6$
$f(-2) = (-2)^2 - 2\times(-2) + 6 = 4 + 4 + 6 = 14$

問3 $f(x) = x^2$
$f(x+h) = (x+h)^2 = (x+h)(x+h) = x^2 + hx + hx + h^2 = x^2 + 2hx + h^2$

問4 $f(x) = x^2$
$$\frac{f(3)-f(1)}{3-1} = \frac{(3)^2-(1)^2}{3-1} = \frac{9-1}{2} = 4$$

問5 $f(x) = x^2$
$$\frac{f(x+h)-f(x)}{(x+h)-x} = \frac{(x+h)^2-x^2}{h} = \frac{x^2+2hx+h^2-x^2}{h} = \frac{2hx+h^2}{h} = 2x+h$$

問6 $f(x) = 3x^2$
$$\frac{f(x+h)-f(x)}{(x+h)-x} = \frac{3(x+h)^2-3x^2}{(x+h)-x} = \frac{3(x^2+2hx+h^2)-3x^2}{h}$$
$$= \frac{3x^2+6hx+3h^2-3x^2}{h} = \frac{6hx+3h^2}{h} = 6x+3h$$

2 微分 (その２)

● チャレンジ！その３ ➡ 微分

解き方のおさらい

● $f(x) = x^2$ のとき

$$f'(2) = \lim_{h \to 0} \frac{f(2+h) - f(2)}{h} = \lim_{h \to 0} \frac{(2+h)^2 - (2)^2}{h}$$

$$= \lim_{h \to 0} \frac{4 + 4h + h^2 - 4}{h}$$

$$= \lim_{h \to 0} \frac{4h + h^2}{h} = \lim_{h \to 0} (4 + h) = 4$$

限りなくhを0に近づけるイメージ
$4 + 0.000\cdots = 4$（と言っていいでしょう）

$y = f(x) = x^2$

$(2, f(2))$

$f'(2)$は
この接線の傾きです

● $f(x) = x^2$ のとき

$$f'(x) = \lim_{h \to 0} \frac{f(x+h) - f(x)}{h} = \lim_{h \to 0} \frac{(x+h)^2 - (x)^2}{h}$$

$$= \lim_{h \to 0} \frac{x^2 + 2hx + h^2 - x^2}{h}$$

$$= \lim_{h \to 0} \frac{2hx + h^2}{h} = \lim_{h \to 0} (2x + h) = 2x$$

$f'(x)$を求めることが微分です。

図：$y=f(x)=x^2$ のグラフ、点 $(x, f(x))$ での接線。$f'(x)$ はこの接線の傾きです。

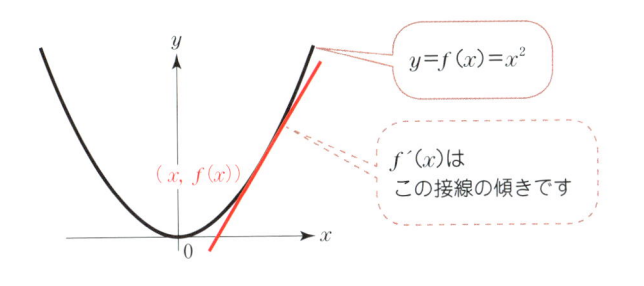

やってみよう！

問1 $f'(3)$ を求める式を書いてください。

問2 $f'(a)$ を求める式を書いてください。

問3 $f(x)=2x^2$ を微分してください（$=f'(x)$ を求めてください）。さらに $f'(x)$ を使って、$f'(3)$ を求めてください。そして $\lim$ の式で $f'(3)$ を求めてください。

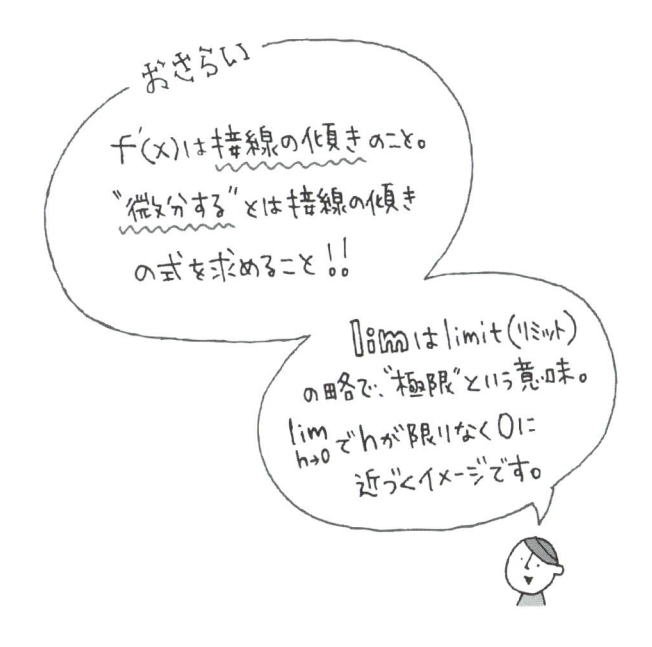

> おさらい
> $f'(x)$ は接線の傾きのこと。
> "微分する" とは接線の傾きの式を求めること！！

> $\lim$ は limit（リミット）の略で、"極限" という意味。
> $\lim_{h \to 0}$ で h が限りなく 0 に近づくイメージです。

答と解説

問1　$f'(3) = \lim_{h \to 0} \dfrac{f(3+h) - f(3)}{h}$

問2　$f'(a) = \lim_{h \to 0} \dfrac{f(a+h) - f(a)}{h}$

問3　$f'(x) = \lim_{h \to 0} \dfrac{f(x+h) - f(x)}{h} = \lim_{h \to 0} \dfrac{2(x+h)^2 - 2(x)^2}{h}$

$\qquad\qquad\qquad\qquad\quad = \lim_{h \to 0} \dfrac{2(x^2 + 2hx + h^2) - 2x^2}{h}$

$\qquad\qquad\qquad\qquad\quad = \lim_{h \to 0} \dfrac{2x^2 + 4hx + 2h^2 - 2x^2}{h}$

$\qquad\qquad\qquad\qquad\quad = \lim_{h \to 0} (4x + 2h) = 4x$

$f'(x) = 4x$ に $x = 3$ を代入することで
$f'(3) = 4 \times 3 = 12$

$f'(3) = \lim_{h \to 0} \dfrac{f(3+h) - f(3)}{h} = \lim_{h \to 0} \dfrac{2 \times (3+h)^2 - 2 \times (3)^2}{h}$

$\qquad\qquad\qquad\qquad\quad = \lim_{h \to 0} \dfrac{2 \times (9 + 6h + h^2) - 2 \times 9}{h}$

$\qquad\qquad\qquad\qquad\quad = \lim_{h \to 0} \dfrac{18 + 12h + 2h^2 - 18}{h}$

$\qquad\qquad\qquad\qquad\quad = \lim_{h \to 0} (12 + 2h) = 12$

3 微分 (その3)

チャレンジ！その3 ➡ 微分

解き方のおさらい

● 微分とは

$f'(x) = \lim_{h \to 0} \dfrac{f(x+h) - f(x)}{h}$ を計算することです。

計算は省略しますが、微分に関する以下の公式が得られます。

$f(x) = x^n$ のとき、$f'(x) = (x^n)' = nx^{n-1}$

(x^n) を微分するという意味です。

ここが公式です。具体的に見て行けばすぐに慣れます。

例 ① $(x^7)'$ ② $(x^6)'$ を求めてください。

① $(x^n)' \to nx^{n-1}$ ($n=7$) より $(x^7)' = 7x^{7-1} = 7x^6$

② $(x^n)' \to nx^{n-1}$ ($n=6$) より $(x^6)' = 6x^{6-1} = 6x^5$

● $C' = 0$

Cは"定数"のこと。

やってみよう！

問題 ① $(x^5)'$ ② $(x^4)'$ ③ $(x^3)'$ ④ $(x^2)'$

⑤ $(x)'$ ⑥ $(7)'$ を求めてください。

答と解説

① $(x^n)' \to nx^{n-1}$ ($n=5$) より $(x^5)' = 5x^{5-1} = 5x^4$

② $(x^n)' \to nx^{n-1}$ ($n=4$) より $(x^4)' = 4x^{4-1} = 4x^3$

③ $(x^n)' \to nx^{n-1}$ ($n=3$) より $(x^3)' = 3x^{3-1} = 3x^2$

④ $(x^n)' \to nx^{n-1}$ ($n=2$) より $(x^2)' = 2x^{2-1} = 2x$

⑤ $(x^n)' \to nx^{n-1}$ ($n=1$) より $(x^1)' = 1x^{1-1} = x^0 = 1$

⑥ $C' = 0$ より $(7)' = 0$

● チャレンジ！その3 ➡ 微分 ●

3 微分（その4）

> 解き方のおさらい

● ここでは式の微分をやります。

例 $f(x) = 8x^2$ を微分してください。

$$f'(x) = (8x^2)' = 8 \times (x^2)'$$
$$= 8 \times (2x) = 16x$$

係数を前に出して微分します。

例 $f(x) = -4x^2 + 12x$ を微分してください。

$$f'(x) = (-4x^2 + 12x)'$$
$$= (-4x^2)' + (12x)'$$
$$= -4 \times (2x) + 12 \times (1) = -8x + 12$$

別々に微分します。

> やってみよう！

問題 微分してください。

① $f(x) = 12x^2$

② $f(x) = -5x^2 + 8x$

③ $f(x) = 3x^2 + 6x + 6$

④ $f(x) = 2x(x + 3)$

⑤ $f(x) = (x + 2)(x + 3)$

答と解説

① $f'(x) = (12x^2)' = 12 \times (x^2)' = 12 \times (2x) = 24x$

② $f'(x) = (-5x^2 + 8x)'$
$= (-5x^2)' + (8x)'$
$= -5 \times (x^2)' + 8 \times (x)' = -5 \times (2x) + 8 \times (1) = -10x + 8$

③ $f'(x) = (3x^2 + 6x + 6)'$
$= 3 \times (x^2)' + 6 \times (x)' + (6)'$
$= 3 \times (2x) + 6 \times (1) + 0 = 6x + 6$

④ まず $f(x) = 2x(x+3) = 2x^2 + 6x$ と展開します。
$f'(x) = (2x^2 + 6x)'$
$= (2x^2)' + (6x)' = 2 \times (2x) + 6 \times (1) = 4x + 6$

⑤ $f(x) = (x+2)(x+3) = x^2 + 5x + 6$ と展開します。
$f'(x) = (x^2 + 5x + 6)' = (x^2)' + 5 \times (x)' + (6)'$
$= 2x + 5 \times (1) + 0 = 2x + 5$

● チャレンジ！その4 ➡ 積分

1 不定積分（その1）

解き方のおさらい

● $\int x\,dx$（インテグラル・エックス・ディーエックス）

$\int x^2\,dx$（インテグラル・エックス2乗・ディーエックス）

… などを不定積分と言います。

● $\int x\,dx$（インテグラル・エックス・ディーエックス）は

微分して x になる式は　という意味です。

● $\int dx = x + C$　　（C は定数）

微分して確かめましょう。

$(x + C)' = (x)' + (C)' = 1 + 0 = 1$　だから

$x + C$ は微分して1になる式　$\int 1\,dx = \int dx$　結局

$\int dx = x + C$　　（C は定数）

$\int$ の読み方と意味を一応おさえたら さあ、次に進もう！

やってみよう!

問題 ① $\dfrac{1}{2}x^2 + C$ を微分して $\displaystyle\int x\,dx = \dfrac{1}{2}x^2 + C$

② $\dfrac{1}{3}x^3 + C$ を微分して $\displaystyle\int x^2\,dx = \dfrac{1}{3}x^3 + C$

③ $\dfrac{1}{4}x^4 + C$ を微分して $\displaystyle\int x^3\,dx = \dfrac{1}{4}x^4 + C$

を確かめてください(C は定数)。

答と解説

① $\left(\dfrac{1}{2}x^2 + C\right)' = \left(\dfrac{1}{2}x^2\right)' + (C)' = \dfrac{1}{2}\times(x^2)' + 0 = \dfrac{1}{2}\times(2x) = x$

$\dfrac{1}{2}x^2 + C$ は微分して x になる式 $\displaystyle\int x\,dx$ 結局

$\displaystyle\int x\,dx = \dfrac{1}{2}x^2 + C$ (C は定数)

② $\left(\dfrac{1}{3}x^3 + C\right)' = \left(\dfrac{1}{3}x^3\right)' + (C)' = \dfrac{1}{3}(x^3)' + 0 = \dfrac{1}{3}\times(3x^2) = x^2$

$\displaystyle\int x^2\,dx = \dfrac{1}{3}x^3 + C$ (C は定数)

③ $\left(\dfrac{1}{4}x^4 + C\right)' = \left(\dfrac{1}{4}x^4\right)' + (C)' = \dfrac{1}{4}\times(x^4)' + 0 = \dfrac{1}{4}\times(4x^3) = x^3$

$\displaystyle\int x^3\,dx = \dfrac{1}{4}x^4 + C$ (C は定数)

● チャレンジ！その4 ➡ 積分 ●

2 不定積分（その2）

解き方のおさらい

● 前項の結果をまとめます。

$$\int dx = x + C \qquad \int x\,dx = \frac{1}{2}x^2 + C$$

$$\int x^2\,dx = \frac{1}{3}x^3 + C \qquad \int x^3\,dx = \frac{1}{4}x^4 + C \qquad (C は定数)$$

これが不定積分の公式です。これを使って式の不定積分をします。

例 $\int 6x\,dx$ を計算してください。

$$\int 6x\,dx = 6\int x\,dx \qquad \text{係数を前に出す。}$$
$$= 6 \times \left(\frac{1}{2}x^2\right) + C \qquad \int x\,dx = \frac{1}{2}x^2 + C$$
$$= 3x^2 + C \qquad (C は定数)$$

例 $\int (9x^2 + 2)\,dx$ を計算してください。

$$\int (9x^2 + 2)\,dx = \int 9x^2\,dx + \int 2\,dx \qquad \text{分けて積分}$$
$$= 9\int x^2\,dx + 2\int dx$$
$$= 9 \times \left(\frac{1}{3}x^3\right) + 2 \times x + C \qquad \begin{array}{l}\int x^2\,dx = \frac{1}{3}x^3 + C \\ \int dx = x + C\end{array}$$
$$= 3x^3 + 2x + C$$

やってみよう！

問題 次の計算をしてください。

① $\int 16x^3 dx$

② $\int (x+5)dx$

③ $\int (15x^2+6x+3)dx$

④ $\int (x+5)(x-8)dx$

⑤ $\int (2x+5)(x^2-8)dx$

答と解説

① $\displaystyle\int 16x^3 dx = 16\int x^3 dx = 16\times\left(\frac{1}{4}x^4\right)+C$
$\qquad\qquad\qquad = 4x^4+C \qquad (C\text{は定数})$

② $\displaystyle\int (x+5)dx = \int x dx + \int 5 dx = \frac{1}{2}x^2+5x+C \qquad (C\text{は定数})$

③ $\displaystyle\int (15x^2+6x+3)dx = \int 15x^2 dx + \int 6x dx + \int 3 dx$
$\qquad\qquad\qquad\qquad = 15\int x^2 dx + 6\int x dx + 3\int dx$
$\qquad\qquad\qquad\qquad = 15\times\left(\frac{x^3}{3}\right) + 6\times\left(\frac{x^2}{2}\right) + 3x + C$
$\qquad\qquad\qquad\qquad = 5x^3 + 3x^2 + 3x + C \qquad (C\text{は定数})$

④ まず$(x+5)(x-8)$を展開します。
$(x+5)(x-8) = x^2-8x+5x-40 = x^2-3x-40$
$\displaystyle\int (x+5)(x-8)dx = \int (x^2-3x-40)dx$
$\qquad\qquad\qquad = \int x^2 dx - 3\int x dx - 40\int dx$
$\qquad\qquad\qquad = \frac{1}{3}x^3 - 3\times(\frac{1}{2}x^2) - 40x + C$
$\qquad\qquad\qquad = \frac{1}{3}x^3 - \frac{3}{2}x^2 - 40x + C \qquad (C\text{は定数})$

⑤ まず$(2x+5)(x^2-8)$を展開します。
$(2x+5)(x^2-8) = 2x^3-16x+5x^2-40 = 2x^3+5x^2-16x-40$
$\displaystyle\int (2x+5)(x^2-8)dx = \int (2x^3+5x^2-16x-40)dx$
$\qquad\qquad\qquad = 2\int x^3 dx + 5\int x^2 dx - 16\int x dx - 40\int dx$
$\qquad\qquad\qquad = 2\times(\frac{1}{4}x^4) + 5\times(\frac{1}{3}x^3) - 16\times(\frac{1}{2}x^2) - 40x + C$
$\qquad\qquad\qquad = \frac{1}{2}x^4 + \frac{5}{3}x^3 - 8x^2 - 40x + C \qquad (C\text{は定数})$

● チャレンジ！その4 ➡ 積分

3 定積分

解き方のおさらい

● $\int_3^5 x\,dx$（インテグラル3から5まで・エックスディーエックス）

$\int_{-1}^5 x^2\,dx$（インテグラル－1から5まで・エックス2乗ディーエックス）

$\int_{-2}^3 (3x^2 + 2x)\,dx$ … などを定積分と言います。

例 $\left[x\right]_2^4$ を計算してください。

x に上の数字4を入れ、そして下の数字2を入れてひきます。

$$\left[x\right]_2^4 = (4) - (2) = 2$$

例 $\int_4^8 x\,dx$ を計算してください。

不定積分 $\int x\,dx = \frac{1}{2}x^2 + C$

の C を省いた $\frac{1}{2}x^2$ を使って、以下のように計算します。

$$\int_4^8 x\,dx = \left[\frac{1}{2}x^2\right]_4^8 = \frac{1}{2} \times (8)^2 - \frac{1}{2} \times (4)^2$$

$$= \frac{1}{2} \times 64 - \frac{1}{2} \times 16$$

$$= 32 - 8 = 24$$

やってみよう!

問1 ① $\left[8x\right]_{-4}^{5}$ ② $\left[5x^2\right]_{-2}^{6}$ を計算してください。

問2 以下の計算をしてください。

① $\displaystyle\int_{-2}^{2} 9x^2 dx$

② $\displaystyle\int_{2}^{3} (3x^2+2x)dx$

③ $\displaystyle\int_{1}^{4} (12x^3+2)dx$

答と解説

問1 ① $\left[8x\right]_{-4}^{5} = 8\times(5) - 8\times(-4) = 40 + 32 = 72$

② $\left[5x^2\right]_{-2}^{6} = 5\times(6)^2 - 5\times(-2)^2 = 180 - 20 = 160$

問2 ① $\displaystyle\int_{-2}^{2} 9x^2 dx$

$= 9\displaystyle\int_{-2}^{2} x^2 dx$

$= 9 \times \left[\dfrac{1}{3}x^3\right]_{-2}^{2}$

$= 9 \times \left\{\dfrac{1}{3}\times(2)^3 - \dfrac{1}{3}\times(-2)^3\right\}$

$= 9 \times \left(\dfrac{8}{3} + \dfrac{8}{3}\right) = 48$

② $\int_2^3 (3x^2 + 2x)\,dx$

$= \int_2^3 3x^2 dx + \int_2^3 2x dx$

$= 3\int_2^3 x^2 dx + 2\int_2^3 x dx$

$= 3 \times \left[\dfrac{1}{3}x^3\right]_2^3 + 2 \times \left[\dfrac{1}{2}x^2\right]_2^3$

$= 3 \times \left\{\dfrac{1}{3} \times (3)^3 - \dfrac{1}{3} \times (2)^3\right\} + 2 \times \left\{\dfrac{1}{2} \times (3)^2 - \dfrac{1}{2} \times (2)^2\right\}$

$= 3 \times \left(\dfrac{27-8}{3}\right) + 2 \times \left(\dfrac{9-4}{2}\right) = 19 + 5 = 24$

③ $\int_1^4 (12x^3 + 2)\,dx$

$= \int_1^4 12x^3 dx + \int_1^4 2 dx$

$= 12\int_1^4 x^3 dx + 2\int_1^4 dx$

$= 12 \times \left[\dfrac{1}{4}x^4\right]_1^4 + 2 \times \left[x\right]_1^4$

$= 12 \times \left\{\dfrac{1}{4} \times (4)^4 - \dfrac{1}{4} \times (1)^4\right\} + 2 \times \{(4) - (1)\}$

$= 12 \times \left(\dfrac{256-1}{4}\right) + 6 = 765 + 6 = 771$

実践編・解答

1 たし算の筆算 (p.184)
① 132　② 143　③ 1430　④ 1433　⑤ 15334　⑥ 15624

2 ひき算の筆算 (p.185)
① 15　② 726　③ 246　④ 4267　⑤ 1682　⑥ 1693

小テスト　第1回 (p.186)
問1 ① 190　② 4377　③ 89　④ 1758

問2 ①
```
    4 5
+   6 8
─────────
  1 1 3
```

②
```
    6 9 1 8
+   3 4 5 4
─────────
  1 0 3 7 2
```

③
```
    6 2
-   4 5
─────────
    1 7
```

④
```
    5 3 6 3
-   2 0 7 9
─────────
    3 2 8 4
```

3 かけ算の筆算 (p.187)
① 747　② 3015　③ 1665　④ 7636　⑤ 608172　⑥ 184338

4 わり算の筆算 (p.188)
① 商93　余り2　② 商155　余り4　③ 商26　余り27
④ 商17　余り28　⑤ 商136　余り27　⑥ 商67　余り411

小テスト　第2回 (p.189)
問1 ① 3870　② 277103　③ 商18　余り13　④ 商45　余り18

問2 ①
```
      2 3
×     1 7
─────────
    1 6 1
    2 3
─────────
    3 9 1
```
②1, 2 …と順番に入れていけば
①着目

②
```
        2 9
  2 5 ) 7 2 5
        5 0
      ─────
        2 2 5
        2 2 5
      ─────
            0
```
③末尾に着目
さしあたりわかるところ ①②を書き込む

295

5　計算の順序　(p.190)
① 58　② 533　③ 2　④ 21　⑤ 32　⑥ 125　⑦ 94

まとめテスト　第1回　(p.191)
① 1245　② 16899　③ 189　④ 251　⑤ 3848　⑥ 192501
⑦ 商13 余り36　⑧ 商30 余り2　⑨ 57　⑩ 36

6　分数のたし算　(p.192)
① $2\dfrac{4}{5}+4\dfrac{4}{5}=6\dfrac{8}{5}=7\dfrac{3}{5}$　　② $5\dfrac{5}{8}+1\dfrac{7}{8}=6\dfrac{12}{8}=7\dfrac{4}{8}=7\dfrac{1}{2}$

③ $\dfrac{2}{5}+\dfrac{1}{4}=\dfrac{8}{20}+\dfrac{5}{20}=\dfrac{13}{20}$　　④ $\dfrac{3}{8}+\dfrac{1}{3}=\dfrac{9}{24}+\dfrac{8}{24}=\dfrac{17}{24}$

⑤ $1\dfrac{3}{4}+2\dfrac{1}{3}=1\dfrac{9}{12}+2\dfrac{4}{12}=3\dfrac{13}{12}=4\dfrac{1}{12}$

⑥ $2\dfrac{4}{15}+3\dfrac{3}{20}=2\dfrac{16}{60}+3\dfrac{9}{60}=5\dfrac{25}{60}=5\dfrac{5}{12}$

⑦ $1\dfrac{3}{7}+2\dfrac{5}{8}=1\dfrac{24}{56}+2\dfrac{35}{56}=3\dfrac{59}{56}=4\dfrac{3}{56}$

⑧ $2\dfrac{3}{8}+3\dfrac{7}{12}=2\dfrac{9}{24}+3\dfrac{14}{24}=5\dfrac{23}{24}$

7　分数のひき算　(p.193)
① $\dfrac{3}{4}-\dfrac{2}{5}=\dfrac{15}{20}-\dfrac{8}{20}=\dfrac{7}{20}$　　② $\dfrac{4}{15}-\dfrac{2}{25}=\dfrac{20}{75}-\dfrac{6}{75}=\dfrac{14}{75}$

③ $2\dfrac{5}{6}-1\dfrac{1}{4}=2\dfrac{10}{12}-1\dfrac{3}{12}=1\dfrac{7}{12}$

④ $7\dfrac{2}{3}-1\dfrac{5}{7}=7\dfrac{14}{21}-1\dfrac{15}{21}=6\dfrac{35}{21}-1\dfrac{15}{21}=5\dfrac{20}{21}$

⑤ $5\dfrac{1}{3}-1\dfrac{3}{5}=5\dfrac{5}{15}-1\dfrac{9}{15}=4\dfrac{20}{15}-1\dfrac{9}{15}=3\dfrac{11}{15}$

⑥ $3\dfrac{2}{5}-2\dfrac{5}{6}=3\dfrac{12}{30}-2\dfrac{25}{30}=2\dfrac{42}{30}-2\dfrac{25}{30}=\dfrac{17}{30}$

⑦ $3\dfrac{1}{4}+2\dfrac{1}{5}-4\dfrac{5}{6}=3\dfrac{15}{60}+2\dfrac{12}{60}-4\dfrac{50}{60}=5\dfrac{27}{60}-4\dfrac{50}{60}=4\dfrac{87}{60}-4\dfrac{50}{60}=\dfrac{37}{60}$

⑧ $2\dfrac{1}{2}-1\dfrac{1}{3}+1\dfrac{3}{4}=2\dfrac{6}{12}-1\dfrac{4}{12}+1\dfrac{9}{12}=1\dfrac{2}{12}+1\dfrac{9}{12}=2\dfrac{11}{12}$

8 分数のかけ算・わり算 (p.194)

① $\dfrac{5}{12}\times 4=\dfrac{5\times 4}{12}=\dfrac{5}{3}=1\dfrac{2}{3}$

② $\dfrac{5}{42}\times 36=\dfrac{5\times 36}{42}=\dfrac{5\times 6}{7}=\dfrac{30}{7}=4\dfrac{2}{7}$

③ $3\dfrac{5}{12}\times 3=\dfrac{41\times 3}{12}=\dfrac{41}{4}=10\dfrac{1}{4}$

④ $\dfrac{5}{9}\times\dfrac{3}{35}=\dfrac{5\times 3}{9\times 35}=\dfrac{1}{3\times 7}=\dfrac{1}{21}$

⑤ $\dfrac{5}{24}\div\dfrac{7}{12}=\dfrac{5}{24}\times\dfrac{12}{7}=\dfrac{5\times 12}{24\times 7}=\dfrac{5}{2\times 7}=\dfrac{5}{14}$

⑥ $\dfrac{3}{8}\div 2\dfrac{1}{10}=\dfrac{3}{8}\div\dfrac{21}{10}=\dfrac{3}{8}\times\dfrac{10}{21}=\dfrac{3\times 10}{8\times 21}=\dfrac{5}{4\times 7}=\dfrac{5}{28}$

⑦ $\dfrac{3}{14}+\dfrac{5}{6}\times\dfrac{2}{7}=\dfrac{3}{14}+\dfrac{5}{21}=\dfrac{9}{42}+\dfrac{10}{42}=\dfrac{19}{42}$

⑧ $\left(\dfrac{5}{8}+\dfrac{5}{12}\right)\div\dfrac{10}{3}=\left(\dfrac{15}{24}+\dfrac{10}{24}\right)\div\dfrac{10}{3}=\dfrac{25}{24}\times\dfrac{3}{10}=\dfrac{25\times 3}{24\times 10}=\dfrac{5}{8\times 2}=\dfrac{5}{16}$

小テスト 第3回 (p.195)

① $1\dfrac{3}{5}+2\dfrac{3}{4}=1\dfrac{12}{20}+2\dfrac{15}{20}=3\dfrac{27}{20}=4\dfrac{7}{20}$

② $2\dfrac{2}{3}+3\dfrac{3}{7}=2\dfrac{14}{21}+3\dfrac{9}{21}=5\dfrac{23}{21}=6\dfrac{2}{21}$

③ $4\dfrac{1}{2}+2\dfrac{1}{3}-4\dfrac{1}{6}=4\dfrac{3}{6}+2\dfrac{2}{6}-4\dfrac{1}{6}=6\dfrac{5}{6}-4\dfrac{1}{6}=2\dfrac{4}{6}=2\dfrac{2}{3}$

④ $3\dfrac{1}{5}-1\dfrac{1}{2}+1\dfrac{3}{10}=3\dfrac{2}{10}-1\dfrac{5}{10}+1\dfrac{3}{10}=2\dfrac{12}{10}-1\dfrac{5}{10}+1\dfrac{3}{10}$

$=1\dfrac{7}{10}+1\dfrac{3}{10}=2\dfrac{10}{10}=3$

⑤ $4\dfrac{2}{15}\times 5=\dfrac{62\times 5}{15}=\dfrac{62}{3}=20\dfrac{2}{3}$

⑥ $\dfrac{14}{25}\times\dfrac{5}{7}=\dfrac{14\times 5}{25\times 7}=\dfrac{2}{5}$

⑦ $\dfrac{1}{2}+\dfrac{3}{8}\div\dfrac{3}{4}=\dfrac{1}{2}+\dfrac{3}{8}\times\dfrac{4}{3}=\dfrac{1}{2}+\dfrac{1}{2}=1$

⑧ $\left(\dfrac{5}{6}+\dfrac{5}{18}\right)\div\dfrac{10}{7}=\left(\dfrac{15}{18}+\dfrac{5}{18}\right)\div\dfrac{10}{7}=\dfrac{20}{18}\div\dfrac{10}{7}=\dfrac{20}{18}\times\dfrac{7}{10}=\dfrac{7}{9}$

9 □の逆算（その1） (p.196)

① $\square=\dfrac{1}{4}+\dfrac{1}{5}=\dfrac{9}{20}$

② $\square=\dfrac{2}{5}-\dfrac{1}{3}=\dfrac{1}{15}$

③ $\square=3\dfrac{1}{2}-2\dfrac{1}{3}=1\dfrac{1}{6}$

④ $\square=5\dfrac{7}{8}-3\dfrac{1}{3}=2\dfrac{13}{24}$

⑤ $\square=\dfrac{17}{20}+\dfrac{3}{5}=\dfrac{29}{20}=1\dfrac{9}{20}$

⑥ $\square=6\dfrac{1}{6}-4\dfrac{2}{5}=6\dfrac{5}{30}-4\dfrac{12}{30}=1\dfrac{23}{30}$

⑦ $\square = 5\frac{4}{9} - 5\frac{2}{5} = 5\frac{20}{45} - 5\frac{18}{45} = \frac{2}{45}$

⑧ $\square = 5\frac{1}{2} - 3\frac{1}{4} = 5\frac{2}{4} - 3\frac{1}{4} = 2\frac{1}{4}$

⑨ $\square = 1\frac{1}{6} \div 2\frac{1}{3} = \frac{7}{6} \div \frac{7}{3} = \frac{7}{6} \times \frac{3}{7} = \frac{1}{2}$

⑩ $\square = 1\frac{10}{11} \times 3\frac{1}{7} = \frac{21}{11} \times \frac{22}{7} = 6$

⑪ $\square = 4\frac{1}{8} \div 2\frac{3}{4} = \frac{33}{8} \div \frac{11}{4} = \frac{33}{8} \times \frac{4}{11} = \frac{3}{2} = 1\frac{1}{2}$

⑫ $\square = 4\frac{3}{5} \div 2\frac{3}{10} = \frac{23}{5} \div \frac{23}{10} = \frac{23}{5} \times \frac{10}{23} = 2$

10　□の逆算（その2）（p.197）

① $\left(\square - \frac{1}{3}\right) = \frac{1}{6} \times \frac{3}{4} = \frac{1}{8}$　　$\square = \frac{1}{8} + \frac{1}{3} = \frac{11}{24}$

② $\square \div \frac{7}{10} = \frac{3}{4} - \frac{1}{3} = \frac{5}{12}$　　$\square = \frac{5}{12} \times \frac{7}{10} = \frac{7}{24}$

③ $\left(\square - 4\frac{1}{5}\right) \times 2\frac{1}{4} = 6\frac{7}{8} - 2 = 4\frac{7}{8}$

$\left(\square - 4\frac{1}{5}\right) = 4\frac{7}{8} \div 2\frac{1}{4} = \frac{39}{8} \div \frac{9}{4} = \frac{39}{8} \times \frac{4}{9} = \frac{13}{6} = 2\frac{1}{6}$

$\square = 2\frac{1}{6} + 4\frac{1}{5} = 2\frac{5}{30} + 4\frac{6}{30} = 6\frac{11}{30}$

④ $\left\{\left(\square - \frac{5}{12}\right) \div \frac{2}{5} + 3\right\} = 27 \times \frac{2}{9} = 6$　　$\left(\square - \frac{5}{12}\right) \div \frac{2}{5} = 6 - 3 = 3$

$\left(\square - \frac{5}{12}\right) = 3 \times \frac{2}{5} = \frac{6}{5}$　　$\square = 1\frac{1}{5} + \frac{5}{12} = 1\frac{12}{60} + \frac{25}{60} = 1\frac{37}{60}$

まとめテスト　第2回（p.198）

問1　① $2\frac{1}{6} + 3\frac{3}{24} = 2\frac{4}{24} + 3\frac{3}{24} = 5\frac{7}{24}$

② $4\frac{1}{3} - 2\frac{1}{8} + 5\frac{1}{6} = 4\frac{8}{24} - 2\frac{3}{24} + 5\frac{4}{24} = 2\frac{5}{24} + 5\frac{4}{24} = 7\frac{9}{24} = 7\frac{3}{8}$

問2　① $\left(\square - \frac{1}{5}\right) = \frac{1}{25} \times \frac{5}{8} = \frac{1}{40}$　　$\square = \frac{1}{40} + \frac{1}{5} = \frac{1}{40} + \frac{8}{40} = \frac{9}{40}$

② $\frac{1}{5} \div \square = \frac{2}{5} - \frac{1}{4} = \frac{8}{20} - \frac{5}{20} = \frac{3}{20}$

$\square = \frac{1}{5} \div \frac{3}{20} = \frac{1}{5} \times \frac{20}{3} = \frac{4}{3} = 1\frac{1}{3}$

問3

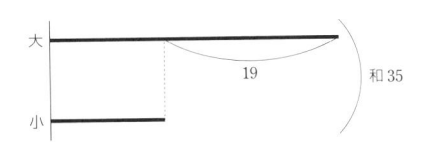

大きい方をカットすると和が(35－19)で、これが小の2倍
小×2＝(35－19)＝16　小＝16÷2＝8　大＝19＋8＝27

まとめテスト　第3回　(p.199)

問1　①　$\dfrac{1}{5}\times\dfrac{3}{4}+\dfrac{3}{5}=\dfrac{3}{20}+\dfrac{3}{5}=\dfrac{3}{20}+\dfrac{12}{20}=\dfrac{15}{20}=\dfrac{3}{4}$

　　　②　$\dfrac{1}{8}\div\left(\dfrac{1}{3}+\dfrac{1}{4}\right)=\dfrac{1}{8}\div\left(\dfrac{4}{12}+\dfrac{3}{12}\right)=\dfrac{1}{8}\div\dfrac{7}{12}=\dfrac{1}{8}\times\dfrac{12}{7}=\dfrac{3}{14}$

問2　①　$\left(\square-3\dfrac{1}{2}\right)\div\dfrac{1}{2}=\dfrac{1}{2}+5=\dfrac{11}{2}$　　$\left(\square-3\dfrac{1}{2}\right)=\dfrac{11}{2}\times\dfrac{1}{2}=\dfrac{11}{4}=2\dfrac{3}{4}$

　　　　$\square=2\dfrac{3}{4}+3\dfrac{1}{2}=2\dfrac{3}{4}+3\dfrac{2}{4}=5\dfrac{5}{4}=6\dfrac{1}{4}$

　　　②　$\left\{4+\left(\square-\dfrac{7}{12}\right)\div\dfrac{1}{3}\right\}\times 3=27$　　$4+\left(\square-\dfrac{7}{12}\right)\div\dfrac{1}{3}=27\div 3=9$

　　　　$\left(\square-\dfrac{7}{12}\right)\div\dfrac{1}{3}=9-4=5$　　$\left(\square-\dfrac{7}{12}\right)=5\times\dfrac{1}{3}=\dfrac{5}{3}$

　　　　$\square=1\dfrac{2}{3}+\dfrac{7}{12}=1\dfrac{8}{12}+\dfrac{7}{12}=1\dfrac{15}{12}=2\dfrac{3}{12}=2\dfrac{1}{4}$

問3

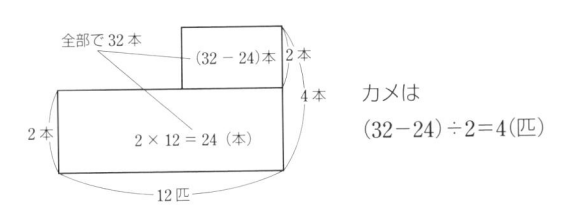

カメは
$(32-24)\div 2=4$(匹)

11　小数の加減　(p.200)

① 1.4　② 0.7　③ 26.8　④ 6.45　⑤ 33.6　⑥ 147.8
⑦ 1.01　⑧ 7.79　⑨ 2.42　⑩ 1.98　⑪ 122.55　⑫ 18.96

12　小数のかけ算　(p.201)

① 70.2　② 3.36　③ 328.5　④ 27.93
⑤ 51.251　⑥ 49.056　⑦ 0.342　⑧ 5.1516

13　小数のわり算　(p.202)

① 商 12.3　余り 0.1　　② 商 0.8　余り 0.52
③ 商 6.4　余り 0.05　　④ 商 72.9　余り 0.02
⑤ 商 8.1　余り 0.003　　⑥ 商 2.8　余り 0.229
⑦ 商 3.5　余り 0.014　　⑧ 商 2.5　余り 0.259

小テスト　第4回　(p.203)

問1　① 41.5　② 334.7　③ 1.22　④ 134.31　⑤ 26.16
　　⑥ 75.768　⑦ 商 25.7　余り 0.22　⑧ 商 1.7　余り 0.036

問2　① $12 \times 7.4 \div 2 = 44.4 (\mathrm{cm}^2)$
　　② $(5.8 + 14.6) \times 8 \div 2 = 81.6 (\mathrm{cm}^2)$

まとめテスト　第4回　(p.204)

問1　① $4\dfrac{7}{18}$　② $6\dfrac{1}{7}$　③ $9\dfrac{1}{6}$　④ $\dfrac{17}{60}$
　　⑤ 1.7884　⑥ 商 5.2　余り 0

問2　① 円周率 π (ここでは 3.14)

$$体積 = \dfrac{4}{3}\pi r^3 = \dfrac{4}{3} \times 3.14 \times 6 \times 6 \times 6 = 904.32 (\mathrm{cm}^3)$$

　　② 円すいの体積 $= \dfrac{1}{3} \times$ (円柱の体積)

$$= \dfrac{1}{3} \times (6 \times 6 \times 3.14 \times 6) = 226.08 (\mathrm{cm}^3)$$

14　割合の計算（その1）　(p.205)

問1　割合＝比べる量(135)÷もとにする量(450)

$$= \dfrac{135}{450} = \dfrac{3}{10}(倍)　　3 \div 10 = 0.3(倍)$$

　　$0.3 \times 100 = 30(\%)$　　3 割

問2　$675 \div 900 = 0.75$　　$0.75 \times 100 = 75(\%)$
問3　$125 \div 500 = 0.25$　　$0.25 \times 100 = 25(\%)$
問4　$125000 \div 200000 = 0.625$　　6 割 2 分 5 厘

15 割合の計算（その2）(p.206)

問1 ① 割合＝比べる量(26)÷もとにする量(65)＝0.4(倍)
　　　　$0.4 \times 100 = 40(\%)$　　□＝40

　　② まず35%を $35 \div 100 = 0.35$ と小数に変えます。
　　　　問題文は560kgの0.35は□kg。
　　　　式であらわすと $560 \times 0.35 =$ □　　□＝196

問2 まず15%を $15 \div 100 = 0.15$ と小数に変えます。
　　給料を□円とすると、
　　問題文は、45000円は給料(□円)の0.15
　　式であらわすと　$45000 = $ □$\times 0.15$
　　□＝$45000 \div 0.15 = 300000$　　答　給料 300000円

問3 まず5割5分を0.55と小数に変えます。
　　グループ全体を□人とすると
　　問題文は□人の0.55が子どもで440人
　　式であらわすと　□$\times 0.55 = 440$
　　□＝$440 \div 0.55 = 800$　　答　グループ全体 800人

16 比の計算 (p.207)

問1 ① $75 : 125 = (75 \div 5) : (125 \div 5) = 15 : 25 = 3 : 5$
　　② $3.4 : 8.5 = (3.4 \times 10) : (8.5 \times 10) = 34 : 85 = (34 \div 17) : (85 \div 17) = 2 : 5$
　　③ $0.11 : 0.66 = (0.11 \times 100) : (0.66 \times 100) = 11 : 66 = 1 : 6$
　　④ $\dfrac{3}{4} : \dfrac{3}{5} = \dfrac{15}{20} : \dfrac{12}{20} = 15 : 12 = 5 : 4$
　　⑤ $2\dfrac{1}{2} : 4\dfrac{2}{3} = \dfrac{5}{2} : \dfrac{14}{3} = \dfrac{15}{6} : \dfrac{28}{6} = 15 : 28$

問2 ① $4 : 5 = x : 125$　　$5 \times x = 4 \times 125 = 500$　　$x = 500 \div 5 = 100$
　　② $5.2 : x = 1.3 : 2$　　$x \times 1.3 = 5.2 \times 2 = 10.4$　　$x = 10.4 \div 1.3 = 8$
　　③ $4 : 5 = \dfrac{1}{3} : x$　　$5 \times \dfrac{1}{3} = 4 \times x$　　$x = \dfrac{5}{3} \div 4 = \dfrac{5}{3} \times \dfrac{1}{4} = \dfrac{5}{12}$
　　④ $x : 3.5 = \dfrac{9}{4} : 1.4$　　$x : \dfrac{35}{10} = \dfrac{9}{4} : \dfrac{14}{10}$　　$\dfrac{35}{10} \times \dfrac{9}{4} = x \times \dfrac{14}{10}$
　　　　$x = \dfrac{35}{10} \times \dfrac{9}{4} \div \dfrac{14}{10} = \dfrac{35}{10} \times \dfrac{9}{4} \times \dfrac{10}{14} = \dfrac{45}{8} = 5\dfrac{5}{8}$

小テスト 第5回 (p.208)

問1 ① $\boxed{300}$ 人 ← 1200×0.25

② 3割2分を0.32と小数に変えます。
年収を□円とすると $1248000 = □ \times 0.32$
$□ = 1248000 \div 0.32 = 3900000$ $\boxed{3900000}$ 円

③ $88 \div 400 = 0.22$ $\boxed{2}$ 割 $\boxed{2}$ 分

問2 ① $24 : 144 = \boxed{1} : \boxed{6}$ ② $4.8 : 11.2 = 48 : 112 = \boxed{3} : \boxed{7}$

③ $\dfrac{1}{4} : \dfrac{3}{7} = \dfrac{7}{28} : \dfrac{12}{28} = \boxed{7} : \boxed{12}$

④ $1.2 : \dfrac{1}{6} = \dfrac{12}{10} : \dfrac{1}{6} = \dfrac{36}{30} : \dfrac{5}{30} = \boxed{36} : \boxed{5}$

問3 女子を x 人 $3 : 11 = x : 77$
$11 \times x = 3 \times 77$
$x = 3 \times 77 \div 11 = 21$ 女子 21 人

まとめテスト 第5回 (p.209)

問1 ① $1\dfrac{2}{3}$ ② $4\dfrac{7}{30}$ ③ 3.752 ④ 商 5.8 余り 0.66

問2

①

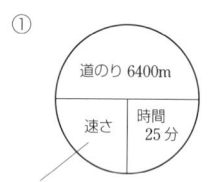

速さ(分速)＝道のり÷時間
＝ $6400 \div 25 = 256$ m

時速は分速の60倍だから
時速 $256 \times 60 = 15360$ m

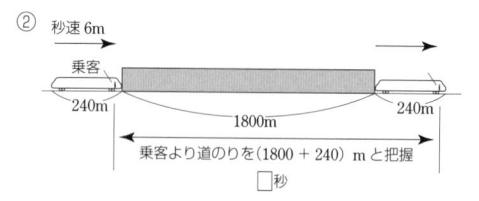

答 分速 $\boxed{256}$ m 時速 $\boxed{15360}$ m です。

② 秒速 6m
乗客より道のりを $(1800 + 240)$ m と把握
□秒

$□ = (1800 + 240) \div 6 = 340$

答 $\boxed{340}$ 秒

17 正の数・負の数の加減 (p.210)
① -17 ② -123 ③ -14.8
④ $-\dfrac{3}{4}-\dfrac{4}{5}=-\dfrac{15}{20}-\dfrac{16}{20}=-\dfrac{31}{20}=-1\dfrac{11}{20}$ ⑤ -30 ⑥ -21.1
⑦ $1\dfrac{1}{4}-2\dfrac{3}{5}=-\left(2\dfrac{3}{5}-1\dfrac{1}{4}\right)=-\left(2\dfrac{12}{20}-1\dfrac{5}{20}\right)=-1\dfrac{7}{20}$
⑧ $5.3-9.6+4.4=9.7-9.6=0.1$
⑨ $-15+9-17+3=-15-17+9+3=-32+12=-20$
⑩ $5.2-7.6+3.6-3.7=5.2+3.6-7.6-3.7=8.8-11.3=-2.5$
⑪ $-1\dfrac{1}{2}+2\dfrac{2}{3}-4\dfrac{3}{4}+1\dfrac{1}{4}=-1\dfrac{6}{12}+2\dfrac{8}{12}-4\dfrac{9}{12}+1\dfrac{3}{12}=-5\dfrac{15}{12}+3\dfrac{11}{12}$
$=-2\dfrac{4}{12}=-2\dfrac{1}{3}$
⑫ $-5.2+7.5-7.3-1.5+2.9=-14+10.4=-3.6$

18 正の数・負の数の乗除 (p.211)
① 288 ② -225 ③ 24 ④ 16 ⑤ 16 ⑥ -16
⑦ -16 ⑧ -8 ⑨ -32 ⑩ 111 ⑪ -93
⑫ $75\times\left(-\dfrac{1}{5}\right)\times\dfrac{1}{3}-\dfrac{2}{7}\times 21\times(-3)=-\dfrac{75}{5\times 3}+\dfrac{2\times 21\times 3}{7}=-5+18=13$

19 文字式の省略と加減 (p.212)
問1 ① $-12a$ ② $5bh$ ③ py ④ $-mn$ ⑤ c^2
⑥ k^4 ⑦ $\dfrac{c}{d}$ ⑧ $12a-\dfrac{e}{h}$ ⑨ $8(c-d)$
⑩ $-b-pq$ ⑪ $b^2c-d(cm+e)$
問2 ① $5a+12-13a-33=-8a-21$
② $5m+8s-16s-12m=-7m-8s$
③ $3a+7b+14-5a-18b+9=-2a-11b+23$

20 文字式の計算と代入 (p.213)
問1 ① $-4x-144$ ② $-4b+23$ ③ $-21a+20b-8c$
問2 ① $-2xy=-2\times(-5)\times(-9)=-90$
② $4x^2=4\times(-5)\times(-5)=100$
③ $-7x-4y+12x+9y=5x+5y=5\times(-5)+5\times(-9)=-70$
問3 ① $(60-4a)$個 ② $(b-500)$円

小テスト　第6回 （p.214）

問1　① $-2\dfrac{1}{2}+3\dfrac{2}{3}-5\dfrac{3}{4}+1\dfrac{1}{6}=-2\dfrac{1}{2}-5\dfrac{3}{4}+3\dfrac{2}{3}+1\dfrac{1}{6}=-8\dfrac{3}{12}+4\dfrac{10}{12}$
$=-3\dfrac{5}{12}$

② $-5.2+7.5-7.3-1.5+2.9=-14+10.4=-3.6$

③ $2\times(-4)^2-8\times(-6)^2=32-288=-256$

④ $-64\times\left(-\dfrac{1}{4}\right)-\dfrac{3}{7}\times 48\times(-14)=16+288=304$

⑤ $16y-(y-9)=16y-y+9=15y+9$

⑥ $-5(c-7)-(c-7)=-5c+35-c+7=-6c+42$

問2　① $-3ab=-3\times(-4)\times(-8)=-96$

② $-5a-4b+6a-5b=a-9b=(-4)-9\times(-8)=-4+72=68$

問3　① $a+b+a+b=(2a+2b)\text{cm}$

② $a\times b=ab(\text{m})$

21　1次方程式の解き方（その1） （p.215）

① $x=-9$　② $x=8$　③ $x=-112$　④ $x=216$　⑤ $x=8$
⑥ $x=-3$　⑦ $x=4$　⑧ $x=3$

⑨ $9(2x+1)-18=27$
$18x+9-18=27$
$18x=36 \quad x=2$

⑩ $7x-77=-6(x+2)$
$7x-77=-6x-12$
$7x+6x=77-12$
$13x=65 \quad x=5$

22　1次方程式の解き方（その2） （p.216）

① $\dfrac{1}{3}x+5=8$
$3\left(\dfrac{1}{3}x+5\right)=8\times 3$
$x+15=24 \quad x=9$

② $\dfrac{x}{3}+4=\dfrac{x}{6}+5$
$6\left(\dfrac{x}{3}+4\right)=6\left(\dfrac{x}{6}+5\right)$
$2x+24=x+30$
$2x-x=30-24 \quad x=6$

③ $x=40$

④ $x=-2$

⑤ $10(1.2x-0.9)=10(0.7x+1.6)$
$12x-9=7x+16$
$12x-7x=16+9$
$5x=25 \quad x=5$

⑥ $\dfrac{4}{10}x-\dfrac{3}{5}=-\dfrac{26}{10}$
$10\left(\dfrac{4}{10}x-\dfrac{3}{5}\right)=-\dfrac{26}{10}\times 10$
$4x-6=-26 \quad 4x=-20 \quad x=-5$

小テスト　第7回　(p.217)

問1　① $-2(2x+1)-10=-4$
　　　　$-4x-2-10=-4$　$-4x=8$　$x=-2$

　　② $5x-71=-4(x+2)$
　　　　$5x-71=-4x-8$
　　　　$5x+4x=71-8$　$9x=63$　$x=7$

　　③ $12\left(\dfrac{x}{4}+4\right)=12\left(\dfrac{x}{12}+8\right)$
　　　　$3x+48=x+96$
　　　　$3x-x=96-48$
　　　　$2x=48$　$x=24$

　　④ $0.24x+1=0.76$
　　　　$100(0.24x+1)=0.76\times100$
　　　　$24x+100=76$
　　　　$24x=-24$　$x=-1$

問2　ある数を x とすると　$4x+8=5x-5$
　　　$4x-5x=-8-5$
　　　　$-x=-13$
　　　　　$x=13$　　答　ある数　13

まとめテスト　第6回　(p.218)

問1　① $-3\dfrac{1}{3}+4\dfrac{2}{7}-5\dfrac{3}{21}+2\dfrac{1}{7}=-8\dfrac{10}{21}+6\dfrac{9}{21}=-2\dfrac{1}{21}$

　　② $-8.2+4.5-5.3-2.5=-16+4.5=-11.5$

　　③ $-3^2-4\times(-2)^2=-9-16=-25$

　　④ $-75\times\left(-\dfrac{1}{5}\right)-\dfrac{3}{8}\times48=15-18=-3$

問2　① $20\times\dfrac{x}{10}=20\left(\dfrac{x}{4}-6\right)$
　　　　$2x=5x-120$　$-3x=-120$　$x=40$

　　② $\dfrac{6}{10}x-\dfrac{3}{5}=\dfrac{24}{10}$　$10\left(\dfrac{6}{10}x-\dfrac{3}{5}\right)=\dfrac{24}{10}\times10$
　　　　$6x-6=24$　$6x=30$　$x=5$

問3　子どもを x 人とすると　大人は $(x+32)$ 人
　　　$x+(x+32)=250$
　　　$2x=250-32=218$　$x=109$　　答　109人

23　連立方程式 加減法（その1）(p.219)

① $x=-2$　$y=3$　　② $x=-1$　$y=-1$　　③ $x=2$　$y=-3$

④ $x=5$　$y=-5$　　⑤ $x=-3$　$y=-2$　　⑥ $x=\dfrac{1}{2}$　$y=\dfrac{3}{2}$

24　連立方程式 加減法（その2）(p.220)

① $x=1$　$y=3$　　② $x=-3$　$y=-4$　　③ $x=-2$　$y=-3$

④ $x=5$　$y=2$　　⑤ $x=\dfrac{1}{2}$　$y=\dfrac{2}{3}$　　⑥ $x=\dfrac{1}{4}$　$y=\dfrac{1}{5}$

25　連立方程式 代入法 (p.221)

① $x=2$　$y=8$　　② $x=10$　$y=1$　　③ $x=2$　$y=1$

④ $x=11$　$y=-3$　　⑤ $x=\dfrac{5}{2}$　$y=2$　　⑥ $x=3$　$y=4$

小テスト　第8回 (p.222)

問1　① $x=2$　$y=-5$　　② $x=-1$　$y=-2$
　　　③ $x=6$　$y=5$　　④ $x=7$　$y=4$

問2　みかん1個 x 円　りんご1個 y 円とすると
　　　$3x+4y=720$
　　　$2x+3y=520$
　　　これを解いて
　　　$x=80$　$y=120$　　答　みかん1個 80円　りんご1個 120円

26　因数分解（その1）(p.223)

① $8ab-32ac$　　② $4an-10np+7nq$
　$=8a(b-4c)$　　　$=n(4a-10p+7q)$

③ $14my+35by=7y(2m+5b)$

④ $x^2-2x-8=(x-4)(x+2)$

⑤ $x^2+11x+28=(x+7)(x+4)$

⑥ $x^2-14x+45=(x-9)(x-5)$

⑦ $mx^2-4mx-21m$
　$=m(x^2-4x-21)=m(x-7)(x+3)$

⑧ $nx^2+9nx+20n=n(x+4)(x+5)$

⑨ $kx^2-15kx+56k=k(x-8)(x-7)$

⑩ $bx^2-2bx-35b=b(x-7)(x+5)$

27 因数分解（その2） (p.224)
① $x^2+8x+16=(x+4)^2$　② $x^2-10x+25=(x-5)^2$
③ $x^2-81=(x+9)(x-9)$　④ $x^2-121=(x+11)(x-11)$
⑤ $mx^2-14mx+49m=m(x^2-14x+49)=m(x-7)^2$
⑥ $ax^2-16ax+64a=a(x^2-16x+64)=a(x-8)^2$
⑦ $bx^2-25b=b(x^2-25)=b(x+5)(x-5)$
⑧ $ax^2+4ax+4a=a(x^2+4x+4)=a(x+2)^2$
⑨ $ax^2-6ax+9a=a(x^2-6x+9)=a(x-3)^2$
⑩ $kx^2-36k=k(x^2-36)=k(x+6)(x-6)$

小テスト 第9回 (p.225)
問1　① $16ab-24ad=8a(2b-3d)$　② $x^2-3x-18=(x-6)(x+3)$
　　　③ $ax^2+4ax-21a=a(x-3)(x+7)$　④ $x^2+16x+64=(x+8)^2$
　　　⑤ $x^2-144=(x+12)(x-12)$
　　　⑥ $mx^2-18mx+81m=m(x^2-18x+81)=m(x-9)^2$
　　　⑦ $ax^2+16ax+64a=a(x^2+16x+64)=a(x+8)^2$
　　　⑧ $kx^2-100k=k(x^2-100)=k(x+10)(x-10)$
問2　正十五角形の内角の和は対角線で三角形が$(15-2)$個だから
　　　$180°\times(15-2)=2340°$　…答
　　　正十五角形の一つの内角は $2340°\div15=156°$　…答

28 平方根の計算（その1） (p.226)
① $\sqrt{6}\times\sqrt{7}=\sqrt{42}$　② $\sqrt{2}\times\sqrt{18}=\sqrt{2\times18}=\sqrt{36}=6$
③ $\sqrt{7}\times\sqrt{21}=\sqrt{147}=\sqrt{49\times3}=7\sqrt{3}$
④ $\sqrt{10}\times\sqrt{14}=\sqrt{140}=\sqrt{4\times35}=2\sqrt{35}$
⑤ $5\sqrt{2}\times4\sqrt{7}=5\times4\times\sqrt{2}\times\sqrt{7}=20\sqrt{14}$
⑥ $4\sqrt{3}\times4\sqrt{15}=4\times4\times\sqrt{3}\times\sqrt{15}=16\sqrt{45}=16\sqrt{9\times5}=16\times3\sqrt{5}=48\sqrt{5}$
⑦ $\dfrac{\sqrt{42}}{\sqrt{6}}=\sqrt{\dfrac{42}{6}}=\sqrt{7}$　⑧ $\dfrac{\sqrt{75}}{\sqrt{3}}=\sqrt{\dfrac{75}{3}}=\sqrt{25}=5$
⑨ $\dfrac{\sqrt{48}}{\sqrt{2}}=\sqrt{\dfrac{48}{2}}=\sqrt{24}=\sqrt{4\times6}=2\sqrt{6}$　⑩ $\sqrt{48}\div\sqrt{3}=\sqrt{\dfrac{48}{3}}=\sqrt{16}=4$
⑪ $\sqrt{14}\div\sqrt{6}\times\sqrt{21}=\sqrt{\dfrac{14}{6}\times21}=\sqrt{49}=7$
⑫ $\sqrt{50}\div\sqrt{3}\times\sqrt{9}=\sqrt{\dfrac{50}{3}\times9}=\sqrt{150}=\sqrt{25\times6}=5\sqrt{6}$

実践編・解答

29 平方根の計算(その2) (p.227)

① $4\sqrt{3}-3\sqrt{5}+8\sqrt{3}-5\sqrt{5}=12\sqrt{3}-8\sqrt{5}$

② $8\sqrt{2}-2\sqrt{3}+5\sqrt{2}-8\sqrt{3}=13\sqrt{2}-10\sqrt{3}$

③ $\sqrt{72}+\sqrt{50}=\sqrt{36\times 2}+\sqrt{25\times 2}=6\sqrt{2}+5\sqrt{2}=11\sqrt{2}$

④ $\sqrt{32}-\sqrt{24}+\sqrt{18}-\sqrt{54}=\sqrt{16\times 2}-\sqrt{4\times 6}+\sqrt{9\times 2}-\sqrt{9\times 6}$
  $=4\sqrt{2}-2\sqrt{6}+3\sqrt{2}-3\sqrt{6}=7\sqrt{2}-5\sqrt{6}$

⑤ $\sqrt{28}+\dfrac{14}{\sqrt{7}}=\sqrt{4\times 7}+\dfrac{14\times\sqrt{7}}{\sqrt{7}\times\sqrt{7}}=2\sqrt{7}+\dfrac{14\sqrt{7}}{7}=2\sqrt{7}+2\sqrt{7}=4\sqrt{7}$

⑥ $6\sqrt{3}-(5-\sqrt{12})=6\sqrt{3}-5+\sqrt{12}=6\sqrt{3}-5+\sqrt{4\times 3}=6\sqrt{3}-5+2\sqrt{3}=-5+8\sqrt{3}$

⑦ $-\sqrt{5}(4\sqrt{2}-5)-\sqrt{45}=-4\sqrt{10}+5\sqrt{5}-\sqrt{9\times 5}=-4\sqrt{10}+5\sqrt{5}-3\sqrt{5}$
  $=-4\sqrt{10}+2\sqrt{5}$

⑧ $\sqrt{7}(3\sqrt{3}-6)-\dfrac{9\sqrt{7}}{\sqrt{3}}=3\sqrt{21}-6\sqrt{7}-\dfrac{9\sqrt{7}\times\sqrt{3}}{\sqrt{3}\times\sqrt{3}}=3\sqrt{21}-6\sqrt{7}-\dfrac{9\sqrt{21}}{3}$
  $=3\sqrt{21}-6\sqrt{7}-3\sqrt{21}=-6\sqrt{7}$

小テスト 第10回 (p.228)

問1 ① $\sqrt{3}\times\sqrt{7}=\sqrt{21}$ ② $\sqrt{3}\times\sqrt{12}=\sqrt{36}=6$

③ $\sqrt{6}\times\sqrt{3}=\sqrt{9\times 2}=3\sqrt{2}$ ④ $3\sqrt{2}\times 5\sqrt{5}=15\sqrt{10}$

⑤ $2\sqrt{5}\times 3\sqrt{15}=6\sqrt{25\times 3}=6\times 5\sqrt{3}=30\sqrt{3}$

⑥ $\dfrac{\sqrt{42}}{\sqrt{7}}=\sqrt{6}$ ⑦ $\sqrt{21}\div\sqrt{6}\times\sqrt{14}=\sqrt{\dfrac{21}{6}\times 14}=\sqrt{49}=7$

⑧ $\sqrt{64}-\sqrt{50}+\sqrt{81}-\sqrt{72}=8-\sqrt{25\times 2}+9-\sqrt{36\times 2}$
  $=17-5\sqrt{2}-6\sqrt{2}=17-11\sqrt{2}$

⑨ $\sqrt{20}+\dfrac{15}{\sqrt{5}}=\sqrt{4\times 5}+\dfrac{15\times\sqrt{5}}{\sqrt{5}\times\sqrt{5}}=2\sqrt{5}+\dfrac{15\sqrt{5}}{5}=2\sqrt{5}+3\sqrt{5}=5\sqrt{5}$

問2 y が x の一次関数 → $y=ax+b$ とおく
  $x=-1$ $y=-1$ と $x=1$ $y=5$ を代入
  $-1=-a+b$ …① $5=a+b$ …②
  ①②を解いて $a=3$ $b=2$ 答 $y=3x+2$

30　2次方程式の計算 （p.229）

① $6x^2-54=0$　$6x^2=54$　$x^2=9$　$x=\pm 3$　　② $x+5=\pm\sqrt{11}$　$x=-5\pm\sqrt{11}$

③ $x^2+7x+12=(x+4)(x+3)=0$
　$x+4=0$ か $x+3=0$　$x=-4$ か $x=-3$　　答 $x=-4, -3$

④ $x^2-14x+49=(x-7)^2=0$
　$x-7=0$　$x=7$　　答 $x=7$

⑤ $x^2-64=(x+8)(x-8)=0$
　$x+8=0$ か $x-8=0$　$x=-8$ か $x=8$　　答 $x=-8, 8$

⑥ $x^2-2x-5=0$

$$x=\frac{-b\pm\sqrt{b^2-4ac}}{2a}=\frac{-(-2)\pm\sqrt{(-2)^2-4\times(1)\times(-5)}}{2\times 1}$$

$$=\frac{2\pm\sqrt{24}}{2}=\frac{2\pm 2\sqrt{6}}{2}=1\pm\sqrt{6}$$

（$-2 \to b$、$1 \to a$、$-5 \to c$）

小テスト　第11回 （p.230）

問1　① $x^2-12x+27=(x-3)(x-9)=0$
　　　$x-3=0$ か $x-9=0$　$x=3$ か $x=9$　　答 $x=3, 9$

　　② $x^2-16x+64=(x-8)^2=0$
　　　$x-8=0$　$x=8$　　答 $x=8$

　　③ $x^2-25=(x+5)(x-5)=0$
　　　$x+5=0$ か $x-5=0$　$x=-5$ か $x=5$　　答 $x=-5, 5$

　　④ $x^2-3x-6=0$

$$x=\frac{-b\pm\sqrt{b^2-4ac}}{2a}=\frac{-(-3)\pm\sqrt{(-3)^2-4\times(1)\times(-6)}}{2\times 1}=\frac{3\pm\sqrt{33}}{2}$$

問2　求めるもの（もとの数＝ある正の数）を x とすると
　　$x^2-20=10x+4$　→　$x^2-10x-20-4=0$
　　$x^2-10x-24=0$　$(x-12)(x+2)=0$
　　$x-12=0$ か $x+2=0$ より　$x=12$ か $x=-2$
　　x は正の数なので　$x=-2$ は不適　$x=12$ は適　　答 もとの数は12

まとめテスト 第7回 (p.231)

問1 ① $cx^2-81c=c(x^2-81)=c(x+9)(x-9)$

② $mx^2+14mx+49m=m(x^2+14x+49)=m(x+7)^2$

問2 ① $4\sqrt{7}-(8-\sqrt{63})=4\sqrt{7}-8+\sqrt{63}=4\sqrt{7}-8+\sqrt{9\times 7}=4\sqrt{7}-8+3\sqrt{7}$
$=-8+7\sqrt{7}$

② $\sqrt{3}(3\sqrt{2}-6)-\dfrac{9}{\sqrt{6}}=3\sqrt{6}-6\sqrt{3}-\dfrac{9\times\sqrt{6}}{\sqrt{6}\times\sqrt{6}}=3\sqrt{6}-6\sqrt{3}-\dfrac{9\sqrt{6}}{6}=\dfrac{3}{2}\sqrt{6}-6\sqrt{3}$

問3 $(AD)^2+8^2=10^2 \quad AD>0 \quad AD=6$
$6^2+6^2=x^2 \quad x>0 \quad x=6\sqrt{2}$

31 因数分解 タスキガケ (p.232)

① $3x^2+5x+2=(3x+2)(x+1)$

② $5x^2+16x+3=(5x+1)(x+3)$

③ $6x^2+11x+3=(3x+1)(2x+3)$

④ $4x^2-4x-3=(2x+1)(2x-3)$

⑤ $12x^2-5x-2=(4x+1)(3x-2)$

⑥ $8x^2-14x+3=(4x-1)(2x-3)$

⑦ $10x^2-11x+3=(2x-1)(5x-3)$

⑧ $5x^2-22x+8=(5x-2)(x-4)$

32 複素数の計算 (p.233)

① $8+5i-24-9i=-16-4i$

② $-9i+9-14-6i=-5-15i$

③ $8i\times 9i=72i^2=72\times(-1)=-72$

④ $12\div 4i=\dfrac{12}{4i}=\dfrac{12\times i}{4i\times i}=\dfrac{12i}{4i^2}=\dfrac{12i}{4\times(-1)}=-3i$

⑤ $9(3+6i)+64\div 16i=27+54i+\dfrac{64}{16i}=27+54i+\dfrac{64\times i}{16i\times i}$
$=27+54i+\dfrac{64i}{16\times(-1)}=27+54i-4i=27+50i$

⑥ $(3+4i)(4-5i)-6\div 2i=12-15i+16i-20i^2-\dfrac{6}{2i}=12+i-20\times(-1)-\dfrac{6i}{2i^2}$
$=12+i+20-\dfrac{6i}{2\times(-1)}=32+i+3i=32+4i$

33 恒等式の計算 (p.234)

問1 $5(x-6)+5=ax+b$ より
$5x-30+5=ax+b$
$5x-25=ax+b$ x についての恒等式だから
$a=5$ $b=-25$ …答

問2 $(x+6)(x+8)-9=x^2+ax+b$ より
$x^2+8x+6x+48-9=x^2+ax+b$
$x^2+14x+39=x^2+ax+b$ x についての恒等式だから
$a=14$ $b=39$ …答

問3 $(x+a)(x-6)=x^2-2x+b$ より
$x^2-6x+ax-6a=x^2-2x+b$
$x^2+(a-6)x-6a=x^2-2x+b$
x についての恒等式だから
$a-6=-2$ …① $-6a=b$ …②
①より $a=6-2=4$ ②に代入 $b=-6\times 4=-24$
答 $a=4$ $b=-24$

小テスト 第12回 (p.235)

問1 ① $3x^2+7x+2=(3x+1)(x+2)$
② $12x^2+5x-2=(4x-1)(3x+2)$
③ $10x^2+x-3=(5x+3)(2x-1)$
④ $5x^2+6x-8=(5x-4)(x+2)$

問2 ① $2(4-6i)+25\div 5i=8-12i+\dfrac{25}{5i}=8-12i+\dfrac{25\times i}{5i\times i}$

$=8-12i+\dfrac{25i}{5\times(-1)}=8-12i-5i=8-17i$

② $(3-4i)(4+5i)-8\div 2i=12+15i-16i-20i^2-\dfrac{8}{2i}$

$=12-i-20\times(-1)-\dfrac{8i}{2i^2}$

$=12-i+20-\dfrac{8i}{2\times(-1)}=32-i+4i=32+3i$

問3 $(x-5)(x+8)-8x=x^2+ax+b$ より $x^2-5x-40=x^2+ax+b$
x についての恒等式だから $a=-5$ $b=-40$

34　整式のわり算　(p.236)

①
$$\begin{array}{r} x-1 \\ x-6 \overline{\smash{\big)}\, x^2-7x-5} \\ \underline{x^2-6x} \\ -x-5 \\ \underline{-x+6} \\ -11 \end{array}$$

商　$x-1$　余り　-11

②
$$\begin{array}{r} 3x^2+2x+1 \\ 3x+2 \overline{\smash{\big)}\, 9x^3+12x^2+7x+13} \\ \underline{9x^3+6x^2} \\ 6x^2+7x \\ \underline{6x^2+4x} \\ 3x+13 \\ \underline{3x+2} \\ 11 \end{array}$$

商　$3x^2+2x+1$　余り　11

③
$$\begin{array}{r} x^2-x+1 \\ x+1 \overline{\smash{\big)}\, x^3\;\square\;\square+1} \\ \underline{x^3+x^2} \\ -x^2 \\ \underline{-x^2-x} \\ x+1 \\ \underline{x+1} \\ 0 \end{array}$$

商　x^2-x+1　余り　0

④
$$\begin{array}{r} 5x+3 \\ x^2-x+1 \overline{\smash{\big)}\, 5x^3-2x^2+2x-3} \\ \underline{5x^3-5x^2+5x} \\ 3x^2-3x-3 \\ \underline{3x^2-3x+3} \\ -6 \end{array}$$

商　$5x+3$　余り　-6

35　指数の計算　(p.237)

① $5^5 \times 5^3 = 5^{(5+3)} = 5^{(8)}$　　② $7^2 \times 7^4 = 7^{(2+4)} = 7^{(6)}$

③ $(3^3)^4 = 3^{(3 \times 4)} = 3^{(12)}$　　④ $(a^5)^2 = a^{(5 \times 2)} = a^{(10)}$

⑤ $(ab)^5 = a^{(5)} b^{(5)}$　　⑥ $(3 \times 5)^4 = 3^{(4)} \times 5^{(4)}$

⑦ $a^7 \div a^5 = a^{(7-5)} = a^{(2)}$　　⑧ $4^8 \div 4^6 = 4^{(8-6)} = 4^{(2)}$

⑨ $6^4 \div 6^4 = 6^{(4-4)} = 6^{(0)}$

⑩ $4^6 \times 4^3 \div 4^5 = 4^{(6+3)} \div 4^5 = 4^{(6+3-5)} = 4^{(4)}$

⑪ $(b^3)^4 \times b^4 = b^{(3 \times 4)} \times b^4 = b^{(12+4)} = b^{(16)}$

36　対数の計算（その1）　(p.238)

① $\log_3 9 = (2)$　　② $\log_5 1 = (0)$　　③ $\log_2 4 = (2)$
　　$3^2 = 9$　　　　　　$5^0 = 1$　　　　　　$2^2 = 4$

④ $\log_2 8 = (3)$　　⑤ $\log_7 7 = (1)$　　⑥ $\log_2 16 = (4)$
　　$2^3 = 8$　　　　　　$7^1 = 7$　　　　　　$2^4 = 16$

⑦ $\log_3 81 = (4)$　　⑧ $\log_5 125 = (3)$
　　$3^4 = 81$　　　　　　$5^3 = 125$

37 対数の計算（その2）(p.239)

① $\log_4 5 + \log_4 3 = \log_4(5 \times 3) = \log_4 15$

② $\log_4 1 + \log_4 4 = 0 + 1 = 1$

③ $\log_3 6 - \log_3 2 = \log_3 \dfrac{6}{2} = \log_3 3 = 1$

④ $\log_3 9 = \log_3 3^2 = 2\log_3 3 = 2 \times 1 = 2$

⑤ $\log_5 50 - \log_5 2 = \log_5 \dfrac{50}{2} = \log_5 25 = \log_5 5^2 = 2\log_5 5 = 2 \times 1 = 2$

⑥ $\log_7 14 + \log_7 21 - \log_7 6 = \log_7(14 \times 21) - \log_7 6 = \log_7 \dfrac{14 \times 21}{6}$
$= \log_7 7^2 = 2\log_7 7 = 2$

⑦ $\log_3 72 - \log_3 4 + \log_3 \dfrac{1}{2} = \log_3 \dfrac{72}{4} + \log_3 \dfrac{1}{2}$
$= \log_3 \left(\dfrac{72}{4} \times \dfrac{1}{2}\right) = \log_3 9 = \log_3 3^2 = 2\log_3 3 = 2$

小テスト 第13回 (p.240)

問1 ① 商 $x+1$ 余り 4

② 商 x^2+x+1 余り 0

問2 ① $6^4 \times 6^3 = 6^{(4+3)} = 6^{(7)}$ ② $(5^4)^5 = 5^{(4 \times 5)} = 5^{(20)}$

③ $(bc)^4 = b^{(4)} c^{(4)}$ ④ $a^9 \div a^4 = a^{(9-4)} = a^{(5)}$

⑤ $3^7 \times 3^4 \div 3^7 = 3^{(7+4)} \div 3^7 = 3^{(11-7)} = 3^{(4)}$

⑥ $\log_5 25 = (2)$ ⑦ $\log_4 64 = (3)$

⑧ $\log_2 72 - \log_2 3 + \log_2 \dfrac{1}{3} = \log_2 \left(\dfrac{72}{3}\right) + \log_2 \dfrac{1}{3} = \log_2 \left(24 \times \dfrac{1}{3}\right)$
$= \log_2(8) = 3$

38 等差数列の計算 (p.241)

① 初項 $a=4$　公差 $d=3$　第 8 項を求めるから　$n=8$ を公式に代入

$$a_n = \underset{n=8}{a} + (n-1)\underset{}{d} \qquad a_8 = 4+(8-1)\times 3 = 25$$

(with $a=4$, $d=3$)

② 初項が 6 で　公差が 8 で　第 15 項より

$$a_n = \underset{n=15}{a} + (n-1)d$$

(with $a=6$, $d=8$)

$$a_{15} = 6 + (15-1)\times 8 = 6 + 14\times 8 = 6 + 112 = 118$$

③ 初項が -5 で　公差が 9 で　第 n 項が 85 とすると

$$a_n = a + (n-1)d \quad \text{より}$$

(with $a_n=85$, $a=-5$, $d=9$)

$$85 = -5 + (n-1)\times 9 \quad n=11 \qquad \text{答　第 11 項}$$

39 等差数列の和の計算 (p.242)

問1　①式に　$n=21$　$a=2$　$a_n=142$　を代入します。

$$S = \frac{n\times(a+a_n)}{2} \quad \cdots ① \qquad S = \frac{21\times(2+142)}{2} = 1512$$

問2　①式と②式に　$a=-5$　$d=8$　$n=15$　を代入します。

$$S = \frac{n\times(a+a_n)}{2} \quad \cdots ① \qquad a_n = a + (n-1)d \quad \cdots ②$$

$$S = \frac{15\times(-5+a_{15})}{2} \quad \cdots ①' \qquad a_{15} = -5 + (15-1)\times 8 = 107 \quad \cdots ②'$$

$a_{15}=107$　を①'に代入　$S = \dfrac{15\times(-5+107)}{2} = 765$

まとめテスト　第 8 回 (p.243)

問1　① $18x^2 + 15x + 2 = (6x+1)(3x+2)$

　　　② $5x^2 - 19x + 12 = (5x-4)(x-3)$

問2　① $8(4-6i) + 72 \div 12i = 32 - 54i$

　　　② $(7-4i)(2-5i) - 3i \times 6i = 12 - 43i$

問3　①式と②式に $a=-7$　$d=6$　$n=10$ を代入します。

$$S=\frac{n\times(a+a_n)}{2} \quad \cdots ① \qquad a_n=a+(n-1)d \quad \cdots ②$$

（①式の n,a に $10,-7$ を代入、②式の a,n,d に $-7,10,6$ を代入）

$$S=\frac{10\times(-7+a_{10})}{2} \quad \cdots ①' \qquad a_{10}=-7+(10-1)\times 6=47 \quad \cdots ②'$$

$a_{10}=47$ を①'に代入　$S=\dfrac{10\times(-7+47)}{2}=200$

40　等比数列の計算　(p.244)

問1　初項 7　公比 2　さらに第6項を求めるから　$n=6$

$$a_n=ar^{n-1} \qquad a_6=7\times 2^{6-1}=7\times 2^5=7\times 32=224$$

問2　初項 2　公比 3　の等比数列の第9項だから　$n=9$

$$a_n=ar^{n-1}$$

$$a_9=2\times 3^{9-1}=2\times 3^8=2\times 6561=13122$$

問3　$a=8$　で　$n=4$　$a_4=512$ より

$$a_n=ar^{n-1}$$

$$a_4=8\times r^{4-1}=8\times r^3=512 \qquad r^3=64 \qquad r=4$$

41　等比数列の和の計算　(p.245)

問1　初項 $a=4$　公比 $r=3$　項数 $n=6$　を和の公式に代入

$$S=\frac{a(1-r^n)}{1-r}$$

$$S=\frac{4\times(1-3^6)}{1-3}=\frac{4\times(1-729)}{-2}=\frac{2\times(-728)}{-1}=1456$$

問2　$a=2$　$r=4$　$n=8$　を①式と②式に代入します。

$$a_n = a\,r^{n-1} \quad \cdots ① \qquad S = \dfrac{a\,(1-r^n)}{1-r} \quad \cdots ②$$

（①に $a=2$, $r=4$, $n=8$ を、②に $a=2$, $r=4$, $n=8$ を代入）

$$a_8 = 2 \times 4^{8-1} = 2 \times 4^7 = 2 \times 16384 = 32768$$

$$S = \dfrac{2\times(1-4^8)}{1-4} = \dfrac{2\times(1-65536)}{-3} = \dfrac{2\times(-65535)}{-3} = 43690$$

まとめテスト　第9回　(p.246)

問1　$(x+a)(x+5) = x^2+x+b$　より
　　　$x^2+(a+5)x+5a = x^2+x+b$　x についての恒等式だから
　　　$a+5=1$　…①　$5a=b$　…②
　　　これを解いて　$a=-4$　$b=-20$

問2　商　$3x^2+3x+4$　余り 2

問3　① $6x^2-23x+20 = (3x-4)(2x-5)$
　　　② $10x^2+11x-6 = (5x-2)(2x+3)$

問4　$a=2$　$r=5$　$n=5$ を①式と②式に代入します。

$$a_n = a\,r^{n-1} \quad \cdots ① \qquad S = \dfrac{a\,(1-r^n)}{1-r} \quad \cdots ②$$

$$a_5 = 2\times 5^{5-1} = 2\times 5^4 = 2\times 625 = 1250$$

$$S = \dfrac{2\times(1-5^5)}{1-5} = \dfrac{2\times(1-3125)}{-4} = \dfrac{2\times(-3124)}{-4} = 1562$$

仕上げテスト①　(p.247)

問1　① 784　② 2795　③ 59　④ -21
　　　⑤ $14a+11$　⑥ $-6e+48$

問2　① $a^2b = (-5)^2 \times (-6) = -150$　② 86

問3　$77-7=70$　が　小さい数の2倍
　　　小$\times 2 = 70$　小$= 70 \div 2 = 35$
　　　大$= 35+7 = 42$
　　　小さい数　35　大きい数　42

仕上げテスト② (p.248)

問1　①
```
   3 [4] 5 6
 +[6] 5 4[3]
   9 9 9 9
```
②
```
  [6] 5 1 2
 - 3[0]6 5
   3 4 4 7
```

問2　① 68508　② 商 11 余り 52

問3　① $\frac{1}{2}ab(\mathrm{cm}^2)$　② $(6a+4b)$ 円

問4　カメ 20 匹

仕上げテスト③ (p.249)

問1　① 9　② 30　③ $1\frac{27}{28}$　④ $1\frac{8}{11}$

問2　① $x=-3$　② $x=-6$

問3　① 800　② 300　③ 2

問4　ある数を x とすると
　　$6x+8=8x-4$　$x=6$　ある数 6

仕上げテスト④ (p.250)

問1　① 48.8　② 8.25　③ 82.6　④ 57.8　⑤ 3.969
　　⑥ 48.235

問2　① $\frac{4}{15}$　② $\frac{1}{18}$

問3　① $x=30$　② $x=-4$

問4　① 25.6(cm^2)　② 50.24(cm^2)

仕上げテスト⑤ (p.251)

問1　① 商 9.7 余り 0.38　② 商 5.5 余り 0.075

問2　① $6\times4\div2\times32.6=391.2(\mathrm{cm}^3)$
　　② $6\times6\times7.8\times\frac{1}{3}=93.6(\mathrm{cm}^3)$

問3　① $x=3$　$y=-2$　② $x=-3$　$y=-4$

仕上げテスト⑥ (p.252)

問1　① 8　② $5\sqrt{2}$　③ $\sqrt{7}$　④ $7\sqrt{2}$

問2　① $12:72=\boxed{1}:\boxed{6}$　② $2.8:6.3=\boxed{4}:\boxed{9}$
　　③ $\frac{1}{7}:\frac{5}{6}=\boxed{6}:\boxed{35}$　④ $0.15:\frac{2}{5}=\boxed{3}:\boxed{8}$

問3 ① $x=5$ $y=6$ ② $x=15$ $y=10$
問4 男子を x 人 $4:7=36:x$ $x=63$ 答 63人

仕上げテスト⑦ (p.253)
問1 ① $19-9\sqrt{3}$ ② $4\sqrt{6}$
問2 ① $25ac-35ad=5a(5c-7d)$
　　② $x^2+3x-18=(x-3)(x+6)$
　　③ $ax^2+3ax-28a=a(x-4)(x+7)$
問3 ① 分速：$3200\div16=200(m)$　時速：$200\times60=12000(m)$
　　　　答　分速 $\boxed{200}$ m　時速 $\boxed{12000}$ m　です。
　　②

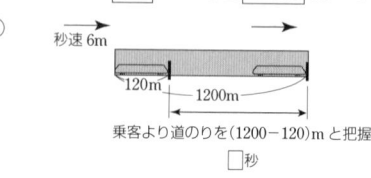

　　　　$\Box=(1200-120)\div6=180$　　答　$\boxed{180}$ 秒　です。

仕上げテスト⑧ (p.254)
問1 ① $3(4-3i)+36\div6i=12-9i+\dfrac{36}{6i}=12-9i-6i=12-15i$
　　② $(5-6i)(-2+5i)-8i\times2i=-10+25i+12i-30i^2-16i^2=36+37i$
問2 ① $a^2-49=(a+7)(a-7)$　② $ax^2-10ax+25a=a(x-5)^2$
　　③ $ax^2-12ax+36a=a(x-6)^2$
問3 ① $7^3\times7^3=7^{(3+3)}=7^{(6)}$　② $(4^3)^5=4^{(3\times5)}=4^{(15)}$
　　③ $(ac)^4=a^{(4)}c^{(4)}$　④ $b^7\div b^4=b^{(7-4)}=b^{(3)}$
問4 ケーキ1個 x 円　ドーナツ1個 y 円とすると
　　$2x+3y=480$　$5x+4y=920$
　　$x=120$　$y=80$　答　ケーキ1個 120円　ドーナツ1個 80円

仕上げテスト⑨ (p.255)
問1 ① $\log_4 2+\log_4 8=\log_4(2\times8)=\log_4 16=\log_4 4^2=2\log_4 4=2$
　　② $\log_3 9-\log_3 3=\log_3\dfrac{9}{3}=\log_3 3=1$
問2 ① $5^2\times5^5\div5^7=5^{(2+5)}\div5^7=5^{(7-7)}=5^{(0)}=(1)$
　　② $(3\times5)^3\div3^2=3^{(3)}\times5^{(3)}\div3^2=3^{(3-2)}\times5^{(3)}=3\times5^3$
　　③ $\log_2 16=(4)$　④ $\log_3 27=(3)$

問3 求めるもの(もとの数＝ある正の数)を x とすると
$x^2-1=7x+7$ $x^2-7x-8=0$ $(x-8)(x+1)=0$
$x-8=0$ か $x+1=0$ より $x=8$ か $x=-1$
x は正の数なので $x=-1$ は不適 $x=8$ は適 答 8

仕上げテスト⑩ (p.256)

問1 ① 商 $x+4$ 余り -19 ② 商 x^2+x-1 余り 0

問2 ① $x=-8, 9$ ② $x=\dfrac{5\pm\sqrt{41}}{2}$

問3 $(x-5)(x-4)-5x=x^2+ax+b$ より $x^2-14x+20=x^2+ax+b$
x についての恒等式だから $a=-14$ $b=+20$

問4 ①式と②式に $a=-3$ $d=5$ $n=9$ を代入します。

$$S=\dfrac{n\times(a+a_n)}{2} \quad \cdots ① \qquad a_n=a+(n-1)d \quad \cdots ②$$

(代入: $n=9$, $a=-3$; $a=-3$, $n=9$, $d=5$)

$S=\dfrac{9\times(-3+a_9)}{2}$ …①' $a_9=-3+(9-1)\times 5=37$ …②'

$a_9=37$ を①'に代入 $S=\dfrac{9\times(-3+37)}{2}=153$

著者紹介

間地 秀三（まじ しゅうぞう）

1950年生まれ。九州芸術工科大学（現九州大学）卒。
長年にわたり、小学・中学・高校生に個人指導を行う。
その経験から生み出された、短時間で簡単にわかる
数学・算数のマスターメソッドを数学書として出版。
好評を博する。

主な著書：
『小・中・高の計算がまるごとできる』
『小・中・高の理科がまるごとわかる』
『中学数学がまるごとわかる』
『高校数学がまるごとわかる』〈以上、ベレ出版〉
『中学3年分の数学が14時間でマスターできる本』〈明日香出版社〉
『小学校6年間の算数が6時間でわかる本』〈PHP研究所〉 他多数

小・中・高で習った計算 まるごとドリル

2014年8月25日　初版発行

著者	間地 秀三
カバーデザイン	OAK 小野光一
本文イラスト	いげためぐみ
DTP	WAVE 清水 康広

©Shuzo Mazi 2014. Printed in Japan

発行者	内田 真介
発行・発売	ベレ出版

〒162-0832　東京都新宿区岩戸町12 レベッカビル
TEL.03-5225-4790　FAX.03-5225-4795
ホームページ　http://www.beret.co.jp/
振替 00180-7-104058

印刷	モリモト印刷株式会社
製本	根本製本株式会社

落丁本・乱丁本は小社編集部あてにお送りください。送料小社負担にてお取り替えします。

本書の無断複写は著作権法上での例外を除き禁じられています。
購入者以外の第三者による本書のいかなる電子複製も一切認められておりません。

ISBN978-4-86064-406-2 C0041　　　　　編集担当　新谷友佳子

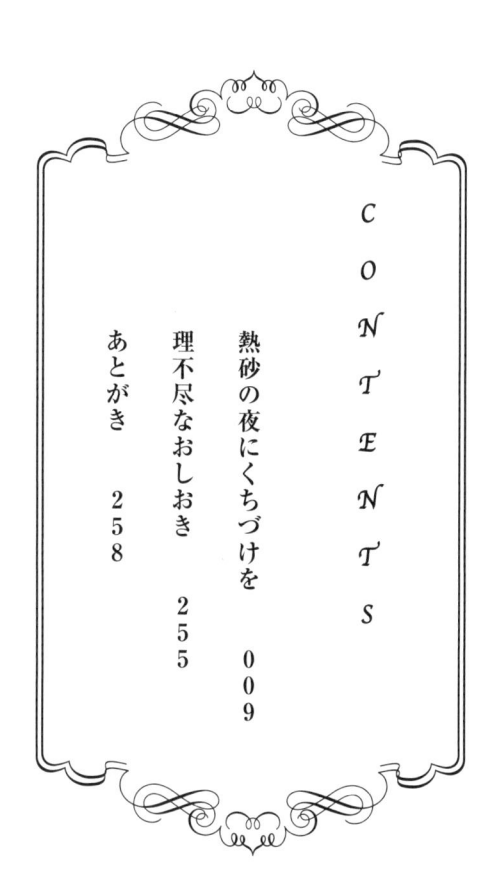

CONTENTS

熱砂の夜にくちづけを　009

理不尽なおしおき　255

あとがき　258

この作品はフィクションです。実在の個人・法人・場所・事件などに一切関係ありません。

熱砂の夜にくちづけを

欲しいものは、金で買う。

それがライル・アサディンのやり方だ。アラビア半島の一首長国、シャイザリーの現首長を父に持つ、六番目の息子であるライルには、それだけの財力と権力があった。

だが、財力、権力に付随している地位というものが、ライルを窮屈に縛りつけ、ときに辟易させる。王族なのだから、ボディガードがつくのは当然で、一般人のようにフラフラと行き先も告げずに一人で出かけることはできない。

「……わかってはいるが、たまには息抜きもしたいのさ」

ライルはそう呟き、着ていた民族衣装を脱いで、薄いグレーのスーツに手早く着替えた。特別に自分専用に宛がわれた控室でなら一人にもなれるが、それは閉じ込められているのと変わらない。ドアの外で番犬のように忠実に立っている屈強な二人のボディガードは、疲れたので少し休むといったライルの言葉を信じているだろう。

いや、脱走常習犯の雇い主の言うことなど、もしかしたら信じていないかもしれないが、ライルに「待っていろ」と言われれば、彼らはドアの外で立っているしかないのだった。

心の中でこっそり詫びを入れ、ライルは音を立てないように窓を開けた。緩やかな風が、独特の匂いを運んでくる。ライルの大好きなサラブレッドの匂いだ。

ここはアメリカ、ケンタッキー州にある、競走馬のセリ市場なのである。馬主として馬を買いに来たライルは、下調べしていたお目当ての馬をすべて落札できて機嫌がよかった。

ライバルの馬主に吹っかけられて、値段が倍ほどに跳ね上がったが、最終的には相手が引いて、ライルが勝った。近く発売の競馬誌には「アサディン殿下、セール最高額で落札」という見出しが躍っているに違いない。

今回のセールで使った総額は、おおよそ三百万ドル。プライベートジェットで世界中を飛びまわるライルにとっては、たいした出費ではなかった。

サングラスをかけたライルは、誰もいないことを確認してから、身軽に窓枠を越え、控室から脱出した。ここが二階だったら、これほど簡単には出られなかった。一階の部屋をライルに宛がうから、こんなことになるのだ。

「責任はこの控室にある。レインとブライトンにはそう言おう」

脱走がバレたときの、ボディガードたちへの言いわけも用意でき、ライルは足取りも軽く、セリ会場の方へ歩いていった。

屋内パドックではまだセリが行われているが、見せ場の終わった馬と人は順次外に出てくる。浮かれた顔をしている馬主や、今にも首を吊りそうなほど顔色の悪い牧場主がいて、セリ市場はいつも温度差が激しい。

中には顔見知りも何人かいたけれど、スーツにサングラスを持つライルを見て、ライルだと気づいたものはいなかった。デンマーク人の母親を持つライルは、白い肌に金髪、基本は淡いグリーンで、光の加減によって金色にも見える不思議な色の瞳をしている。

11　熱砂の夜にくちづけを

百八十センチを軽く超えるスタイルのいい長身は人目を引きはするものの、民族衣装を脱いでしまえば、ごく一般的な欧米人にしか見えなかった。脱走常習犯としては、ありがたいようなそうでもないような、複雑な気分である。

ライルのアラブ人らしからぬ容姿は、母親の違う兄たちから嫌い抜かれていた。長兄のハシュルだけは、ライルをなにかと庇ってくれるが、それ以外の四人は、顔を合わせれば今でも、侮蔑のこもった視線と言葉を遠慮なく浴びせてくる。その激しさは、憎まれていると言っても過言ではないほどだ。

肌や髪の色はライルの努力で変えられるものではなかったから、子供のときにはその理不尽さに深く傷つけられた。優しい父は、兄たちからの苛めによって、ライルの性根が暗く捻くれてしまうのではないかと憂えていたらしいが、そんな心配はご無用だとライルは言いたい。

変り種の末っ子も、もう二十八歳。兄たちの振る舞いがあまりにも度を超えて酷い場合には、耐えるしかなかった子供時代の鬱憤を晴らすように、痛烈な嫌味で逆襲したり、実害を加えられたときは、法に触れないクリーンなやり方で復讐した。

意地悪な兄が屈辱に顔を歪めて唇を噛んでいるのを見ると、ライルはスカッと爽やかな気分になる。

とはいえ、兄弟同士の争いは国を衰退させるから、仕返しはたまにしか行わない。三回やられて、一回返すくらいだろうか。

正直言って、国の衰退云々よりも、毎回相手をするのがしんどいだけなのだが、二回は見逃す私はなんて心優しい異母弟だろう、とライルは自分で思っていた。
　逆襲や復讐をするから余計に憎まれるのではないかとか、二回は見逃すと言っても、仕返しは三倍返しだから帳尻は合っているとか、細かいことを言う側近もいるが、自分の態度を改めようと考えたことは一度もない。引き下がろうが、逆襲しようが、懲りない兄たちの迫害はライルが死ぬまでつづくだろう。
　負けるつもりはないけれども、この先一生となるとさすがのライルも気が重くなる。
「私の存在がそんなにも気に入らないものか……」
　ぽつりと呟いたとき、ライルは一人の青年にぶつかってしまった。考え事をしながら歩いていたせいか、ライルらしくない無作法だった。
「おっと、失礼」
　ライルは流暢な英語ですぐに謝り、青年を見た。
　大柄なライルの肩に跳ね飛ばされた格好の彼は、前のめりになった身体を立て直してから、ライルに目を向けた。
　黒い瞳だった。艶やかな髪も黒く真っ直ぐで、肌は白いが白人ではない。冷たく整った美貌は東洋人のものだろう。
　青年のまとっている雰囲気がどこか独特で、ライルは思わず青年に見入った。

「……気をつけてくださいよ。馬に当たったら危ないでしょう」
ツンとした態度で苦情を述べた青年は、一頭の派手な栃栗毛の馬を連れていた。あいにく、青年にも馬にも見覚えはない。
売れなかった馬は、すべてのセリが終わったあとで再上場することができる。きっとそれを待っているのだろう。
「申し訳ない。考え事をしていたもので」
ライルは紳士的な態度で、再び詫びた。
軽く頷いた青年は、機嫌の悪そうな顔でライルを話をする気はないようだった。これ以上ライルと話をする気はないようだった。
しかし、ライルは立ち去ることができずに、青年をじっと見つめた。
こんな場所で出会えるとは思わなかった、類稀な麗容である。輪郭の整った顔は、横を向いても美しい。長い睫毛に彩られた目の、白と黒のコントラストの鮮やかさ。崩れない表情が人形のようでもあったが、ふっくらした唇は、人形には持ちえない肉感的なものを感じさせた。
まだほんの子供にも見えるし、落ち着いた物腰が成人した男性のようにも思わせる。年齢不詳は東洋人の神秘の一つだ。
見つめていると、目が離せなくなってしまう。ライルは美しいものが好きだった。ここで別れてしまうには、あまりにも惜しい。

それに、今は凍った蕾のような固さだが、熟練の手によって解され、柔らかく咲き誇ったとき、どんな色香を見せるのだろう。

育成は女よりも、男の方が楽しいというのが、ライルの持論だ。女は与えられ可愛がられる愛玩動物のような暮らしの中にも、己の価値と人生を見出し、見事に順応してみせるが、男は男であるがゆえに、男としての矜持や羞恥心をいつまでも捨てられないから、比較的長い間ライルを楽しませてくれる。

青年のプライドは高そうだ。高ければ高いほど、腕が鳴る。興味は尽きない。青年の美が成長の余地を残しているだけに、手に入れて磨いてみたかった。他人の手でそれをされたくないとも思った。

なんと声をかけるべきか悩んでいると、青年がぱっと振り向いてライルを見た。

「なにか、ご用でしょうか？」

声は冷たく、十センチ以上下から見上げてくる視線は、友好的とは言い難い。その視線の険しさで、ライルは自分が失礼なほど長い時間、彼を見つめていたことにやっと気づいた。

「これは失敬。きみに見惚れていたんだ。気に障ったなら謝るよ」

ライルは三度頭を下げた。十分足らずの間でこんなに謝ったのは、初めてかもしれない。

「俺が見てもらいたいのは、馬の方です。冷やかしなら余所でどうぞ。馬を買う気もないのに、ウロウロしないでください」

邪魔ですから、という最後の厳しい台詞を、彼が舌の根元で止めたのがありありとわかった。理性というものが働いたのだろう。

先ほどのつっけんどんな態度もそうだが、どうして彼は、自分に馬を買う気がないと決めつけているのだろう。ライルは疑問に思ったが、すぐに謎は解けた。

馬を購入するものはだいたい、セリ名簿を片手に持っている。サラブレッドの購買は血統第一で、その馬の両親、母の父、そして近親に活躍した馬がいるかいないかが重要なポイントとなる。

それらを記載してある名簿を所持せず、一人でフラフラ歩いている男は、セリ市を見学に来ただけで、購買する気がないと見なされても仕方がない。

だが、自分をケチな男と勘違いされたのは、不愉快だ。

「買う気がないわけじゃなくて、欲しいのをもう買ったあとなんだよ」

「俺の馬を買う気がないなら、同じことでしょう」

「きみの態度如何によっては、買ってもいい」

青年の気を引くためにライルはそう言い、彼が連れている馬に目をやった。よく手入れされているらしく、黄金のたてがみは綺麗に梳かれ、馬体もつやつやと輝いている。

しかし、牡馬なのに線が華奢で身体も小さく、片方の後ろ脚が若干内側に曲がっていた。はっきり言って、ライル好みの馬ではない。

「よかったら、私にこの馬のセールスポイントを教えてくれないか？」

見た目は悪いが、もしかすると血統にピンとくるものが入っているかもしれないと思い、ライルは訊いた。

青年は怪しむような目をしながらも、説明を始めた。

「この馬はオブライエンスタッドの生産馬です。父がイフリート、母がミススタンピードで、近親に凱旋門賞に出走した馬がいます。小柄だけど元気で負けん気が強くて、自分より大きな馬に対しても、怯みません。脚が少し曲がってますけど、これは母親からの遺伝で、レースをするうえでのハンデにはならないと俺は思っています。こういう脚でも走っている馬は、世界中にたくさんいますから」

ただ走るだけなら、そりゃ犬でもネズミでも走るだろうさ、とライルは思ったが、余計な突っ込みは入れずに、少しクセのある英語で馬の説明をしている青年が、さっきの冷たい態度とは打って変わって熱心になっていくのを、うっとりと眺めた。

脚の曲がった名馬の例など、聞かされずとも知っている。ライルはきっと、青年より何百倍も競馬に詳しい。

だが、やめさせようとは思わなかった。高くもなく低くもない、しっとりした声音が耳を蕩かしてくれる。発音は悪いが、それが舌足らずに聞こえて、とてもキュートだった。

機嫌の悪そうな、無口で無愛想な顔もいいが、一生懸命な顔もいい。頬が紅潮しているのが、白い肌に映えてなんとも美しい色合いだ。

話が一段落したところで、ライルは口を挟んだ。

「きみは、日本人かい?」

「……え? ええ、そうです。言葉が聞き取りにくいですか?」

青年は途端に心配そうな顔をした。説明がお粗末で馬が売れなかったら、きっと雇い主に叱られるのだろう。日本人は真面目で勤勉で、とても義理堅い。

「いや、なかなかチャーミングで素敵だ」

困惑と不安を宿した表情が、みるみる怒りに変わっていく。チャーミングが気に障ったのか、素敵という表現が許しがたかったのか、よくわからないけれど、その劇的なまでの変化を、ライルはうわぁ、可愛いなぁとほんわかした気持ちで観察していた。

「俺は男なので、その表現を受け入れるわけにはいきません。あなた、馬を見に来たんでしょう? これは失礼した。純粋なる褒め言葉であって、怒らせるつもりはなかったんだ。ところで、その脚の曲がった馬の値段は?」

「オブライエンさんの希望価格は、……二十万ドルです」

「二十万ドル?」

ライルは鸚鵡返しに言った。

青年の力説は適当に聞き流していたが、この貧相な馬にその値段はちょっとボリ過ぎである。明らかに低価格帯の馬で、五万ドルに大幅値下げしても売れるかどうか怪しい。ライルが忌憚ない意見を述べると、青年は一瞬気弱な顔をしたが、すぐに挑むような瞳で見上げてきた。
「たしかに、血統からしてもそんなに高いようには見えないけど、でも俺は……そのくらい価値のある馬だと思っています」
「きみ、馬にかかわるようになって何年になる？」
「五年です」
「五年？」
不信感のこもった二度目の鸚鵡返しで、青年はしぶしぶ白状した。
「……牧場で働き始めて、二年になります」
「私が思うに、きみはこの馬に相当強い思い入れがあるようだ」
「ええ。出産に立ち会って、俺が初めて取り上げた馬なんです。俺が引っ張り出したんです、母馬の腹から出てきたところを」
「きみが引っ張り出したのは、この馬だけかい？」
「いいえ、あとで何頭もの出産に立ち会ったし、今年もたくさんいい仔馬が生まれました。どの出産も感動的だけど、やっぱり最初の子供は特別に感じます」

青年は愛しげに馬を撫で、己の宿命をまだ知らない若駒は、あどけない顔で青年に甘えた。弱い馬に興味のないライルは、見慣れない異国の絵を見るような気分で、その美しい光景を眺めていた。

青年の幻想的な期待や華々しい希望は、数年のうちに打ち砕かれるだろう。てくれればいい、活躍するのではないか、活躍するに違いないというバージョンアップしていく厄介な妄想に取りつかれているが、現実はセリで売れ残って競走馬としてのデビューすら危うい。世界中のターフで王者の走りを見せる馬は、生まれたときから完璧なのだ。安値で買い叩かれた馬が、ときおりどうしたことかドラマティックな力走を見せて、観客を感動させることもあるが、勝つか負けるかヒヤヒヤしたり、下克上を連想させるようなレースは、王者に相応しくない。

生まれたときから期待され、飛び上がるほどの高額で売買され、勝って当然のレースを、勝って当然の期待の中で、汗も掻かずに勝ってのけるのが、本当に強い馬なのだ。

現実はとても厳しく、そしてとても冷たい。

「このセリで売れなかったら、どうするつもりかな。オブライエンさんとやらは」

「売れます、絶対に売れます」

思い詰めたように翳りの秀麗な美貌に、売れても売れ残っても、この馬の未来は明るくないのだなとライルは悟った。

青年のつっけんどんな態度は、不安の裏返しだったのだろう。絶対に売れると思っていた馬が売れ残り、買い手から打診も受けない状況では、苛立ちも覚えるし不安にもなる。
　ライルは人差し指と親指で顎を摘み、これからの予定を考えた。
　何事においても、初めての経験というものは、人生の記憶に深く刻み込まれてしまう。自分が育てて開花させたい青年に、自分以外に心を占める存在があるのは、よろしくない。
　昔の恋人ならすぐに青年に忘れさせてみせるが、己が初めて取り上げた仔馬を忘れさせるのは、至難の業だ。ましてやその馬が不幸な死など迎えたら。
　悲しむ青年が可哀想そうで、きっと見ていられない。
　この馬は青年のペットだ。ちょっと大きな犬なのだ。ライルはそう思うことにして、ペットごとシャイザリーに連れ去る決意を固めた。
　愛しい馬と一緒にいる方が青年も嬉しいに違いないし、彼がたとえ、シャイザリーで暮らしたくないと駄々を捏ねても、愛しい馬の命運をライルの手に握られているとあれば、自分だけ逃げ出すこともできまい。
「一石二鳥じゃないか、素晴らしい！」
　ライルは己の隙のない計画を、小声で自画自賛した。
「この馬の所有者と、いっときも早く話をしなければ。
　きみ、オブライエンさんとやらを呼んできて……」

くれないか、と最後まで言い終える前に、地獄の底から聞こえてくるような声が、背後から突き刺さった。
「お探し申し上げましたよ、殿下」
振り返るまでもない。職務に忠実で優秀なボディガードたちが、雇い主を見つけ出したのだ。
「あれほど勝手な真似はなさってくださいますなと、何度も何度も申し上げましたのに。わかっていただけなかったようで、私は非常に残念に思いますよ、殿下」
トゲトゲしく丁寧にネチネチと抑揚のない声でしゃべるのは、スレンダーなレインだ。機械に強くて、たいていの時限爆弾は解除できる。
ブライトンはレインの頭ひとつぶん背の高い、傭兵上がりの寡黙な男だ。どこで知り合ったのか知らないが、ライルが初めて紹介されたときから、二人はいいコンビでいつも一緒だった。個人的に契約を結んでいるライルは、彼らを信用している。
「やぁ、元気だったかい? あの控室、窓が開いていたんだ。開いてる窓を見ると、人間ってそこから出たくなるもんなんだよ。私のせいじゃない」
ライルは用意していた言いわけを、にこやかに披露した。
「鍵がかかっていても、ご自分で外して脱走なさるでしょう。つまり、殿下の性格の問題であって、断じて窓のせいじゃありません。いつもよくそんなくだらない言いわけを思いついて、かつ我々に臆面もなくおっしゃることができますね」

「だって、『脱走したかったんだ』って言ったら、それこそ怒るだろう?」
「怒りませんが、呆れます。殿下が『自分勝手な行動を取っているときに、生命の危険にさらすようなガードをしたとあっては、今度は我々の名誉と自尊心の問題になりますから」
「ボディガードにもいろいろあるんだな。心中お察しするよ」
他人事のように言うと、レインは吊り上がった目で睨み上げてきた。
「では、おとなしくお戻りくださいますね」
「……殿下って?」
形のいい眉が不安げに顰められている。訊ねてはいるが、ライルの正体に思い当たる節があったのかもしれない。
控えめに口を挟んできたのは、青年だった。彼らは私のボディガードなんだ。優秀だが、脱走した私を発見するのが早すぎる」
「すまない、話の途中だったかな」
「お褒めに預かり光栄です、殿下」
ライルの軽口に、レインが嫌味ったらしく礼を言う。
「殿下ってもしかして、シャイザリーのライル・アサディン殿下? ……いえ、殿下でいらっしゃいますか?」

「いかにも、そのとおりさ」

 丁寧につけたように丁寧にしゃべろうとした青年は、驚愕と困惑で青褪めていた。

「も、申し訳ありません！ 俺、すごく生意気なこと言っちゃって…！」

「気にしなくてもいい。慈悲深く慈愛あまねくアッラーの御名において。私は気さくな性格だし、きみとの会話はとても楽しかったよ。さて、馬（ときみ）の話をしよう。ぜひ（きみごと）買い取りたいと思っている。きみの雇い主はどこにいる？」

 自分（ではなく、きみの方）が気に入ったようだ。

 自分に都合よく言葉を省き、それに気づかれないように、外国人には神秘的に聞こえるアラビア語を無意味に盛り込みながら、ライルは青年に訊いた。

 姑息なライルの罠はちゃんと機能していて、青年は一瞬にして喜色を浮かべた。

「……この馬を、買ってくださるんですか？」

「もちろん（きみのペットとしてね）」

「とても嬉しいんですけど、ああ、でも……」

「細かい話はあとでしょう。私も暇なわけじゃないのでね」

 急きたてると、青年は慌てて携帯電話で連絡を取り始めた。

 オブライエンは近くにいたらしく、すぐに現れた。青年は電話口でライルの名前を出していたが、彼は自分の生産した馬の価値をよく知っているようで、青年以上に困惑した顔だった。

疑わしそうな目をしているのは、ライルを偽物だと思っているのかもしれない。脱走用のサングラスに直接交渉など、そういう誤解を受けても致し方ない。しかも、エージェントも連れずに本人が直接交渉など、普段のライルなら絶対にしないことだ。
「初めまして、ミスタ・オブライエン」
ライルは自己紹介代わりに、手っ取り早くサングラスを外して見せた。これでライルが本物かどうかわからないような生産者では、この先この商売をつづけてもうまくいかないだろう。
「シェ、シェイク・アサディン殿下……！　お、お目にかかれて光栄です」
本物のライルとわかると、オブライエンはにわかに頬を紅潮させた。差し出してきた手を握ってやってから、ライルはニコリと微笑んだ。
「さっそくでなんだが、彼が連れているこの馬を買いたいんだ。先ほど偶然ここを通りかかったら、彼がこの馬を勧めてくれてね。あなたはいい従業員を持っている」
「お褒めいただき、ありがとうございます。ですが彼はまだ若く、競馬についても未熟ですし、セリ市に慣れておりません。どのような説明をしたのかはわかりませんが、この馬は殿下がご購入になるような馬では……」
「私がこの馬を気に入ったんだ、それでいいじゃないか。突発的なことなのでエージェントはいないが、できればここで決めてしまいたい。かまわないだろうか」
「そ、それはもちろんですが……」

25　熱砂の夜にくちづけを

オブライエンは流れ落ちる額の汗を、手の甲で何度も拭っていた。ライルは彼を手招きし、会話が青年の耳に届かないところまで離れてから、本題に入った。
「正直な話をしよう。私は馬よりもあの青年が気に入ってしまったんだ。馬と一緒に彼も私のところに引き抜きたいんだがどうかね」
「イ、イズミをですか?」
「それが彼の名前? いい響きだ」
「フルネームはイズミ・ハセです。彼は友人の息子で、二年ほど前から私が預かっています。家族は日本で、競馬とは関係のない生活をしておりまして、彼は五年前の家族旅行で私の牧場に遊びに来てから、競馬の魅力に取りつかれてしまったようで。高校を卒業すると家族の反対を押し切って渡米してきました。馬に関しては素人ですが、勉強熱心でいい子です」
オブライエンの言い方には気取ったところがなく、ライルに媚びておこうといういやらしさも感じなかった。
「なるほど。競馬の勉強なら、私のところでもできるよ。私が奨励金を出して、自費では海外に行って勉強できないホースマンたちを支援、育成しているのはご存知かな?」
「ええ。では、イズミもその中に加えてくださるのですか?」
「当然だよ、ミスタ・オブライエン。あなたのご友人であるイズミの家族にも、よい報告ができるでしょう」

「それは、イズミにとっても申し分ない話とは思いますが、彼自身はなんと言ってるんでしょう」
「まだ聞いてないんだ。一筋縄ではいかない性格のようなので、あなたから話すよりも、私から言ってもらった方がスムーズだと思うんだ。……無理を承知で言うんだが、私は今日このまま彼をシャイザリーに連れて行きたいと考えている。荷物や生活費、ビザのことは心配ない、すべてこの私が保証人になるのだからね」
「き、今日とおっしゃるのですか？　シェイク・アサディン、いくらなんでも……」
「無理は承知の上だと言っているんだ、ミスタ・オブライエン。あの馬ごと、イズミを私に譲ってほしい。イズミはあの馬の値段を二十万ドルだと言ったが、嘘だろう？」
「二十万ドルですって？　お聞き間違いをなさってるんでしょう。あれは午前中のセリで声がかからなかった馬です。私は四万ドルで売れてくれれば上々の首尾だと思っていました」
「では、馬とイズミで五十万ドル出そう。どうだ？」
「ご、五十万ドル……？」
「なんだ、気に入らないのか。たしかにイズミの価値が五十万ドルでは、安すぎるな。では、百万ドルでどうだ？　あなたがOKなら、今すぐ小切手を切るよ」
そう言って周囲を見まわすと、レインたちが連絡を取ったのか、秘書のハルファンの姿が目に入った。ライルはハルファンを呼び、小切手帳を出させた。サラサラと記入して、オブライエンに渡す。

27　熱砂の夜にくちづけを

なにが起こっているのか、よく飲み込めていないオブライエンは反射的にその小切手を受け取ってしまい、呆然とした顔でライルを見上げている。
「ミスタ・オブライエン。あなたはイズミを解雇して、私のところへ来るように言うだけでいい。イズミは幸せになるだろう」
私は人攫いではなく、シャイザリー首長国の第六王子だ。なにも心配することはない。
「シェイク……」
「行きたまえ」
ライルが王族にしか出せない厳粛な声で命じると、オブライエンはまるで雲の上を歩くように覚束ない足取りで、イズミの方へ向かっていった。
帰りのジェット機ではイズミを隣に座らせて、いろんな話をしよう。あの肌理の細かい東洋人独特の肌に触れてもみたい。口づけなどしたら、彼は怒るだろうか。
こうしていろいろ考えているときが、一番楽しい。
ライルは満悦の表情で微笑んだが、すぐ近くでは、ライルの奇行に慣れていながらも、うんざりしているレインとハルファンがため息をついていた。

二時間後、長谷和泉はライルのプライベートジェット機に乗せられていた。

どうしてこんなことになってしまったのか、考えても考えてもわからない。馬を売りに来たのに、洗いざらしの綿のシャツにジーンズという着の身着のままで、何故アラブ行きのジェット機に乗っているのだろう。

和泉は隣に座っている男を、ちらりと見上げた。

グレーのスーツから白い民族衣装に着替えた彼は、アラブの王族で桁違いの財力を誇る世界最大の馬主だ。たとえ馬産業に従事していても、普通なら話しかけることのできない人である。最初からこの格好でいてくれたら、和泉だって彼が誰なのか、きっとわかったと思う。セリ会場で金髪にクフィーヤを被っているのは、シェイク・アサディンだけだからだ。ボディガードから逃げて、内緒の散歩をしていたらしいが、なんと迷惑な話であろう。

彼がシェイク・アサディンだとわかっていれば、和泉も少しは弁えてあんなに失礼なものの言い方をしなかったのに。

――馬を買う気もないのにウロウロするな、とか言っちゃったよ……。しかも、殿下相手に脚の曲がった馬の講釈まで垂れて。ああ……最悪だ、もう死んでしまいたい……。

後悔先に立たずとは、よく言ったものだ。自分のしでかしたことを思い返すと、和泉は穴を掘って頭のてっぺんまで埋まりたくなってくる。

それに、この人はどうして自分の隣に座っているのだろうか。

プライベートジェット機に、ファーストクラスやエコノミークラスといった分け方があるのかどうか知らないが、彼が座っているこの一角は、明らかに特別に設えられた超豪華かつ快適な席だ。

ここにはアサディン殿下と和泉、それに殿下の二人のボディガードしかいなかった。殿下の秘書や、彼が経営している競馬法人、ザリスター・レーシング社の関係者たちも多数乗っているはずだが、彼らはビジネスかエコノミークラスにいるのだろう。

普通に考えれば、和泉もエコノミーにまわされて当然の身分である。それも、席はほかにいくつもあるのに、わざわざ殿下の隣に座らされるなんて、どう考えてもおかしい。

和泉が我知らず俯き、疑問だらけの頭を抱えていると、殿下が声をかけてくれた。

「気分が悪いのかい、イズミ？」

「い、いいえ……！」

和泉は慌てて、背筋を伸ばした。

これ以上の失礼は許されない。セリ会場からここまでは慌ただしくて、言う機会がなかったのだが、自分の失態だった態度をきちんと謝っておかねばなるまい。

「あの、シェイク・アサディン殿下。セリ会場でのことなんですが……」

「ちょっと待ってくれ。いちいち、そんな堅苦しい名前を言わなくてもいい。私の正式な名前はライル・アサディン・アル・シャイザリー。簡単にライルと呼んでくれ」

「よ、呼べません！」

和泉は驚いて、思わず顔の前で手を振った。
　どうして自分ごときが、王族の彼を呼び捨てにできるのだ。彼がいいと言っても、彼の秘書やボディガードは怪訝な顔をするに違いないし、事情を知らない人なら不敬罪だとして和泉を罰するかもしれない。
　もしかすると、これはあまりにも偉そうであまりにも生意気だった和泉に対する、嫌がらせだろうか。
　それならやはり、いっときも早く謝った方がいい。
「すみません。俺が生意気だったから、怒ってらっしゃるんでしょう？　知らなかったとはいえ、アサディン殿下に失礼なことを……」
「ストップ。またアサディン殿下と呼んだな。言っておくが、ライルと呼ばない限り、きみの謝罪は受けつけない」
「そ、そんな！」
　和泉は困り、何度も謝ったが、ライルはそっぽを向いてしまって、返事をしてくれない。許しを得られない謝罪に意味はない。
　仕方なく、和泉はリクエストされた名前を呼んだ。
「殿下……いえ、ライル、セリ会場では失礼な態度を取ってしまって、申し訳ありませんでした。許してください」

「本当に悪いと思ってるのかい?」

ライルはやっとこちらを向いてくれたが、すんなり許してくれる気はないらしい。

「もちろんです」

和泉は力強く頷いて見せた。

「そうかな? きみの本音を当ててやろうか」

「はい?」

「最初からこの格好でいてくれたら、私が誰かわかったのに。わかっていれば、もっとちゃんと対応できたのに、紛らわしいスーツ姿で散歩なんかして、傍迷惑な人だ。……違うかい?」

和泉の心の中を読んだのではないかと疑うくらいにぴったりだったが、ここで頷くわけにはいかなかった。

和泉は目を逸らしながら、

「そんなことはありません」

とほとんど棒読みで答えた。

和泉の嘘はバレバレだったのだろう、ライルはプッと噴き出した。

「ますます、おもしろい。うん、連れてきて正解だ」

「あの、そのことですけど、質問してもいいですか?」

「どうぞ」

「俺に競馬の勉強をさせてくださるというのは、本当でしょうか？ シェイク・アサディン主催のその制度のことはよく存じていますが、参加するには推薦状が要るし、騎手とか調教助手とかその資格を持っていないと駄目だと聞いています。俺は騎手でもないし調教助手の資格もないんです。俺がメンバーの中に入っても、足を引っ張るだけだと思うんですが」

「ああ、そのことか。気にしなくていい。なぜなら、きみは私が個人的に教えるからだ。きみの教師は私だ。手取り足取り、懇切丁寧に教えてあげるよ」

「……は？」

和泉はポカンと口を開けて、精悍な金髪の王子をまじまじと見つめた。

サングラスを外した瞳は黄金の混じった緑色で、どこか怖いようにも感じられる。早い話が、人間離れしているのだ。

そんな王子が、手取り足取り教えてくれると言う。だが、手を取られ足を取られて教えられるものだろうか、競馬というものは。

「白くて綺麗な歯をしているな。そんなに可愛らしく口を開けられては、キャンディの一つでも放り込んでやりたくなる」

どういう意味なのか和泉が必死になって考えているのに、ライルはのほほんとした声と表情でそう言い、あろうことか、キャンディの代わりに彼の指先を和泉の口に突っ込もうとした。

「うわっ！」

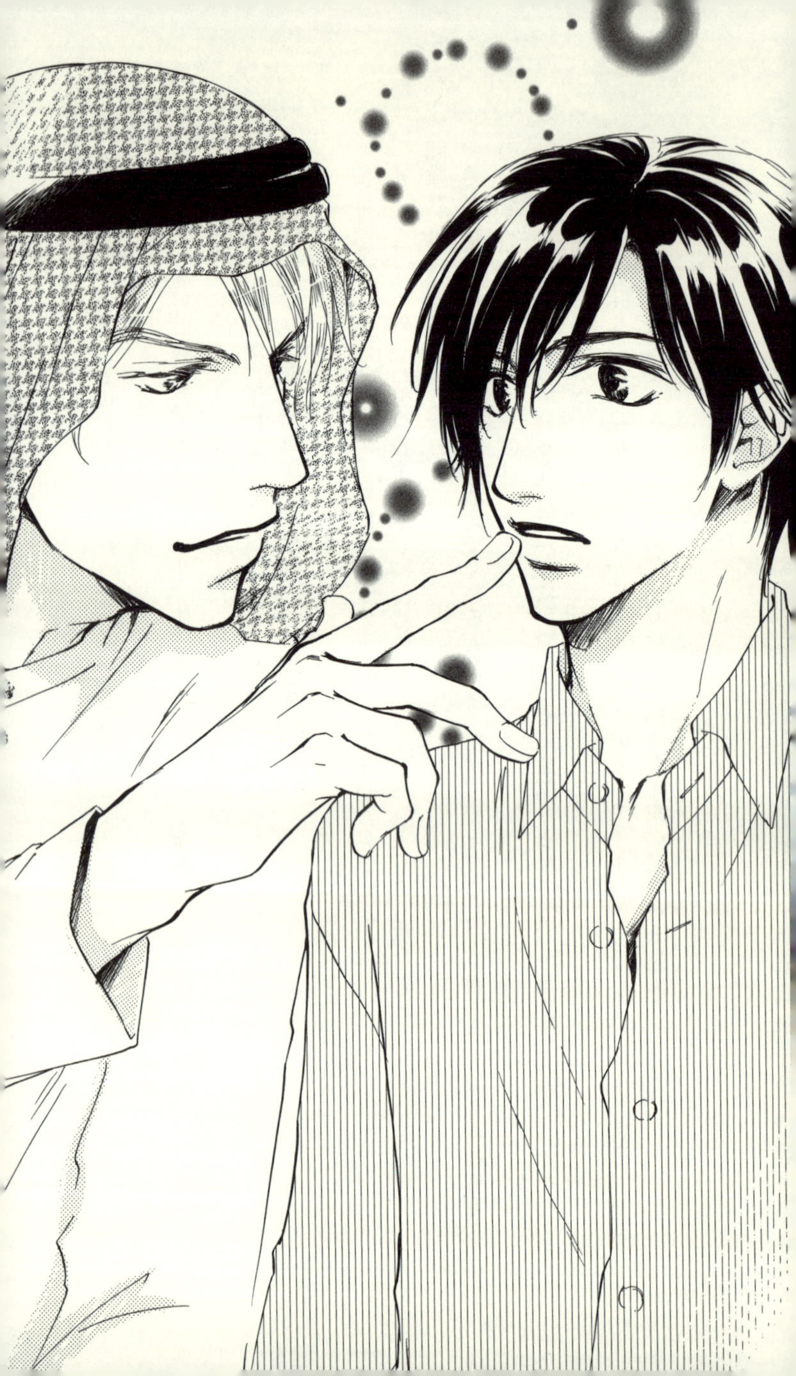

和泉は叫んで仰け反り、ハエでも追い払うようにライルの指を叩き落とした。

「なにをするんだ」

「お、俺の台詞です！　俺が悪いんじゃないですよ！」

まるっきり被害者みたいな顔をしているライルに、和泉は手のひらで唇をガードしながら抗議した。身の危険を感じるのは、気のせいだろうか。話もちぐはぐだし、なんだかいやな胸騒ぎがして、収まらない。

和泉は用心深く、もう一度訊いた。

「個人的に、どんなことを教えてくれるんですか？　あなたは王子だし、競馬だけをやってるってわけにはいかないんでしょう」

「たしかに、シャイザリーの第六王子である私の一番大きな肩書きはシャイザリー警察副総裁で、他にも王子としてやらねばならない細々とした公務も多い。だが、一番熱を入れてやっているのは競馬でね。私の実績には父も兄も満足している。私の横にいるだけで、きみは世界的名馬を何頭も見ることができるし、その調教場面にも出会えるだろう。それでは不満か？」

「ふ、不満はありません！　それじゃあ、俺は厩舎で働くんでしょうか？　できたら、馬の世話もしたいんですが」

「残念ながら、私はきみを厩舎で働かせようとは思っていない」

「じゃあ、俺はどこでなにをして働くんですか？」

「それは、国についてからのお楽しみだ」
ライルは魅力的にウィンクして見せた。
気障なしぐさも、これだけ男前だと嫌味なく決まっている。
どうして今言えないのか、これ以上の追及ができなかった。それに、ジェット機の中では、和泉はライルの顔に見惚れてしまい、それ以上の追及ができないのだ。
シャイザリーに着いてしまえば、そこはライルの母国。さらに逃げ出すことは難しくなるのだが、このときの和泉に、そんなことがわかるわけもなかった。
「わかりました。仕事のことはもう訊きません。よく知らなくて申し訳ないんですが、シャイザリーはどんな国ですか?」
「砂漠と海がすぐそこにある、綺麗な国だ。リゾートアイランド計画を実施中で、ビーチ近くに並ぶ近代的かつ個性的なビルやホテルは観光客に人気でね、イズミもきっと気に入るだろう。以前はこれといった産業のない貧しい一首長国だったが、四十年ほど前に石油が出てから国は一気に潤った。連邦国として独立したのは、石油が出て二年後だ。まだ、若い国なんだよ」
「これから、もっと発展していく国なんですね」
「石油によって潤った国だが、石油に頼らない国作りをしようというのが、父や長兄の考えでね。私も自分にできることからやっているわけだ」

「競馬ですか？」
「そう。世界中が注目せずにはいられない競馬組織を作り、最高の馬を集めてレースを行う」
「みんな、絶対に見に来ますね」
「計画は順調に進んでいると思うよ。ところで、イズミ。今度は私が訊いてもいいかな？」
「もちろん、なんでしょうか？」

和泉は驚き、少し身構えながら頷いた。

「馬で思い出したが、セリ会場で会ったとき、どうしてあんなに不機嫌だったんだ？　それに、私に嘘をついた。あの馬の値段は四万ドルでも御の字だとミスタ・オブライエンは言っていた。——誰を相手にしても成功するとは思えないが、五倍の値段を吹っかけるとはなかなかやり手だ。私の正体を知らないわりに、五倍の値段を吹っかけるとはなかなかやり手だ。何故あんな無謀なことを？」

シャイザリーの話ですっかり和んだと思っていたのに、カウンターパンチであった。和泉は俯き、両手で顔を覆いながら、

「嘘をついて、すみませんでした」

と潔く謝った。

「騙されていないから、べつに謝ってくれなくてもいい。まさか、きみだって思っていなかっただろう？」

ライルの言葉はビシバシ刺さって、容赦がない。

なにをぼそぼそと弁解を始めた。まぼそと弁解を始めた。

「それは、まぁ……微妙なところですが。俺、セリに来たのは初めてなんです。すごく楽しみでした。オブライエンさんが連れて行ってやるって言ってくれて、昨日の夜からドキドキして。すごく楽しみでした。オブライエンさんが取り上げたあの馬——ファルコンって呼んでるんですけど、オブライエンさんは四万ドルが最低ラインだと言ってましたが、俺はもっと高い値段で売れるに違いないって思い込んでいたんです」

高いと思った根拠はない。走るという確信があったわけでもない。強いて言うなら、『自分が取り上げた最初の馬だから』。

セリに行くまではそれが立派な理由に思えて、胸弾ませながら丁寧に馬の身体を洗ってブラッシングをし、ピカピカに磨き上げた。だが、セリ市にはもっと素晴らしい馬がいて、ファルコンには誰も注意を向けなかった。

「安い値段で叩かれたくなかったんです。馬を消耗品だと考えている馬主さんに買われるのもいやだった。でも、現実はもっと酷くて、買おうと言ってくれる人もいなかった。期待ばかりしていたから、落差に頭がついていかなくて。自分にも腹が立ったし、ファルコンのよさがわからない人たちにも腹が立ちました。ムカムカしているところにアサディン殿下が……いえ、ライルがいらっしゃったので、八つ当たりをしました。失礼なことばかりしたのに、あの馬を買ってくださって、ありがとうございました」

和泉は心からの感謝を込めて、そう言った。
 ライルが所有している厩舎の、一流の調教師や一流の騎手に跨ってもらって、あの馬は一流の馬になるのだと、信じて疑わなかった。王子の所有馬になるなんて、ファルコンは幸運を抱いて生まれてきたのだ。
 俺が取り上げた仔馬。やっぱり絶対に活躍するに違いない。活躍しないわけがない。セリ市場で萎んだ和泉の期待は、ここにきて、さらに大きく膨れ上がっていた。
「礼には及ばない。あの馬はシャイザリーの私の厩舎に入れるつもりだ。いつでも、好きなときに会いに行けるよ」
 ライルが優しくそう言って肩を抱いてくれたので、和泉は顔を上げた。
「ありがとうございます」
「どういたしまして」
 軽く首を傾けて微笑んだライルに、和泉はまたもや見惚れてしまった。
 性格はどうであれ、見てくれだけは最高に格好いい王子である。白い肌と金髪は欧米人そのもので、アラブ人の血が半分入っているとは一見しただけではわからない。こんなふうに民族衣装を身につけていると、まるで映画俳優のようだった。
 肩にまわされた腕の袖から覗くのは、高価な腕時計と金のブレスレッド。カフスボタンは緑のガラス玉ではなく、どうもエメラルドな気がする。

ライルの瞳の色と合わせてあるのだろう。シンプルな民族衣装なのに、さりげないところでちゃんとお洒落を楽しんでいるのだ。
　やはり王族は違うなと思い、自分の格好を顧みて、和泉は憂鬱（ゆううつ）な気分になった。セリ会場で、着替えや金のことは心配するな、殿下の気が変わらないうちに早く一緒に連れて行ってもらえとオブライエンに言われて、本当に手ぶらで来てしまった。
　オブライエンのところに荷物や着替えを取りに帰ったところで、持っているものは今の服装と似たり寄ったりで、きっちりしたスーツは一着しか持っていない。それも、一目でわかる安物だ。馬の世話をするのにネクタイを締めて革靴を履く必要はないが、ライルが直々に仕事を教えてくれるなら、そんなにみすぼらしい格好もできないのではないか。仕事の内容も不明だし、先行きは不安だ。
「あの、俺のことなんですけど……、うわぁっ！」
　自分の今後の予定を訊こうとした和泉は、肩に載せられていたライルの手に頬を撫でられて、素っ頓狂な声を出してしまった。
「思ったとおり、すべすべの肌だな。触り心地が最高にいい」
「あ、あ、あの！」
　しつこく撫でつづけているライルから逃げようと身体を捩るが、もともと彼に抱きこまれているような体勢なので、逃げ場がない。

「初めて見たときから、触りたかったんだ。赤ん坊みたいな肌というのだろうか。赤ん坊の肌を撫でたことはないが、きっとこんなふうなんだろう」
「あ、あ、赤ん坊の方がきっともっと触り心地がいいですよ！　っていうか、女性の方が肌は綺麗だと思います！」
頰を触る指から顔を遠ざけようとすると、今度はライルに反対側の頰が埋まってしまう。ハッとなって首を起こそうとしたが、手遅れだった。
和泉はライルに抱き締められていた。
「抱き心地もちょうどいい。私の腕の中にぴたりとはまる。当たり前です。イズミ、きみからは私の大好きなサラブレッドの匂いがするよ」
「さっきまでサラブレッドを連れて歩いてたんだから、当たり前です。それって要するに、臭いってことでしょう？　離してください！」
髪に鼻先を埋めているらしいライルが、くんくんと鼻を鳴らして自分の匂いを嗅いでいるのがわかって、和泉は耳の先まで真っ赤になった。もがいてみても、ライルの腕の力は強まるばかりだ。
和泉はこんなふうに、誰かと抱き合った経験が一度もなかった。女性との性経験もないのだ。
服越しなのに、触れている部分が敏感になっている気がする。頰に触れていたライルの指が、耳の後ろをとおって首筋を撫でたとき、和泉は飛び上がるほど驚いて、亀のようにぎゅうっと首を縮めた。

くすぐったさの中にゾクリとするなにかが、身体の中を走っていった。それは、性衝動に似ている気がする。
「イズミ、きみは……。いや、まぁいい」
ライルはなにかを言いかけてやめると、和泉をあっさり解放してくれた。
「なにをするんですか、もう……」
強がりを言いつつ、少し涙ぐんだ瞳を隠すようにして、和泉は両手で自分の首を摑んでガードした。できるならライルと離れた席に座りたかったが、窓側の和泉はライルを越えて行かなければ通路にも出られない。
それに、どこに逃げても、ライルは追いかけてきて隣に座りそうな気がする。ボディガードたちは、そんなライルを絶対に止めてくれないだろう。途方に暮れている和泉の頰を、当のライルが今度は人差し指でちょんと突いてきた。
なんですかと訊く気力もなくて、無言で睨み上げていると、ライルは首を摑んだままの和泉の首をそっと握って下ろさせた。
「そう警戒するな。なにもしないよ。きみの肌は触り心地がいいから、こうして手だけ握っていてもいいかい？」
よくはない。なぜ男同士で手をつながなければならないのだ。

なにもしないと言うなら、手もつなぐべきではない。和泉の目だけの抗議は、ライルに綺麗に無視された。

しつこく握ってくるのを思い切って振り払ってみたりたのだが、ライルはまったく懲りず、余計に嬉しそうな顔で笑うばかりだ。仕方がないと放っておけば、腰を抱いてきたり、太腿を撫でて膝頭をきゅっと摑んだりする。

「ライル。手だけという約束だったでしょう」
「ああ、そう。そうだったね」

和泉が注意すると、ライルは叱られた子供のように悪気のない笑顔で詫びて、堂々と手を握る。こうなると和泉の口からはもはや、ため息しか出ない。

シャイザリーへの空路は長く、途中で食事をしたり、仮眠を取ったりしながらも、和泉は絶えず身体のどこかを触られつづけ、夢と希望に満ちているはずの自分の未来が、本当は曇り空のようにどんよりしているのではないかと疑った。

——でも、ライルはオブライエンさんに話をつけていたし、ファルコンだって買ってくれた。変わってるけど、いい人なんだ……。そう思いたい。

オブライエンがライルに脅され、馬込みで自分を百万ドルで譲ったことを、和泉は知らない。ファルコンが競走馬ではなく、自分のペットとしてシャイザリーに連れて来られたことも、和泉は知らなかった。

43　熱砂の夜にくちづけを

億万長者の王族がいかに我儘な要求を突きつけようと、面と向かってノーと言える一般人は少ない。悪いようにはしないと言ったライルを信じるしかなかったオブライエンを、誰も責めることはできないのだ。

和泉は自分の手をしっかりと握ったまま、目を閉じて仮眠しているライルをそっと見上げた。茶色の睫毛は長く、ところどころ金色が混じっていて不思議な色合いだ。少し不揃いな長さのそれは、和泉が惹かれてやまないサラブレッドの気高い瞳のありさまと、似ているような気がした。晴れているのか曇っているのかわからないが、自分の未来は彼が握っている。

──どうか、彼が俺に酷いことをさせませんように。

和泉は心の中で両手を合わせ、どこの国の上空かもわからない飛行機の中、ムスリムの男の隣で日本の神様に祈った。

シャイザリーに到着したのは、夜中だった。飛行機から下りて、次に乗ったリムジンに揺られ、三十分ほどで着いたライルの屋敷は、ライトアップされていて、宮殿といっても差し支えないほど立派だった。四階建ての建物で、白とブルーの外壁が美しい。

正門の前と屋敷の玄関の前には、警備兵が数人立っていて、ライルに向かって敬礼をした。

何十人もの召使いたちが待ち構えているのかと思われたが、ライルを迎えたのは初老の男性と、まだ十代なかばくらいの少年、それに中年女性の三人だけだった。
執事のザイヤーン、雑用のサーフィ、メイドを取り仕切っている女中頭のターシアと、順番に紹介されて、和泉がよろしくと頭を下げている間に、ライルはさっさと先に行ってしまっていた。
大理石の床はピカピカで、廊下には足首まで埋まりそうな分厚い絨毯が敷いてある。走っても足音がしない絨毯を、和泉は初めて経験した。
「こっちだ、イズミ」
ライルに呼ばれ、屋敷の中を見学する暇もなくエレベーターに乗せられた和泉は、最上階の四階の一室に連れて行かれた。
「きみは今日からこの部屋で暮らすんだ。気に入るといいんだが」
部屋の中は白を基調とした清潔なイメージで、オブライエンの家で使わせてもらっていた部屋の軽く四倍は広かった。奥に寄せられているベッドは四本の柱に支えられた天蓋がついている。
「気に入るもなにも……、もっと小さい部屋はないんでしょうか」
和泉はげんなりして訊いた。
生まれ育った東京の実家は、オブライエンの家の部屋より狭く、ベッドやタンスに机を置いたら、足の踏み場もないありさまだった。それがさしていやだったわけではなく、狭い場所で暮らすことに慣れているので、こんなに広い空間では落ち着かない。

和泉が正直にそう言うと、ライルは気の毒そうに眉を寄せた。
「ここより狭い部屋はないんだ。その代わり、こっちのドアとつながっている。寂しくなればいつでも遊びに来たらいい」
「……そこのドア、鍵は締まるんですか?」
 身の危険を感じて、和泉は咄嗟に確認してしまった。
「もちろん締まるよ。渡しておこうか?」
 私は合鍵を持っているので、施錠しても関係ないと思うがね。という悪魔の呟きがライルの胸にそっとしまわれたのを、和泉はなんとなく察した。
「お、俺のプライバシーは守られないってことですか?」
「プライバシーを守るために、一室与えてるんだろう? 私以外のものは、この部屋に無断で入ることはできないさ」
「あなたは入ってくるわけですか?」
 ライルは意味深に微笑んで、答えなかった。
「衣服や必要な日用品はサーフィに言いつけたら、すぐに用意してくれるだろう。サーフィが駄目なら、ザイヤーンを呼べばいい。英語が話せるものばかりだから、心配しなくていい。それからこっちへ来てごらん」
 ドアを開けて廊下に出たライルを、和泉は慌てて追った。

46

ライルの部屋の前を通り過ぎ、角を曲がると、大きな開き戸に行く手をふさがれる。ライルはドアを開け、サロンになっている空間を通り抜けて、さらに奥の部屋へ進んだ。
かすかな水音が聞こえ、ここはもしやと思い、ライルの横をすり抜けて和泉は先に飛び出した。
「わぁ、温泉みたいだ！」
和泉は歓声をあげた。
中心に大きな円形の浴槽があり、獅子の口から湯が滔々と湧き出ている。こういうところについているのは、お定まりとはいえ何故に獅子の頭なのか。象や河馬の口から湯が出たのではない気品もあったものではないなと思いながら、和泉は獅子の頭を撫で、口から流れ落ちる湯に、手首を浸らせた。
「……気持ちいい」
「いつでも湯が流れているから、好きなときに入ればいい。もちろん、私ときみしか使えないバスルームだ」
「……」
和泉は調子に乗って、シャツの袖をまくり上げて突っ込んでいた獅子の口から、思わず手を引いた。
このポケットに入れていたハンカチで、そそくさと濡れた手を拭う。
このような危険な場所で、無邪気に喜んでいる場合ではなかったのだ。
「あ、あの、明日からのことなんですけど、俺はいったいなにをしたら……うわぁ！」

話を逸らしながらライルを振り返った和泉は、悲鳴をあげた。ライルが思い切りよく民族衣装を脱ぎ、下着までも取り去って、その均整の取れた見事な肉体を堂々とさらしていたからだ。
「長旅のあとだ。せっかくだし、汗を流していこう」
ライルの裸はいやらしいというよりも、芸術品のような美しさだった。見てはいけないと思いつつも、和泉の視線は筋肉の張り詰めた胸や、逞しい腕、さらに綺麗に割れた腹筋の下あたりをさまよってしまう。
自分とは比べ物にならないとわかってはいても、男たるもの、他人のそれは気になるものだ。しかし、髪よりも濃い色の繁みの下を盗み見て、和泉は見てしまったことを後悔した。馬で例えるなら、ダービー馬と鉢合わせしてしまった、未勝利馬の気分だ。戦う前から、負けることが決まっている。
「あ、あなたが入るなら、俺はあとでいいです……！」
無用の敗北感を味わいながら、ライルの身体を見ないように注意して、和泉はドアの方に向かおうとした。だが、ライルが一瞬早く、立ちふさがってしまう。
「一緒に入ればいいじゃないか。男同士なのに、なにを恥ずかしがることがある？　日本には銭湯や温泉があると聞いたことがある。イズミは入ったことがないのか？」
「いや、ありますけど……」

だが、飛行機の中で散々セクハラを働いた男と、二人っきりで入ったことはない。これは恥ずかしいというレベルの問題ではない気がする。

「なら、なにをビクビクしてるんだ。私が脱がせてやろうか?」

「け、けっこうです!」

「では、早く脱ぎたまえ。今日は朝から大仕事だった。馬も売れたし、きみは新しい、先へとつながる仕事も得られた。いい一日だったと思わないか」

ライルはそう言うと、ふいっと和泉の傍から離れて、浴槽に片足を入れた。惚れ惚れするほど長い脚である。

「……ええ、そうです。殿下……いえ、ライルには感謝しています」

広い背中を見つめて、和泉は呟いた。

彼がいなければ、どうなっていたのだろうか。ファルコンは安値で買い叩かれたかもしれないし、売れずに牧場へと連れて帰ってきて、いずれオブライエンに処分されたかもしれない。オブライエンは慈善事業で牧場をやっているわけではないのだ。売れない馬を、飼育料を払ってまで育ててやることはできない。

最悪のケースを考えると、ライルはまさに救世主だった。機内で受けたセクハラなど、ファルコンを失う痛みに比べたら、取るに足らないもののような気分になってくる。

「あ、イズミ。そこのタオルを取ってくれないか。私の背中を流してくれると助かるんだが」

49　熱砂の夜にくちづけを

ライルは和泉に背中を向けたままで、そう言った。
　彼が和泉とファルコンに与えてくれた恩恵は大きく、背中を流すくらいはやって当然だとも思われる。彼は背中を向けているし、服を脱ぐところを見られないで済むのなら、あとはタオルで前を隠していれば恥ずかしくない。
　そう考えた和泉は手早く裸になって、棚からタオルを二枚取り、一枚を腰に巻いた。胸元まで湯に浸かっているライルに近づき、
「背中をお流ししますよ、アサディン殿下」
と声をかける。
　ライルは無言で、浴槽から上がろうとしなかった。
　だが、和泉にはすぐにその理由がわかった。
「ライルって呼ばなかったから、返事をしてくれないんですか？ まったく、子供みたいなんだから。背中を流しますから外に出てください、ライル。浴槽を泡だらけにはできないでしょう」
「……イズミ」
「はい？」
「ライル？」
「ライル」
「きみは本当に素直でいい子だ。綺麗でツンと澄ました顔をして、冷たいのかと思えば情に脆い。その白い肌の下には、私が火傷するほど熱い血が流れているんだろう」

「人を皆善人だと思うのは、きみの美徳だ。きみはきっと、騙されても騙されても、ちょっと殊勝な態度を見せられれば、信じてしまうんだろうな。悪魔も惑うほどの美貌に生まれながら、こんなにも純粋に育てられて。奇跡のようだよ」
「なにを言って……っ、う、あっ！」
 和泉はライルに右腕を摑まれ、力任せに引っ張られて、湯の中に頭から落ちた。浴槽は浅いのに、平衡感覚がなくなっていて、手足をバタつかせる。湯を飲んでしまい、溺れると思ったとき、強い力で抱き起こされた。
「ぐっ、ごほっ！　ごほ……っ」
 ライルの腕の中で和泉は盛大に咳き込んだ。苦しさに、湯とは違う液体が目尻から零れて頰を伝う。

「大丈夫か？」
 まだ小さく咳をしながら、和泉はライルを睨みつけた。
「き、急に……なんてこと、する……ん…ケホッ！　危ないでしょう！」
「ほら、その顔。勝気なくせに、すぐに泣く。この黒い瞳に涙を浮かべれば、許してもらえると思っているんだろう？」
「やめてください！　だ、誰か！」
 和泉はこのまま殺されるのではないかと思って叫んだが、答えてくれるものはいなかった。

「ここは私の屋敷だ。召使いは私の命令しかきかない。きみはここで、私のものになるんだ」
「い、や……っ!」
強く抱き寄せられて、和泉は自分たちの格好を認識させられた。ライルと向かい合い、ライルの腰を自分の両足で挟むようにして、膝の上に座らされていたのだ。腰に巻いていたタオルは、湯に落ちた拍子に外れたか、ライルがどさくさに紛れて取り去ったのだろう。
二人の身体は密着しすぎていて、和泉自身はライルの下腹部に当たっており、ライルのものは和泉の尻臀を軽く突いている。すでに、欲情しているという証拠だ。
和泉は思わず、呆然とライルを見つめた。
異性との性体験はなくとも、和泉ももう二十歳の青年である。ライルの性器の状態がなにを意味しているかは、よくわかっていた。
「怖いのか? きみはセックスの経験がないんだろう?」
図星をさされて、和泉はカァッと赤面した。
「機内でいろいろ触ったときに、すぐにわかったよ。反応が初心だったから。私は嬉しいよ。前の恋人の痕を消し去って、私の色に染め替えるのもいい。……目を逸らさないで。私がきみの初めての男になるんだ」

「は……離して、ください……！」
「いやだ。キスはどうだ？　したことがある？」
「キスくらい、あります」
「ふん、生意気な目をして。どうせ子供の遊びみたいなキスなんだろう？」
　緑の瞳にバカにされて、言い返すことができない。高校生のときに、ほんの少しの期間つき合っていた彼女としたのは、唇と唇を触れ合わせただけの、軽いキスだった。
　彼女が塗っていたリップの味が気になって。舌を伸ばすことができなかった。どうして気になったのか、自分でもわからない。今でもミントのリップクリームを見ると、彼女のもの足りないと責める瞳を思い出して、和泉は苦い気持ちになる。
「悔しいのか悲しいのか怒っているのか、よくわからない顔だな。子供のキスでいいじゃないか。大人のキスはこれから覚えたらいい」
　そう言ったライルは冷たい表情を緩めて、皮肉な笑みを消し去った。
　それから顎を突き出して、尖った和泉の唇に軽く触れる。
「……！」
　涙を堪えようと歯を食いしばると、眉根が寄って唇が尖った。
　ライルには知り得るはずもないのに、そんな過去まで見透かされている気がして、居たたまれない。
　悔しいけれど、唇を触れ合わせただけの、軽いキスだった。

突然のことで、逃げる暇もなかった。

和泉の身体は強張り、視線がライルの唇に釘づけられてしまう。見つめている間に、それは再び接近してきた。

対になった唇のように、二人のそれはぴたりとくっついた。ライルの唇は柔らかくて、熱い。自在に動く彼の舌に上唇を舐められ、和泉の唇が薄く開いた。

自分の中に滑り込んできたライルの舌を、どういなせばいいのかわからなくて、和泉はただ唇を開いて自分の舌を奥の方に引っ込めていた。

ライルは引っ込み思案な和泉を外に引き出そうと、舌を大胆に躍らせ、和泉の口のまわりを唾液でべとべとにしたが、彼の舌に己のそれを絡ませる勇気は、和泉にはなかったし、また絡ませなければならない理由もなかった。

「ん……、ぁ……」

息苦しくなってきて、和泉はライルの肩に両手をつき、向こうに押しやった。

キスは解かれたが、和泉の尻を突くライルのものは、前よりも硬くなって存在を主張している。その感触から逃れようと、肩についた両手で自重を支えるようにして和泉は腰を揺らしたが、ライルの先端は双丘の間に入ってしまい、尾骨までの狭間を擦ったり、触れられたくない排出の器官をゆるく突いたりした。

「あ……っ」

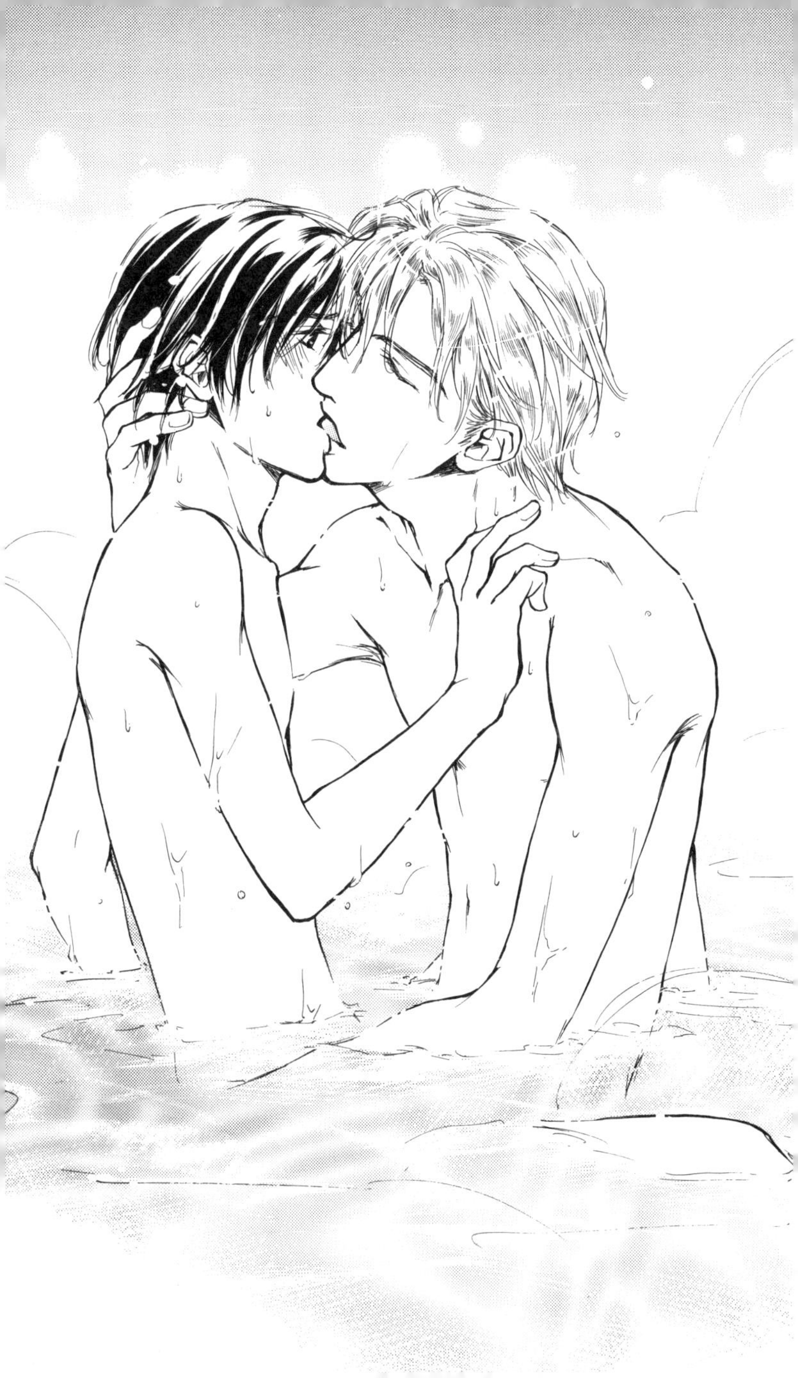

和泉の身体にじんわりと湧き起こってきたもの、それは快感だった。
　腕の力が抜けて腰を落とした和泉を、ライルは優しく抱き締めた。さっきのでなんとなくわかってしまった。ライル自身の大きさを思い出し、和泉はぶるりと身体を震わせる。
　男同士がどうやって交わるか、教わったことはなかったが、さっきのでなんとなくわかってしまった。ライル自身の大きさを思い出し、和泉はぶるりと身体を震わせる。ライルはきっと、あれを和泉の中に入れようとするだろう。だがそんなことをされたら、自分はきっと傷ついてしまう。
　このまま犯されてしまいたくなくて、潤んだ瞳で精いっぱい睨む。
「初めから……俺のこと、初めから、こういうつもりで……?」
「もちろん」
　もう和泉を手に入れたも同然だと思っているのか、悪びれない顔で頷くライルに、瞬間殺意が湧いた。
「じゃあ、馬の勉強をさせてくれるっていうのは？　嘘ですか？」
「私が個人的に教えると言っただろう？　きみが覚えるのは、まずベッドの作法かな。私を喜ばせて、満足させられたら、きみの希望もかなえてやろう」
　あまりにあっけらかんと告げられて、嘘つき、大悪党と叫ぶことすら無駄のように思えてくる。詐欺に遭うとは、このことだろうか。

「……あっ……う!」

ライルの両手にすっぽりと摑まれた双丘を、ゆるく左右に広げられて、和泉は喘いだ。湯の中で露になった秘所を、ライルが先端で何度もノックした。そこはまだ未熟で硬いのに、成熟した雄の欲望は待ちきれないと言わんばかりだ。

だが、これだけは聞いておかなければならない。

「ファ、ファルコンは?」

「大丈夫だ、ちゃんとシャイザリーに連れてくる」

「本当に? それがもし嘘だったら、俺……俺……!」

「きみに一生恨まれそうだと思ったから、きみと一緒にミスタ・オブライエンから買ったんだ。死なせたりはしないよ」

「……え?」

「ファルコンは競走馬にはならない。きみのペットになるんだ。好きなだけ、面倒を見てやればいい。競馬場で走らずともその一生を保証されているサラブレッドなど、どこにもいないぞ。子孫を残すことはできないが、それくらいは大目に見てくれるだろう?」

「待、って! 待ってくださ……いっ!」

ライルが立ち上がると同時に横抱きにされ、和泉は落とされるのが怖くてライルの首根っこにしがみついた。

「もう一秒だって待てるもんか。セリ市で見た瞬間から抱きたかったんだ。きみがヴァージンでなかったら、機内でつまみ食いくらいはしたかもしれない。自分の我慢強さには驚くが、我慢すると喜びが倍増することにも気がついた。きみのおかげだ」
「そんな、酷い……！　俺を騙してっ！」
浴槽の傍に置いてある大きなソファに寝かされて、和泉は飛び起きようとしたが、その前にライルがのしかかってきた。
「騙してないじゃないか。馬の勉強はさせてやるし、馬もちゃんと買ってやった。セックスをしないなんて、私は一度も言ってない」
「酷い……、私は欲しいものは絶対に手に入れる。どんな卑怯な手を使っても、必ずだ。私に可愛がられて幸せな人生を送りたいなら、言うとおりにした方がいい。おとなしくしていれば死ぬほどいい目を見せてやる。……脚を開いてごらん」
和泉は唇を嚙み、足首を交差させて両脚をぎゅっと閉じた。
「強情な。だが、それがいつまでもつかな」
恐ろしい声で叱責されるかと思っていたが、予想に反してライルの声はどこかおもしろがっているように聞こえた。
どんな顔をしているのか見たくなったけれども、怖くて瞼は開けられなかった。

「……っ」

喉元にライルの唇を感じて、和泉は息を呑んだ。

ライルは鎖骨や胸の上を気ままに這いまわり、チクリと痛みを覚えるほど強く肌を吸い上げる。柔らかな胸の突起に唇が触れたとき、和泉の身体は震えた。熱く滑った舌が絡みつき、上下左右に何度も擦り倒してくる。

「んぁ……っ!」

舌先でピンと弾かれて、和泉は自分の乳首が舌で弾けるほど硬くなっていることを、いやでも知らされた。

右を吸っていた唇は、ほどなくして左に移り、今度は転がさずに強い力で吸い込まれる。背をしならせて胸を突き出したら、歯の間に挟まれてしまった。

「う、あ……っ!」

舌で弄られるより刺激的だ。和泉はライルの頭を抱え込むようにして、腰を捩った。乳首を弄られているうちに、和泉自身は硬くなって天を仰いでいる。

それが、覆い被さっているライルの身体に邪魔されて押し潰され、だんだん痛みさえ感じ始めてきた。

ライルはその状態に気づいているはずなのに、いっさいかまわずしつこく和泉の乳首を舐めては吸い、空いている方を指先で捏ねまわした。

「ふっ……んぅ……」
　和泉は無意識のうちに絡めていた足首を解くと、両脚を広げて腰を引き、少しでも楽になろうとしていた。
　十センチほど開いただけの両脚の間に、ライルの膝がするりと入ってきて、和泉はハッと瞼を押し上げた。脚を閉じようとしたが、もう遅い。ライルは自分の膝で、和泉の内腿を撫で上げる。それだけのことが、ぞくぞくするほど気持ちよかった。
「いっ、や……ぁ！」
　やがて、膝頭が性器にも触れ、軽く押されて和泉は啜り泣いた。そのまま踏み潰されてしまうかと思ったのである。
「初めてのくせに、こんなにして。イズミ……いやらしい子だね」
　耳元で低く囁いたライルが、膝の代わりに手のひらで和泉自身をそっと握り込んだ。
「ああぁ……っ！」
　自分の手とは全然違う大きな手のひらに包まれて、和泉はうろたえ気味の嬌声をあげた。すっぽりと包まれて上下に擦られている。
「んんっ！　あっ、はぁっ！」
　握る力は自分でするよりも強くて、擦り上げる手首の捻りも容赦がない。

もう、我慢はできそうになかった。
　和泉は自分を弄びつづけるライルの腕に両手で縋りつき、彼の手に熱い体液を吐き出してしまった。
　荒い息遣いを繰り返す和泉の顔に、ライルは何度も音を立てるキスをして、そっとソファから起き上がった。逃げるなら今がチャンスだが、思い切り達した和泉の身体には、力がまったく入らない。
　和泉はぼんやりとした視線を、ライルに向けていた。
　そして、一人にさせたことを詫びるかのように、何度も口づけを繰り返す。
　タオルなどが置いてある棚から小瓶を取り出したライルは、和泉のところに素早く戻ってきた。
「それ……なんですか？」
　口づけの合間に、和泉は舌足らずな声で訊いた。
　ライルが蓋を開けた途端に、バラの強い香りがした。入浴剤かと思ったが、この場面でそれはないかと思い返す。
「初めてだとどうしても、傷つけてしまうからな。少し、イズミの気持ちが楽になる薬だ」
「らく？」
　問い返した和泉に笑ったライルは、
「悪くはないものだ。私に任せておけばいい」

と言い置いてから、和泉の片足を持ち上げ、ソファの背もたれにひっかけた。
「……っ！」
　和泉は下ろそうとしたが、ライルの身体が脚の間に入ってしまったので、目を閉じて諦めた。小さなクッションを和泉の腰の下に敷いたライルは、バラの香りの媚薬を指先に滴らせて、和泉の秘所を探った。
「んうっ、ん！」
　ぬるりとした指は案外簡単に入ったようで、和泉の方が驚いた。ライルの指で中を探られ、入り口のまわりの襞を撫でられているうちに、ジンとした痺れが生じてきた。むず痒いような、もっと強い刺激が欲しいような、危険な信号だ。
「ああ、いや……っ……！」
　和泉は自由になる脚を、ライルの腰に擦り寄せた。
「ほら、気持ちよくなってきただろう？」
　ライルの言葉に反射的に首を横に振ったが、和泉の下の口は、ライルの二本目の指を軽々呑み込んだ。
　指が中で、ばらばらに動く感触がたまらない。もっと強く、奥の方まで擦ってほしい。
　和泉はソファを掴んでいた両手を離し、ライルに向かって伸ばした。縋りつく身体がここにあることに、安堵を覚える。

「ああっ、ああ……っ、もっ、と……！」

開かされた部分が痺れていて、指が増えているのかどうかわからない。痛みはまったくといっていいほど感じなかった。

その代わり、思考力の方も徐々に薄れてきた気がする。どうしてこんなことをしているのか、なぜこんなことになっているのに、初めて味わう愉悦に思考力を溶かされてしまう。正気に戻ったら自己嫌悪に駆られるのは、なんとなくわかっていた。ライルを責めて怒りをぶつけなければならないのに、初めて味わう愉悦に思考力を溶かされてしまう。

だが、心も身体も、もう蕩けてしまう。

「そろそろ、よさそうだ。そのまま力を抜いていて……」

ライルの指が中から抜けていく。寂しくなった窄まりに、指とは比べ物にならない熱いものが押し当てられた。

ぐっと先端が入ってくる感覚に、和泉は耐えた。さすがに大きくて苦しいが、力を抜いていればなんとか堪えられそうだ。

「はぁ……っ、あうっ」

ライルは焦らず、時間をかけて和泉の身体にすべてを収めた。

「苦しいか？」

和泉は無言で頷く。すると、ライルが結合部に媚薬を塗りつけてきた。

広がりきった襞にむず痒い感じがして、きゅっと締まってから緩んだ。締めつけたときにライルの大きさや形を、まざまざと感じて、和泉は思わず顔を赤くする。
「いい感じだ、イズミ。火傷しそうなほど熱い襞が、私に絡みついてくる。私のこれが、気持ちよくなってしまったのかい？」
ライルが腰を動かし始めたので、和泉は答えられなかった。媚薬のせいではあるが、気持ちいいと言えば、気持ちよかった。隙間もないほどぴっちり詰まったそれが、前後に動く。
擦り上げられた襞が愉悦を感じて、ライルにむしゃぶりつく。そうすると、余計に和泉は感じてしまうのだが、自分の身体の動きを自分で制御することはできなかった。
「あっ、あっ、あっ！」
徐々に速く、奥の方まで突かれて、声が漏れた。こんなところで感じる愉悦があるなんて、知らなかった。こんなに気持ちいいなんて、嘘みたいだ。
和泉は後ろの刺激だけで自分自身も膨らませながら、引いていくライルに追い縋り、突き上げてくるライルを柔らかく受け止めた。
初心な身体が律動に慣れてきたと知るやいなや、ライルは突き上げる角度を変え始め、硬い先端がある一点を掠めたときに、和泉は高く長い声で喘いだ。

「あぁー……っ!」
 堪えていたものが、一気に噴き出してしまうような、強い衝撃だった。
 さっきはどうにか我慢できてきたが、何度も擦られたらきっとイッてしまう。こんなときはどうしたらいいのだろう。
 快楽に流されて、一人で達してしまってもいいのか。それともライルを待つべきなのか。
 初めての経験だから、作法がわからない。勝手に達しないように全身を緊張させて、ライルにしがみつくと、低い声が取るべき道を教えてくれた。
「いいよ、イズミ。……私もイキそうだ。好きなときに、イキなさい」
 耳元で囁かれ、ライルにさきほどの弱点を擦られた。おまけに、乳首をきゅっと摘まれて、和泉は二度目の絶頂に達した。
「あっ、やぁっ、あああ……っ!」
 引き絞った中の奥深いところに、ライルの熱いものが迸っているのがわかる。
 放出が終わってもライルはいつまでも出て行こうとせず、風呂の熱気に当てられた和泉はそのまま意識を失った。

寝ている姿も美しい和泉が、黒く長い睫毛をピクピクさせて目覚めるのを、ライルは愛しげに見つめていた。
　昨夜、バスルームで意識を失った可愛い彼を、ライルは自ら彼の部屋に運んでベッドに寝かせた。和泉にとって、初めての異国の夜。そして、初めての性体験をした夜だ。一人で寝かせるのが可哀想で、ライルはそっと彼の横に滑り込み、自分が開かせたばかりの初々しい肉体を胸の中に収めて眠った。
　意識のない和泉はどんな夢を見ていたのか、ときおりビクリと震えては、ライルにしがみつき、甘えたような声を出していた。細くてしなやかな身体は、セックスのいろはも知らないくせに扇情的で、ライルは情欲の疼きを幾度となく堪えなければならなかった。
「……ん」
「おはよう、イズミ。昨日はとても素敵な夜だった」
　掠れた声を出し、うっすらと瞼を開けた和泉に、ライルは口づけを送った。
　このおはようのキスをするために、わざわざ和泉よりも先に目覚めたのだ。目覚めたときに一人ぼっちだったり、ライルが無神経にグースカ寝ていたりしたら、彼はきっと心細く寂しい思いをするに違いない。愛情面に関しては、心配りを怠らない、誠実な男でありたかった。騙して連れ去った張本人が言うなと怒られるかもしれないが。
「身体の調子はどうだ？　痛みなど感じないように、丁寧に抱いたつもりだが」

耳元で囁きながら、ライルは寝惚けていて無抵抗の和泉をぎゅっと抱き締めた。お互いに素っ裸のままであるので、脚や剝き出しの股間がぴたりと触れ合う。昨夜は和泉が気絶してしまったので、一度しか楽しめなかったのだ。

このまま朝の交歓へとなだれ込んでもいい。素晴らしい触り心地だ。

そう思い、本格的な抱擁へ移ろうとしたライルの耳に、鼓膜が破れるほどの絶叫が響いた。

「わぁ――っ！」

動揺している和泉は、意味不明な叫び声をあげながら手足をバタつかせ、ライルの腕の中から逃れようともがきだした。だが、思うように動けないらしく、しなやかな脚はいっそう深くライルに絡まってくる。

はっと気づいたときには、和泉自身がライルの太腿に当たり、ライル自身は和泉の腰骨に強く押しつけられていて、二人の身体はまるで交わっているときのように密着していた。

「ちょっと落ち着きなさい、イズミ。朝から無作法な……」

「うわっ、うわっ！　うわぁっ！」

ライルの声に一瞬止まったものの、現在の格好を理解した和泉が、またもや大声を張り上げる。色気もなにもない奇声にうんざりしたライルは、脚を絡めたまま和泉の身体を組み敷き、うるさい口を己の唇で封じた。

「むぐうっ！　んっ、んーっ！」
　唇をふさがれても叫びつづける諦めの悪い和泉だが、口内に侵入するライルの舌を嚙もうとはしなかった。王族に対して失礼だというよりも、そのような抵抗の仕方など、考えもつかないに違いない。
　余計なことをなにも知らない身体は、ことのほか可愛く感じられてしょうがなかった。思い切り淫らな身体に仕込んでやりたい。
　ライルは奥に隠れようとする和泉の舌を探り出し、ねっとりと絡めて吸い上げた。昨夜も思ったが、甘くて柔らかい舌である。
　和泉の舌はライルに翻弄されるだけで、自ら動くことはなかったが、十秒もしないうちにライルの気を滅入らせる奇声は止み、じたばたともがいていた身体はすっかりおとなしくなっていた。一方的なそれをたっぷり一分はかけて楽しみ、小さく戦慄く下唇を甘く嚙んでから、ライルは口づけを解いた。
「落ち着いたか？　きみは意外とそそっかしいな、イズミ。動揺して叫ぶ前に、まずこうなった経緯を思い出したり、考えたりしないといけない。ここにはいったい、なにを詰めているんだ？」
　ライルは和泉のこめかみあたりを、中指でぐりぐり押してやった。
　濃厚なキスの余韻でぼうっとしていた和泉は、その感触でようやく我に返り、ライルをきつい視線で睨みつけた。

「やめてください！　考えたって同じです！　これが叫ばずにいられるもんか、この人攫いの詐欺師！」
「こんな？　俺を騙してこんな……こんなっ……！」
「そんなことを言ってるんじゃありません！」
「人攫いだなんて、人聞きの悪い。きみは自分の足で私のジェットに乗り込んだじゃないかい？」
「無理やり引き摺って乗せたみたいな言い方はよくない」
「俺を騙してたんだから、同じことでしょう！　無理やり乗せるよりたちが悪い……っ、やっ！　ちょっと、あ、あぁっ！」

突然ライルに急所を掴まれた和泉は、ライルの狙いどおり、文句を引っ込めて可愛らしい声をあげた。

「いい声で鳴けるじゃないか。昨日はきみも楽しんだ。忘れているようだから、今から復習してみようか？」

「あぅ……っ！　い、いや……、やめ……っ！」

ライルが握り込んだ和泉の性器は、手のひらで少し擦っただけなのに、みるみる芯を持って硬くなる。人から与えられる刺激に慣れていないのだ。

和泉は瞼をぎゅっと閉じ、ライルの手を引き剥がそうとしていたが、完全に勃ち上がってしまってからは、諦めたようにライルの腕にしがみついていた。

「まだ少ししか触っていないのに、もう濡れてきたよ」
　先端から滲み出した透明な体液は、ライルの指にも滴ってくる。ライルはそれを和泉の幹全体に擦りつけてから、力を込めて握り、親指の腹でてっぺんを強く押した。
「……ひっ！」
　痛かったのか、感じたのか、和泉は眉根を寄せてライルの腕に爪を立てる。
「こら、イズミ。そんなにしがみついたら腕が動かせないだろう？　爪を立てるなら、私の背中か肩にするといい」
　空いている方の手で導いてやると、和泉は小さく喘ぎながら、たどたどしいしぐさでライルの背中に腕をまわした。身体が震えているのは、ライルに自分のそれを握り潰されるとでも思っているのかもしれない。
　ライルは四本の指で幹を締めつけたまま、親指で先端をぐりぐりと撫でてやった。
「んんうっ！　ん、や……っ」
　喘いだ和泉が、ライルの背中を爪で引っ掻いた。もちろん痛いが、無意識の行動だと思えば、それさえも可愛く感じてしまう。
　泣き出すまで焦らしてやりたいけれども、今日は午前中に公務があって、そうゆっくりとはしていられない。ライルは己の手の動きを、和泉をイカせるためのものに変えた。
「あっ、あああっ」

「我慢せずに、イッていいぞ。昨日はここも、よかったようだな」
　ライルが頭を下げて和泉の乳首に吸いつくと、そこはもう尖っていた。舌と前歯で挟んだとき、和泉は呆気ないほど簡単にライルの手の中に射精した。
「んっ……！　く、ぅ……」
　びくんびくんと震える身体を抱き寄せ、ライルは濡れた手でしつこく和泉自身を触っていた。強制的に乗せられた愉悦の波に、まだ揺られているのだろう。
　ライルは目を閉じていて、薄く開いている唇にキスをしても抵抗しない。
　ライルは唇をずらし、耳朶を噛まんばかりに囁いた。
「イズミ、よく聞きなさい。私を詐欺師だの人攫いだと思うのは勝手だが、起き抜けにあんな大声で叫んではいけない。どんないきさつがあれ、きみはシャイザリーに来て、私のものになったのだ。私から逃げることはできないし、独力でこの国から出ることもできない。きみの仕事は、私に可愛がられることだ。わかったかい？」
「……っ」
　さきほどまで呆然としていたくせに、和泉は気丈にも首を横に振った。無言で、まだ瞼を閉じているのが、精いっぱいの抵抗なのだろう。
「反抗的な態度は、私を喜ばせるだけだ。じゃじゃ馬馴らしは私が得意とするところで、私に馴れなかったじゃじゃ馬はいまだかつていない」

ライルに馴れたじゃじゃ馬は、億万長者の愛人という生活にも慣れてしまう。じゃじゃ馬の矜持も忘れて媚びてくる彼らに飽きたライルが、強制的に故郷へ送り帰したり、行きたいという場所へいくらかの金や職業を与えて手放していることは、和泉に言う必要はない。欲しいものは金で買うライルだが、金で買えないものだって欲しいと思っている。本当は、いつまでも自分を飽きさせない、心から愛されるじゃじゃ馬を探していることも、今は言わなくていい。

和泉がライルのオンリーワンになれるかどうかは、ライルにも和泉にもわからないのだから。つらい目には遭わせないと約束しよう。きみはもう私の……」

「う、嘘ばっかり！」

ライルの言葉を、和泉が途中で遮った。険しい目をして、ようやく叫べる程度に呼吸が落ち着いたらしい。

「つらい目には、もう遭わせてるくせに！」

「なにが嘘なんだ？」

「ええ？」

ライルはまったく心当たりがありません、という顔をして白々しく驚いて見せたが、さすがに和泉はもう騙されなかった。萎えた中心を未練がましく弄るライルの手を強い力で払いのけ、覆い被さっているライルの身体も引き剝がそうとする。

「またしゃあしゃあと嘘をついて！　王子だか殿下だか知らないけど、あなたは詐欺師より酷い人だ。馬の勉強をさせてやるって言ったり、ファルコンを競走馬にしてやるって言ったりしたくせに、本当はそんなつもりがないって……っ！」

言い募っているうちに気が高ぶってきたのか、和泉の瞳からぽろりと涙が零れた。一滴零れたそれは、次の瞬間には堰を切ったようにぽろぽろと溢れ出す。

「イズミ、そんなに泣かないでくれ。きみの希望どおりにはいかないかもしれないが、きみの不自由もかけさせない。きみはアラブ王族の愛人になるんだ。欲しいと思うものは、おそらくなんでも手に入る。それだけの自由を、私はきみに与えるつもりだ」

「いらないよ、そんなの」

即答だった。

「よく考えてごらん、イズミ。きみは二十四時間、私とベッドを共にするわけじゃない。私がいなくて暇なときは、好きなだけ馬の勉強をすればいいし、私はそれを止めようとはしない。ファルコンのことだが、あの馬はきみのペットとして天寿をまっとうするだろう。ある意味、幸せな一生じゃないか。世界中で活躍する馬が欲しいなら、私の厩舎から一番強い馬を選んで、きみに与えよう。どうだ？」

「そんなの、いらないってば！」

和泉の涙はまったく止まらず、ライルの提案に心動かされた様子もない。

「ああ、イズミ……。きみに泣かれると、私の胸も痛むよ」

それは本心であったが、ライルは少し嬉しくもあった。興味を引かれて金で買ったのは、和泉が初めてではない。王子だと知り、あらゆる贅沢を許すと、たいていは媚びへつらい、ライルに嫌われまいと愛想笑いで擦り寄るようになる。

そうなると、ライルは冷めてしまうのだ。

和泉がこの美しい顔に精いっぱいの作り笑いを浮かべて、殿下殿下と揉み手をしたら、がっかりするだろう。彼にはそんなことをしてほしくなかった。金銭や彼自身のあらゆる利益のために、自尊心を失ってほしくない。

ライルは自分が身勝手な要求をしていることを、自分でわかっていた。贅沢は人を堕落させるが、堕落するなと命じて、守られるものでもなかった。

ライルが零れる涙を眺めていると、和泉はそれに気づいたらしく、シーツを引っ張り上げて顔をごしごし拭った。

「あんまり擦ると、顔が赤くなるぞ？」

「……余計なお世話です」

「涙は止まりそうかい？」

「……泣いてる場合じゃありませんでした」

和泉は気丈にそう言い、気だるそうな身体をのたりと起こしてベッドに座り込んだ。腰から下はシーツで隠しているが、上半身は裸だ。

さきほどライルが吸った片方の乳首は、まだ赤く色づいて硬さを残している。ツンと上向いているそれを見ると、舌で転がしたときの感触を思い出す。小さいのにころころしていて、とても可愛かった。

「……！」

ライルの不埒な視線に気づいた和泉は、ハッとなって一瞬シーツを胸元まで引き上げかけたが、男が胸を隠すというあまりにも不毛な行動に己で嫌気が差したらしく、シーツを戻すと毅然たる態度でライルを睨みつけた。

その男気に免じて、指先で弄るのは夜まで待ってやることにしよう、とライルは思った。もう乾きかけていたが、和泉の精液に濡れた手をシーツの端で簡単に拭い、ライルも身体を起こして和泉と向き合った。

身長のぶん、座高も高いライルを見上げて、和泉が言った。

「ファルコンは、もう絶対に競走馬にはならないんですか？」

「ならないよ」

「走らない馬はサラブレッドじゃない。ご存知でしょう？」

「そうだね」

和泉の言いたいことはよくわかる。ライルはほんの少しの感傷を込めて、頷いた。
経済動物であるサラブレッドは、サラブレッドとして生まれるわけではない。最初はひょろっとした、ちょっと大きなネコやイヌみたいなものだ。それが競走馬として登録され、ターフを走って初めてサラブレッドとなる。
サラブレッドは競馬をし、どの馬よりも速く走らなければ、生き残ることさえままならない。脚の速い優秀な馬は、引退後に種牡馬となって子供を残すことが許される。脚の遅い馬は、運がよければ乗馬や使役馬になって命を長らえることができるが、そうでなければ行き着く先は、死だ。墓場も用意されていない。
サラブレッドの生き様は、自分に少し似ているとライルは思う。
アラブで生まれ、アラブで育ってきた生粋のアラブ人なのに、半分デンマーク人の血が入っているというだけで、純正アラブ——兄たちから排斥される。
自分はアラブ人として生まれたわけではないのだ。ライルにいい感情を抱いていないのは、兄たちばかりではなかった。見てくれの違いを気にして、父と長兄の庇護によって、アラブ人としての登録を許されたが、優秀に、狡猾に、ときに残忍に、圧倒的な強さでもって国際舞台のターフを走り抜けて、初めてアラブ人であると認識してもらえる。
国に貢献できる男でなければ尊敬は得られず、国に利益をもたらさなければ、ライルはたぶん、生きている価値もないと思われているのではないだろうか。

76

血統のいい強い馬を求め、爽快な勝ち方を望むのは、自分がそうでありたいという願望が起因しているのかもしれない。
「俺、オブライエンさんのところへ帰ります」
ついもの思いにふけってしまったライルの耳に、和泉の決然とした声が響いた。
「なんだって？」
「ファルコンを競走馬として買ってくれる人を、もう一度探します」
「それはまた、絶望的なことを。ミスタ・オブライエンはきみと馬が帰ってくるのを快く思わないかもしれないが、そのときはどうする？」
「どういう意味ですか？」
ライルは肩を竦めて見せた。
「今日の夕方あたり、彼はこっちに来るだろう。きみのファルコンを連れて。べつに彼自身が来なくても、ファルコンにはちゃんとしたものをつき添わせると言ったんだが、やはり心配らしい。馬がというより、自分が売ってしまったきみがどうしているか、ね」
「オブライエンさんが売った、俺……？」
「昨日そう言っただろう？ ペット込みできみを買ったと。きみとファルコンが帰れば、彼は代金を私に返さなければならない。だが、彼はおそらく返せないだろう。彼の牧場はここ数年赤字つづきで、困っているようだからね。きっと借金返済に充ててしまっているはずだ」

77　熱砂の夜にくちづけを

「そんなことまで調べたんですか!」
「朝飯前さ。だが、きみに選択の自由がないわけじゃない。ファルコンとともにミスタ・オブライエンの牧場に帰るなら、彼に支払ったきみとファルコンの代金を返してくれてもいい。ミスタ・オブライエンが支払えなければ、きみの貯金で払ってくれてもいい。ファルコンを捨てて、アメリカ、もしくは日本へ帰るというなら、代金は返してもらわなくていい。ファルコンはここに残り、生かすも殺すも私の勝手となる」
ファルコンを捨てて、と言ったところで、和泉の瞳は剣吞に光った。こんなになってまで馬を手放せない彼の愛情深い性質を、ライルは憐れみとともに好ましく思う。
「俺とファルコンの代金って、いくらです? 俺が払います」
予想どおりの切り返しだ。
「急に堂々として。これまで一生懸命貯めてきた、きみの貯金が恐ろしいな」
「いくらなんですか?」
詰め寄る和泉に、ライルは慈悲深い微笑みを浮べ、穏やかな声で言った。
「なに、たったの百万ドルさ」

部屋の中のドアを通って、自室へと戻っていくライルの背中を、和泉は呆然と見送った。
「……百万ドル？ 百万ドルって？」
日本円に換算すると、だいたい一億二千万円くらいになる。
「い、いちおくえん？ 俺とファルコンが？」
ぶつくさと独り言を言わずにはいられない金額だ。ついでに、首を捻らずにはいられない。
一億円を超える馬の売買は、珍しいことではない。ライルくらいの馬主の規模になると、年間通しての購買総額は数百億円をくだらないはずだ。
しかし億を超えるのは超良血馬に限ったことで、ファルコンはオブライエンの希望価格で四万ドルであった。つまり、五百万円以下だ。ペットとして買ったというから、さらに半額以下に値切ったに違いないと思っていたのに。
俺が買いますと大見得切ったものの、和泉の貯金は五十万円だった。半額だとして二百五十万円、貯金をはたき、残りの二百万円くらいなら、日本にいる両親に借金をすればなんとかなると思っていたが、甘かった。甘すぎるというよりも、不可解すぎる。
「だけどなんで、いちおくえん？」
予想を越えすぎた金額は、頭の中でも漢字にならない。
捻りすぎた首がついに天井を向き、ごろんとベッドに倒れ込んだところで、ライルの部屋側のドアが開いた。

「言い忘れた。イズミ、さっきの内訳だが」
「うわっ、はいっ！」
 和泉は慌てて起き上がり、なんとなく正座をした。ライルがきちんとした民族衣装を着込んでいたから、かしこまった気持ちになったのだ。
 ライルは赤と白のチェック柄のクフィーヤを被りながら、和泉のベッドに近づいてくる。
「私にとってファルコンはそうたいして価値のない馬だから、まぁ、張り込んで一万ドルというところだ。残り九十九万ドルがきみというわけだが、いや、気を悪くしないでくれ。私は百万ドルでも安いと思っているんだ。昨夜のきみは一億ドルの札束でもかなわないくらい、素敵だった。今日はもっと、素敵な夜を過ごせるだろう。九時には帰ってくるから、この部屋で待っていなさい。楽しみにしているよ」
 すっと伸びてきたライルの指に、軽く顎を上げさせられ、あっと思ったときには和泉はもう彼の口づけを受け止めていた。
 怒る暇もなく、唇は呆気ないほど早く簡単に離れてしまう。
 いったい自分はどんな顔をして見せたのだろうか、ライルは優しい微笑を浮かべ、和泉の頬を宥めるように手のひらで撫でた。
「ファルコンとミスタ・オブライエンはこの屋敷に連れて来るように指示してある。到着したら執事のザイヤーンが知らせてくれるだろう」

「オブライエンさんは本当のことを知っているんですか？」
「馬よりきみが欲しいんだと、はっきり言ってあるから、わかってるんじゃないかな？　そうそう、厩舎の場所や、この屋敷について知りたいことがあれば、全部ザイヤーに訊いてくれ。身のまわりのことは、そこのベルを鳴らせばサーフィがやってきて、面倒を見てくれる。サーフィの方が年が近くて話しやすいかもしれないな。彼らがきみに失礼なことをしたら、叱ってやってくれ。きみは私の愛人で、彼らの主人だ。遠慮することはない」
「あ、あのっ！　オブライエンさんに帰りたいって言ってもいいんですか？」
「もちろん。だが、彼が拒否しても、それは私の差し金じゃない。彼には彼の、懐事情があるだろうから」
憐れみ深いと言っても過言ではない表情でライルはそう言い、大きな手で和泉の髪をくしゃりと撫でてから、部屋を出て行った。
和泉は再び、呆然と彼を見送った。
我に返ったのは、三十分も経ったころだろうか。『百万ドル』と『私の愛人』のダブルパンチを食らって頭も身体もフラフラだったが、いつまでもベッドに座り込んでいてもしようがない。すべての取っ手が金でできているタンスの上の時計は、十時を指そうとしている。オブライエンが来るのは夕方だと、ライルは言っていた。それまでに、きちんと身支度を整えておかなければならない。

81　熱砂の夜にくちづけを

和泉はシーツを腰に巻きつけてベッドを下り、タンスの中を開けて見たが、なにも入っていなかった。自分が着てきた服は、昨夜バスルームで脱いでしまっている。この格好でバスルームに行くのも、汚れたものを身につけるのも気が進まないが、ザイヤーンやサーフィを呼んでも、自分にぴったりな服を用意しているとは思えなかった。

「しょうがないなぁ」

　呟いた和泉はこそっとドアを開け、廊下に誰もいないか確かめた。話し声も足音も聞こえないのを確認し、震える足腰を叱咤しながら、ネズミのような素早さを心がけて廊下を走って曲がる。バスルームにつづく大きなドアは、和泉が軽く押すと開いた。抜き足差し足で入ったサロンも浴室も無人だったが、しかし、和泉が脱いだはずの服はどこにもなかった。

「あれ？　誰かが片づけちゃったのかな。……捨てられてたら、最悪だな」

　バスタオルなどが入っている棚を覗いてみても、着られそうなのはバスローブしかない。

「仕方がない。部屋に帰ったらサーフィを呼ぼう。その前に一風呂浴びてくか」

　昨日は湯船に浸かったものの、髪も身体も洗えなかった。怪しげな媚薬を垂らされたり、ライルの吐情を奥深くに受け止めたりもしたのに、和泉の身体はさっぱりしている。さっきライルに弄られ暴走した性器に少し、違和感があるくらいだ。もしかすると、意識を失った自分をライルが清めてくれたのかもしれない。

「強引で人でなしで、お金で片づかないことなんてないと思ってる。でも、すごく優しいところもある……」

和泉は腰に巻いてきたシーツを空の籠に突っ込み、惜しげもなく滔々と湯の溢れる浴槽に身体を沈めた。

バスルームは明るく、透明な湯は和泉の白い身体をくっきりと映し出す。今まで気づかなかったが、胸や下腹部、腕や太腿にまで赤い鬱血の跡が残っている。

女性との経験もまだなのに、ライルに抱かれてしまった。女性でもないのに、乳首を吸われて悶え、自分の指で触れて確かめる勇気もないような場所に、ライルの雄々しい性器を受け入れて喘いだのだ。

あのときの快感を思い出すと、身体が震えてくる。今夜もすると、ライルは言った。あの部屋で待っていろと。

和泉は肩に湯をかけて撫でで、そのまま鎖骨を辿って乳首にそっと指先で触れた。ライルの舌や指はもっと力強く触れてきて、和泉の官能を搔き立てた。

愛人なんて冗談じゃないと思ったが、もう一度あの愉悦に身を任せてみたいとも思った。意地が悪いだけのいやらしい好色なジジイなら、和泉はライルを髭をもじゃもじゃに生やした、舌を嚙み切ってでも抵抗しただろうが、ライルは男の和泉の目から見ても、惚れ惚れするほどいい男だった。

二十年生きてきて、和泉は自分が同性愛者だと感じたことは一度もない。男と寝ることなんて、想像したこともなかった。
　けれども、ライルに抱かれたことを嫌悪する気持ちは、不思議とどこにもなかった。気持ちがよかったからかもしれない。綺麗だと褒められ、可愛いと囁かれ、素晴らしい夜だったと絶賛されて、俺は男だと憤慨して見せつつも、悪い気はしなかった。
　腹が立つのは、彼が自分を騙して金で買い、ファルコンの価値を認めてくれないことだ。
「そうだよ、あんな男やっぱり駄目だ！　駄目駄目！　俺のファルコンをペットだなんて言ったんだから！　イヌネコみたいに飼えばいいなんて、許せない」
　ライルの勢いに流されそうになっている自分を叱咤しながら、和泉はシャワーのついた洗い場のブースへ行き、頭のてっぺんから足の先まで綺麗に洗った。最後の仕上げとばかりにまた湯船に浸かってしまうのは、和泉が日本人だからだろう。顎まで沈んでしまえば、苛ついていた気持ちも次第に落ち着き、『極楽、極楽』なんて言葉が自然と口に出てしまう。
　のぼせるほどにバスタイムを満喫した和泉は、髪を軽く拭いてから、バスローブを羽織って浴室を出た。
「こちらにいらっしゃったんですね、イズミ様。お着替えをお持ちしました」
「⋯⋯っ！」
　急にかけられた声に、和泉は飛び上がった。

サロンで待っていたのは、昨夜、紹介された雑用のサーフィだ。浅黒い肌に彫りの深い目元、髭の生えていない少年でも、アラブ人は精悍な顔立ちをしている。

「お、俺の服ですか？」

「イズミ様のお洋服はクリーニング中です。それまで、このディスタ―シャをお召しになってください」

サーフィが広げたのは、ライルが着ているのと同じような民族衣装だった。サーフィも似たような服だが、どう見ても生地が違った。和泉のものは、薄い上品なブルーでシルクのように柔らかそうだ。

「こんなの俺、着たことないし。ジーンズとかTシャツとかはないのかな？」

「申し訳ありません。ご主人様からは伺っておりません。ですが、アッラーのお恵みによって、光り輝く太陽の恩恵を余さず受け取っているシャイザリーでは、この服が一番よいように思います。ご主人様もそうおっしゃっておいででした。私がお手伝いいたしますので、今日はご勘弁ください」

ご不快なことは、どうぞご主人様に直接おっしゃってくださいませ」

暑いからこの服がいいのだと簡潔に言えばいいのに、物腰の柔らかい英語の達者な少年召使いも、やはりアラブ人であった。

「今日は夕方に、アメリカから来た人と会うんだ。大事な用なんだ。俺のもとの雇い主で、この格好がいやなわけじゃないけど、昨日の今日でいきなりアラブ風の格好をしては会えないよ」

85　熱砂の夜にくちづけを

和泉は困ってそう言った。百万ドルで和泉を譲ったオブライエンだが、和泉を心配しているからこそ、わざわざシャイザリーまでファルコンを連れてきてくれるのだろう。できれば彼のもとに帰りたいと思っているのに、いきなりアラブ社会に順応しきった民族衣装で現れたら、なんだかとてもまずい気がする。オブライエンが、これなら安心とばかりに一人で帰ってしまいそうだ。

「俺の服、洗濯して濡れててもいいよ。むしろみっともない方がいいかも」

「ご主人様の大事な方に、そのような格好をお許しすることはできません。ご不満はご主人様におっしゃってください」

「でも、ライルは夜まで帰って来ないから、文句を言おうにも間に合わないんだよ」

「残念ですが、その問題は私には解決できません」

サーフィは申し訳なさそうに言い、着替えをソファの上に置くと、和泉にバスローブを脱ぐように頼んだ。

「絶対に絶対に、着なきゃ駄目なのか」

「ご主人様がイズミ様のためにお選びになったディスターシャです。とてもありがたいことですよ。下着はこちらです」

「選んだって……ライルがこれを着せるように、きみに命令してるんだな？　これ以外の服も、本当はあるんだろう？」

「ご主人様にお訊きになってください。服をお召しになっていたら、髪を乾かしましょう。そのあとで、お屋敷の中をご案内いたしますから」
ご主人様には絶対服従のサーフィには、これ以上なにを言っても無駄だろう。和泉はしぶしぶ下着——ありがたいことに、アメリカでも売っているボクサータイプのパンツだった——を穿き、民族衣装を頭から被った。
するっとした生地は、さすがにおっと思うほど着心地がいい。前立てとカフスのボタンが、どうやらアクアマリンのような気がするが、気のせいであってほしかった。
サーフィはドライヤーで髪を乾かしてくれたあと、和泉の頭に白いクフィーヤを被せて、黒子羊の毛を輪状に編んだヒモで固定した。エセアラブ人の出来上がりである。
「よくお似合いですよ」
「あんまり似合ってないよ。俺は日本人だし仏教徒だし、いかにも借りものっぽくて、笑えると思うんだけど」
和泉は自分の姿を、角度を変えて鏡に映した。しかし、着る前に想像したほど、酷くもなかった。
足はサンダルのような靴を履かされたが、服の裾が長く、地面スレスレまであるのでほとんど見えない。ウエストを絞らない、長いワンピースを着ているようなもので、いつも硬いジーンズを穿いている脚が、布に触れたり触れなかったりするのが心許なかった。

欧米人にしか見えないライルに、この民族衣装があれほど似合って見えるのは、着こなしてきた年数と、やはり内面から滲み出す信仰心の違いであろう。

「ご主人様のお見立ては正確です。イズミ様はお綺麗だから、とても素敵ですよ」

サーフィの称賛は、まるっきりお世辞でもなさそうだ。

「さようでございます」

「似合ってても似合ってなくても、着替える服はないわけだし」

和泉は皮肉っぽくそう言ったが、顔が笑ってしまったので、照れ隠しだということはバレてしまっただろう。

「では、参りましょうか」

案内してくれるサーフィについて歩きながら、和泉は訊かずにはいられなかった。

「この屋敷って、基本的にライルが一人で使ってるの?」

「使用人って、何人くらい?」

「数えたことがないので、私にはわかりません。執事のザイヤーンなら把握していると思いますが。お訊きになりますか?」

「いや、べつにいいよ」

訊いたところでなにがどうなるわけでもない。一階は来客用の部屋が並び、二階はキッチンとダイニング、三階には巨大なスクリーンで映画が見れる広いリビングルームがあった。

地下にビリヤードやダーツを楽しめるプレイルームがあるのは当然としても、使用人たちが寝泊りするための家が、屋敷の隣に建っていたのには驚いた。

広い庭には噴水やプールがあり、高級な車が何台も並ぶ車庫は壮観で、敷地は金網で仕切られ、警備兵が二十四時間見張りに立っている。

アラブ王族の財力と権力を目の当たりにして、和泉の口からはため息しか出てこない。自分とファルコンの値段が百万ドルと聞いて驚いたが、ライルにとっては百万ドルなどほんのはした金でしかないのだろう。

庭園を横切り、少し歩いた先にあったのは、厩舎だった。慣れ親しんだ馬の匂いがして、和泉は思わず走って中に入った。

そこには三頭の馬がつながれていた。一頭はサラブレッドだが、二頭はサラブレッドよりも大きな種類の馬である。どれもよく手入れされていて美しく、穏やかで賢そうな瞳をしている。

「競馬や耐久レースといった競技用とはべつに、ご主人様が飼われている馬たちです」

「ペットってこと？」

「お乗りになられることもございます。トレーニングセンターの厩舎まで行かないと馬に乗れないのは、どうにも不便な気がするとおっしゃられて」

「ここで乗ってるんだ。そりゃ広いもんなぁ。これだけのスペースがあれば、馬も気持ちよく走れるだろうね」

89　熱砂の夜にくちづけを

放牧場は厩舎の後ろにあり、屋敷の方には入って来られないように、柵で仕切ってある。ファルコンが来たら、きっとここに入れられるのだろう。飢えることなく、一番で走る義務も負わず、そのための厳しい調教にも耐えなくていい。のんびりとした人生ならぬ馬生を送っている馬たちを見ていると、なにが馬にとっての幸せなのか、和泉の心は迷い始めるのだった。

オブライエンとファルコンがやって来たのは、五時ごろだった。
馬運車に乗せられた若い馬は、肌寒いアメリカから三十度近い砂漠の国にやって来て、おびただしい汗を搔いていた。馬運車から下りてもきょろきょろとよそ見をして落ち着かず、心細そうな顔をしている。馬は群れて行動する動物だから、一頭だけ別行動というのは、精神の均衡を崩すほどに不安なものなのだ。
それを宥めているのは、同じように汗を搔いているオブライエンだった。
「オブライエンさん！　ファルコン！」
ザイヤーンから連絡を受けて厩舎の前で待っていた和泉は、昨日別れたばかりなのに、何日も会っていないように感じるもとの雇い主と、愛しい馬に駆け寄った。

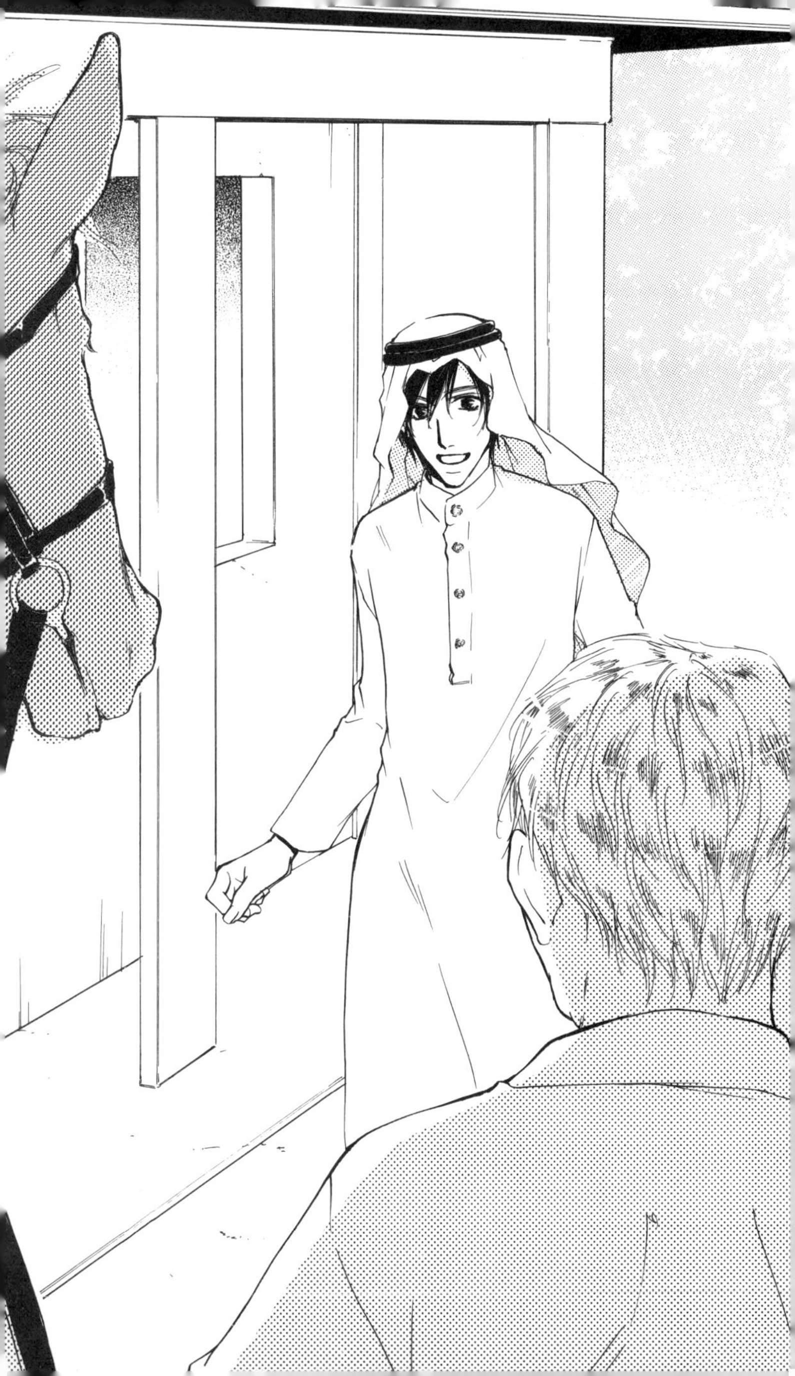

オブライエンは恰幅のいい白人で、金色の頭髪は美しかったが、全体的に量が少なく額の面積が広い。給料は安かったが、なにも知らない日本人を友人の息子というだけで、雇ってくれ面倒を見てくれた恩人だ。
「イズミ、シェイク・アサディンがお前とこの馬をご所望だっていうのは、本当のことかい？ こうしてシャイザリーにやって来ても、なんだか私は騙されているような気がするんだが」
オブライエンは心配そうに訊いた。
「ご所望だけど、競走馬として欲しいわけではないそうです。俺のペットとして、ここで飼うんだって言ってました」
「やっぱり……」
自分で作った馬だし、ファルコンがまったくのミソッカスだと自分は思わないが、アサディン殿下が生産、所有している馬のレベルと比べるのはあまりにも無意味なことだ。もっている資産が違うのだから、仕方がない。
オブライエンはそう言い、
「お前の方はどうだ？ その民族衣装もよく似合ってるし、シェイクはお前を大事にしてくれるつもりなんだろう。私の牧場にいるよりも、数倍もいい勉強ができるんじゃないか。シェイク・アサディンの所有馬は名馬揃いだ。近くで見る機会があれば、触らせてもらうんだぞ。いい馬は手触りが全然違うからな」

と和泉に諭した。
「あの、俺のことはともかく、ファルコンを競走馬にはできないんでしょうか。違う人に売ったりするってことは……」
オブライエンは暗い顔で首を横に振った。
「新しい買い手を見つけることより、殿下から買い戻すことの方が難しい。私はもう代金を受け取っているし、仮に全額返すと言ったところで、それは私の契約違反になるだろう。罰金だの慰謝料だの、今の私には払えないよ」
「そうですか……」
和泉はがっかりすると同時に、ライルへの怒りを募らせた。
彼は和泉にも選択の余地があると言っていたが、結局それは言葉で遊ばれただけで、和泉の取るべき道はライルが敷いた一本道しかないのだ。
険しい顔をする和泉に気づいたオブライエンは、百万ドルという法外な代金をもらったことを隠しておくことができなくなったのか、ファルコンと和泉を交互に見つめ、言いにくそうに口火を切った。
「イズミ、すまない……。私は……」
「いいんです、オブライエンさん」
和泉は思わず遮った。

謝罪は聞きたくなかったし、愛人としてライルに囲われることになった己の説明など、恥ずかしくてできるわけもなかった。

オブライエンの様子を見たことで、彼の牧場へ帰ることが非常に困難なことはわかった。帰りたい帰りたいといつまでも都合のいい夢を見るより、現実を知った方が諦めもつく。自分は馬と一緒に、この屋敷で飼われることになったのだ。恋人ならともかく、愛人は若さが命だ。年を取ったりライルが飽きているらしいこの容色が衰えたら、お払い箱になるのだろうか。

早くもそんなことを考えながら、和泉はオブライエンに訊いた。

「殿下が俺に飽きて、ここをクビになったら……また雇ってくれますか？」

「もちろんだよ、イズミ。いつでも訪ねてくれ」

オブライエンはほっとした顔で笑って、請け負った。

今日はシャイザリー市内のホテルに泊まり、明日にはアメリカに帰るという彼を、和泉は門のところまで見送った。

屋敷に帰ろうとしたとき、オブライエンを乗せた車と入れ違いに、黒い高級車が入ってきた。聞いていたより少し早いけれど、ライルが帰ってきたのかと思い、和泉は身を乗り出して車の運転席を見ようとした。窓ガラスが暗くて顔はよくわからなかったが、サングラスにスーツを着ているのがわかった。髪も黒いので、ライルではない。

ふと運転席の男と目が合った気がして、和泉はそっぽを向いた。

行き過ぎるかと思った車は静かに停止し、ドアが開いた。

「見慣れない子だね。迷子になったのかい?」

アラビア語だったので意味がわからず、和泉がきょとんとしていると、東洋人みたいだけど、英語はわかるかい?」

和泉を見つめてから、英語に切り替えてくれた。

「失礼。そんな格好をしているからアラビア語がわかるのかと思って。東洋人みたいだけど、英語はわかるかい?」

「はい、大丈夫です」

そう言ったものの、和泉は口ごもった。相手の名前を聞くなら、自分から名乗るべきだが、なんとまごまごしているうちに、スーツのアラブ人が名乗ってくれた。

「初めまして、僕はダーウード・ライルのいとこでダーウード・ビン・ファドラーンと言います」

「あの、俺はイズミ・ハセです。日本人で、昨日からライルのところで働くっていうか、まあ微妙なところなんですが……」

愛人という言葉を使わずに済ませたかったのだが、ダーウードは訳知り顔で頷いた。

「OK、OK。わかってるよ、ライルのお気に入りなんだろ？ ライルは面食いだけど、きみほど綺麗な子は初めてだよ。いつからいるの？」

「昨日からです。それに俺は男です」

「そんなの見たらわかるよ。そんな服まで着せて、ライルはきみに相当ご執心のようだ。どこで出会ったの？」

 ダーウードはサングラスを外し、気さくに話しかけてくる。
 浅黒い肌に黒い髪はアラブ人のものだが、瞳はブルーだった。ライルと同じくらいの長身で、精悍な顔立ちの中で丸みを帯びた鼻に愛嬌があって、庶民的とでもいうのだろうか、ライルよりも親しみやすい感じがする。

「アメリカのセリ市です。俺はサラブレッドを売りに行ったんですけど……」
「反対に、きみがライルに買われちゃったわけだ」
 ダーウードの言い方はあけすけだが、本当のことなので反論できない。性別を気にしていないあたり、王族は男色を趣味のように嗜むものなのだろうか。
 それに、『人を買う』ことに慣れているようだ。
「あなたも、よくお金で人を買うんですか？　気に入ったら、相手の都合も事情も聞かずに？」
 嫌悪感で満たされた和泉は、顔を顰めながら言ってしまった。
「そうだと言ったら、どうなんだい？」
 ダーウードは気を悪くした様子もなく、笑顔で訊き返してくる。
「軽蔑します。アラブの王族なんてみんな、ろくでもない人たちばかりなんだ。人の心はお金で買えないってこと、ご存知ないんですか？」

「べつに、心を欲しがってるわけじゃないよ。綺麗な顔と綺麗な身体、それが欲しくなるときもある。恋人ではなく、芸術品として、または欲望を処理するセックスドール。従順に言うことをきいて、身体の相性がよければそれだけでいい。飽きたら手放して、新しい人形を買う。それだけのことさ、心なんて関係ない」
「……最悪だ！　あなたたちは、人として最低です」
和泉はさらに顔を歪めて、ダーウードを睨んだ。ライルのいとこだろうがなんだろうが、これ以上の話はもうごめんだ。
彼が金で買ったセックスドールの話を嬉しそうにし始めたら、殴りかかってしまうかもしれない。和泉が屋敷の方に足を向けると、ダーウードが前に立ちはだかった。両手を顔の横に上げて、何故かお手上げポーズだ。
「まあ、そう怒らないでくれよ。僕はそうだと言ったらどうなんだいって言っただけで、僕自身がそうしてると言ったわけじゃない。僕は人を金で買ったことはないよ、ライルはどうか知らないけど」
「買ったことはなくても、それが悪いことだと思ってないでしょう。俺に言わせれば同じことです」
「きみ、はっきり言うねぇ。僕はライルのいとこで、わりと身分も高い方なんだけどね。法務省に勤めてて、エリートコースを走ってるっていうか」

「だから、なんなんです」
「だからなにって、まぁその、一般人よりも特権があったり、あらゆることに対してさまざまな権限を持ってるっていうか……」
「そういう考え方がいやだって言うんですよ！　じゃあなんですか、あなた、気に入らない人はみんな逮捕して投獄でもしてるんですか？　生意気なことを言ったり、王族だかエリートだかモラルの欠如を指摘する人はみんな許せないわけですか？　そんなの間違ってるでしょう。尊敬できない人に媚びることはできません！」
　怒り心頭に発した和泉は、ダーウードを指差さんばかりにふんぞり返って、言いたいことを言い切った。
　実際に逮捕されたら大変なことだが、あまりにも腹が立ちすぎて、このときは逮捕でもなんでもしてみやがれという気持ちであった。人を金で買う話も、生まれ持った権力を笠に着て横暴に振る舞うのも、許せない。金と権力ですべてが思いどおりになると、大間違いだ。
　こんな腐った人間の中で、おもちゃのように弄ばれて、飽きたら捨てられる運命なのかと考えると泣けてくるではないか。しかし、自分はまだいい。無一文で放り出されても、オブライエンの牧場に帰ることができる。
　一番可哀想なのはファルコンだった。競走馬にもなれないあの馬は、自分がいなくなったあとも、きちんと乗馬としてこの屋敷で飼ってもらえるのだろうか。

自分が用なしになったと同時に、あの馬も捨てられることになったらどうしようもない。犬猫と違って、馬を飼うには金がかかる。アメリカに連れて帰ることも、和泉が乗馬として飼ってやることも不可能だ。

つまり、死ぬしかない。

「そんなのあんまりだ……！ まだ二歳なのに、まだ可能性があるのに、そんなことって酷すぎる！ あなたたちは最低だ、この馬殺し！」

ファルコンの未来は真っ黒だ。そう思った和泉は、ここにいないライルの代わりに、ダーウードに怒りをぶつけた。

「ええ？ 馬殺しっていきなりなんだい、それ？ 僕の責任なの？」

「あなたも同罪です！」

「同罪ってなんで？ なにが罪なの？」

「わかんないんですか！ わかんないことが、もう罪です！」

話の流れが掴めずにきょとんとしているダーウードを置いて、和泉はダッと走り出した。車道を外れ、芝生の上を斜めに走り、成金趣味な噴水の横を通り抜ける。

ダーウードは車だから追って来れないはずだった。屋敷に帰れば顔を合わせそうなので、馬房の方に駆け込む。

馬房の中では、愛しいサラブレッドがおとなしく飼い葉を食んでいた。

和泉を見つけると、嬉しそうに鼻を鳴らすのが可愛らしい。和泉のせいで、和泉がライルに気に入られてしまったせいで、この馬の運命まで狂ってしまったのだ。
「どうしよう、どうしたらいいんだろう……」
　和泉は途方に暮れて、ファルコンの長い鼻面に顔を寄せた。
　走るためのサラブレッドは人間の愛情で走ると言われているが、一頭の馬だけを区別して特別に愛しすぎてはいけない。馬にかけるべき愛情は、人間に対するものとも、飼われる犬や猫に対するものとも違う。
　他馬とのかけっこで一番早く走らなければならないこと、速く走れば走るほど、世話をしている人間が喜び、ひいては自分も可愛がってもらえるのだということを、徹底的に教え込む。
　和泉はそれを、利己的で無慈悲な愛情だと思っている。納得できないものを感じているけれど、それが人とサラブレッドとのあり方なのだ。
「冷静に考えてみろよ、俺。……俺ができることってなんだ？　えーと、一つ、もう一回ライルに頼んでみる。二つ、俺が用なしになっても、ファルコンだけは一生面倒を見てくれって約束してもらう。三つ、三つ目……。……なんだよ、選択肢って二つだけ？」
　力なく自分で突っ込んでしまう。それも、ライルの力を借りなければ駄目なことばかりだ。
　最善のことをしてやりたいが、この異国の地で頼れる人はライルだけ。そのライルの気まぐれで、自分たちの命運は決まってしまう。

和泉は不意に、なんとも言えない心細さを覚えた。高校を卒業してオブライエンを頼って単身渡米したときも先の見えない不安で心細かったが、今回は自分の意志でここにいるのではないだけに、余計に不安だった。
ダーウードがやって来たのは、和泉がファルコンのたてがみを撫でているときだった。
「こんなところにいたんだね、イズミ。全力疾走するきみの後ろ姿は、健康的でじつに綺麗だったよ。ライルが気に入る気持ち、よくわかるなあ」
「……ライルの前で走ったことなんかありません」
和泉は不愉快さを表現するために、振り向かずに言った。
「僕しか見てないんだ？　得した気分だね。この馬、きみのペットなんだって？　さっきザイヤーンから聞いたよ」
「わざわざ俺を追いかけてきたんですか？　よっぽどお暇なんですね。それに、これはペットじゃありません。この馬は競馬場で走るために生まれてきたんです」
「セリ市できみが売ろうとした馬って、こいつのことかい？」
ダーウードは暇人扱いされたことに腹も立てず、にこやかに和泉に訊ねる。
「ええ。ライルはたしかに買ってくれましたけど、騙されました。彼、俺に嘘をついたんです」
和泉はライルに買われたいきさつと、ライルがしゃあしゃあとついた嘘を、ダーウードにまくしたてた。

101　熱砂の夜にくちづけを

同情してもらおうとか、ライルに意見してもらおうとか、打算的なことを考えたわけではない。心細くなって、愚痴の一つも言いたくなる場面で、ダーウッドがそこにいただけの話だった。失礼な発言をして走り去った和泉を追いかけてきたのだから、ダーウッドも和泉と話をしたいと思っているのだろう。

「この馬のよさがわからないなんて、ライルの目は節穴なんだ」

世界最大の馬主で、数年前から自らの牧場で生産育成まで始め、昨年は第一期シャイザリー生産馬が、フランスの凱旋門賞を勝った。まぐれで勝ったわけではなく、シャイザリー生産の有力馬の層は厚い。どれかの馬が、どこかの国で、必ず勝利を挙げている。

二十八歳という若さで、それだけの組織を作り上げたライルを、和泉は本人がいないのをいいことに、節穴扱いしてやった。オブライエンが傍で聞いていたら、気絶していたに違いない。

ダーウッドは怒りもせず、楽しそうに笑った。

「言いたい放題だ。きみはライルが選んだ人形の中で一番美しいが、誰よりも跳ねっ返りなんだね。ライルの目が節穴かどうかは置いておいて、きみがこの馬は走ると信じている根拠は？」

「勘です」

「きみの勘？」

「そうです」

「その勘が当たる確率は？」

「百パーセントです、……たぶん」
　和泉は言いにくそうにつけ加えた。自分の言っていることが、なんの根拠もない依怙贔屓の塊であることに、気づいていないわけではないのだ。
「ふぅん、きみの馬狂いは重症のようだ。だけど、ライルの厩舎に入っても、この馬は幸せにはなれないと思うね。きみが望む待遇はしてもらえないかも」
「どうしてですか？」
「ライルの厩舎は、世界的名馬の血を引く良血馬ばかりだ。金の卵は値段も高いし、厩務員も調教師も大事に育てる。そこへ値段の安い、血統的にも二流の馬がポッと入って、同じような扱いが受けられると思うかい？　ライルが命令したら、そりゃ、大事に扱う振りくらいはするだろうけど、厩務員も調教師も人間だよ、望みのない馬はさっさとお払い箱にして、新しい金の卵を育てたいと思っても不思議はないさ」
「そ、そんな……」
　酷い、と呟いて、和泉は絶句した。それは和泉が想像したこともない、思いがけない落とし穴だったが、考えてみればありえないことではない。
　結局、どの道を選んでも障害だらけで、脚の曲がったファルコンが歩けば、すぐに転んで駄目になってしまいそうだ。
「まぁ、そう落ち込まないで。僕の厩舎でよかったら、この馬を預かって走らせてあげるよ」

103　熱砂の夜にくちづけを

「……は?」

突然の申し出に、和泉は意味がよく理解できないまま、ダーウードは人懐こい笑みを浮かべ、どこから持ってきたのか、角砂糖を手のひらに載せてそれをファルコンの鼻先に持っていくと、ファルコンは匂いを嗅いでから嬉しそうに舌を伸ばして甘い塊を食べた。

大きな顔で小さな角砂糖を大事そうに舐めるしぐさに、また愛しさが募る。

「僕もライルほどの規模ではないけど、オーナーブリーダーをやってるんだ。イギリスとオーストラリアに牧場を持ってる。この馬の血統とよく似たのもいるし、ちょうどいい。うちの厩舎なら差別されずに面倒を見てもらえると思うけど?」

「それは……ありがたいですけど。で、でも! そんなこと、きっとできません! ライルが許してくれません」

「この馬はきみのペットだろう? きみが僕に預けると言えば、反対なんてしないさ」

「そ、そうでしょうか……」

「ライルには僕からも言ってあげるよ。問題は預けてからだよね。本当に走るかどうかはわからないし、何度走ってもビリでしかゴールできなかったら、諦めてくれるかい?」

「ええ、それはもちろん」

和泉は聞きわけよく頷いた。

「活躍するなら、それでもし。駄目だったら、登録抹消後の行き先はこちらで検討するけど、きみが返してほしいというなら、そうするよ。ライルに頼めば、馬の一頭や二頭、飼ってもいいって言ってくれるはずさ」
「そのころまで俺がここにいるかどうか、わかりませんよ。引退後は返してほしいけど、俺が個人で面倒を見きれる自信はありません。乗馬でも使役馬でも、できるだけいい条件で生き残れる道を探していただけると嬉しいです。そこまで厚かましいことを頼めた義理じゃないってこと、わかってますが……」

　感傷とともに、和泉は言った。ライルの気まぐれでシャイザリーに連れて来られた和泉とファルコンは、運命共同体のようなものだ。
「ライルが無事で、幸せに生きていなければ、和泉はやりきれない思いでいっぱいになる。
「ライルが帰ってきたら、さっそく話をしよう。たぶん、オーストラリアの厩舎に入れることになるだろうけど、そう遠くはないよ。心配なら見学に来ればいいし、ライルのプライベートジェットならすぐに飛べる」
「あの、どうしてそこまでしてくれるんですか？　俺はお金も持ってないし、家庭だって普通だし、これから凄い人になる予定もないし……」
　あまりにも都合のよすぎる話に、和泉は不安げに訊いた。見返りを要求されても、和泉にはこの身一つしかないのだ。

「べつにこれといった理由はないかな。金には困ってないし、きみは怒るかもしれないが、馬を一頭預かるくらい、僕らにとってはそうたいしたことでもないんだよ。ただの気まぐれ、っていうのが、一番近いかもしれない」
「……気まぐれでも、俺にはありがたい話ですよ」
 和泉は伏し目がちに微笑んだ。生まれの差も、超えられない生活レベルの差も、和泉にはどうすることもできない。
 気まぐれだなんて、ふざけたことを言いやがってと怒る権利は、和泉にはないのだ。
「……いや、やっぱり気まぐれなんかじゃないな」
 地面を見つめていた和泉の視界に、ダーウードの黒い靴がにょきっと飛び込んできた。顔を上げると、ネクタイの結び目が目の前にある。
「きみがあまりに美しいから、困っていると助けてあげたくなるんだ。見返りがほしいからそうするんじゃない。そうせずにはいられない気持ちになるから、和泉にはないのだ。美人というのは得なものだ」
 ダーウードは和泉の頬を撫で、猫の喉をくすぐるように、和泉の顎の下を撫でた。
「なっ、なんですか！」
 驚いた和泉は、ダーウードの手を叩き落とした。
 かなり勢いよく払ったのに、叩かれた手を痛そうにもせず、ダーウードは熱に浮かされたような顔で、和泉ににじり寄ってくる。

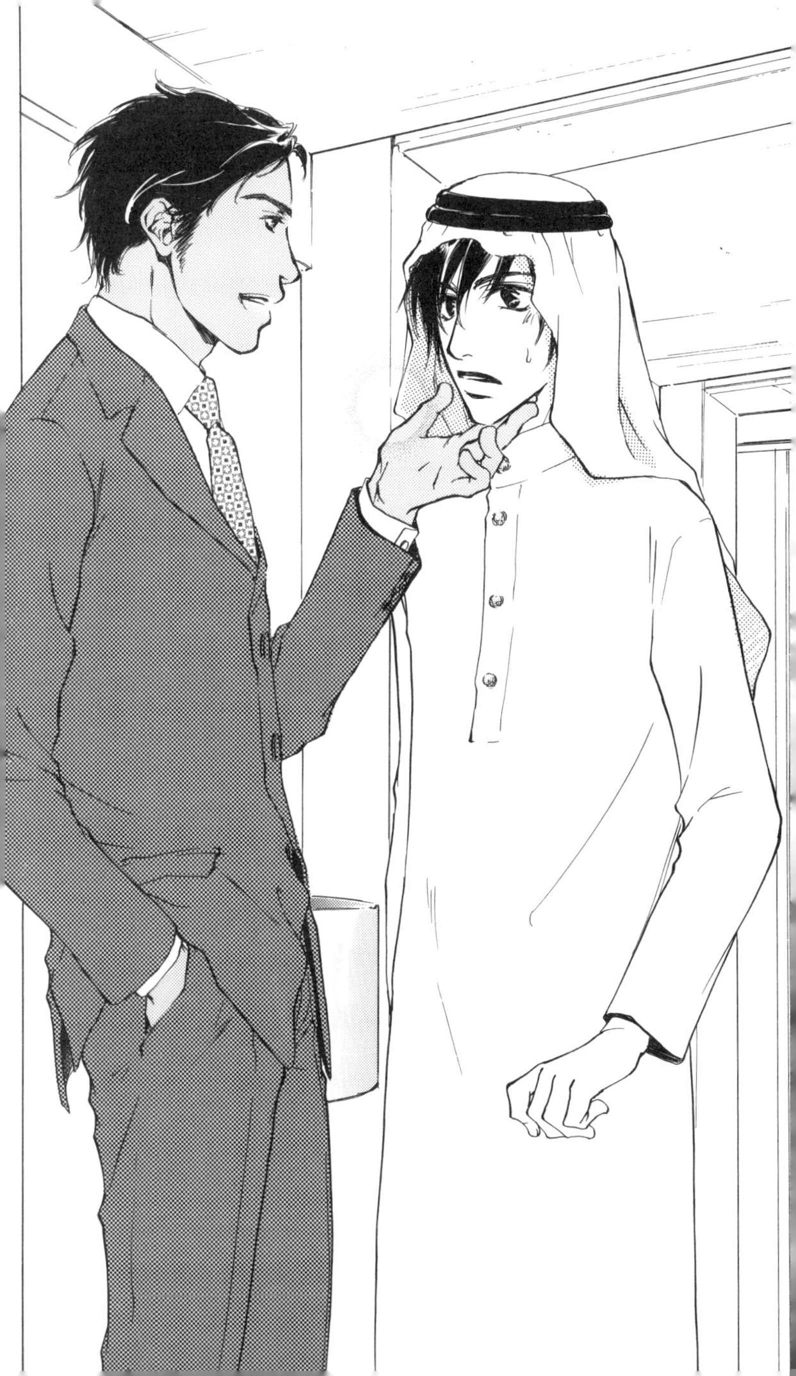

真っ直ぐに見つめてくる瞳に、強い力を感じた。支配者階級の人々が持つ、気を抜けば取り込まれてしまいそうな、抗えない光だ。

ライルが自分を買って思いどおりにしたように、この男も同じことをするのだろうか。

「僕は金の力できみに言うことをきかせたりしない。ライルからきみを買うこともしない。きみは金で売買できるような安っぽいものじゃないからだ。ライルの方が身分が上だから、僕がきみをさらうことはできないけど、逃げて来たきみを匿うことならできる」

「なにを言ってるんですか?」

「鈍いところも、素敵だよ。愛され慣れて、恋愛に察しのいい傲慢な美人には飽き飽きしてるんだ。僕はきみに、恋してるんだよ。きみのことがとても好きになってしまった……みたいだ」

「……はぁ?」

きみの値段は百万ドルだと言われたときと同じくらいの衝撃を受けて、和泉の頭は真っ白になった。

アラブ人というのは、即断即決を身上にしているのだろうか。会ったその日に金で買ったり、会って一時間しか経ってないのに、愛を囁いたり、好きかどうか確定していないのに、真っ直ぐ見つめて口説いてくる。金持ちの考えることは、ろくでもないことばかりだ。

和泉は鼻の上に盛大に皺を寄せて、ダーウードから一歩ずつ離れた。近くにいると、ろくでなしが伝染しそうな気分だった。

「あら？　なんでそこで逃げるかな？　きみのことは好きだけど、きみをどうしようなんて、僕は考えてないよ。無償できみに奉仕したいと考える僕の気持ちをわかってもらえたら、それでいいんだ」
「わかりました、わかりましたから。ろくでなしが空気感染するなら、和泉はもうアウトだ」
 それでいいなら、そこで立ち止まっていればいいのに、ダーウードは和泉が逃げたぶんだけ、きっちりと差を詰めてくる。
 和泉はじりじりと近づくダーウードを、胸の前に突き出した両手でブロックしながら、後退りした。トンと背中がなにかにぶつかって、後ろに壁はなかったはずなのにと不思議に思う。
「なにがわかったんだ？」
 突然背後から聞こえた低い声に、和泉は本気で驚いて十センチほど飛び上がった。勢いよく振り向けば、そこに立っていたのはライルだった。
 いつの間に帰ってきたのだろうか、端整な顔の右半分を顰めて、不愉快そうな表情をしている。
 しかし、その視線は和泉ではなく、ダーウードに向けられていた。
 ダーウードは三歩ほど下がって距離を置くと、ライルに挨拶をした。
「やぁライル、こんばんは。ちょっと相談があって寄ってみたら、きみの新しいお人形と会ったんだ。イズミはとても魅力的だね。私の恋人だ」

急にライルに抱き寄せられて、和泉は彼の胸板に思い切り鼻を打ちつけた。脱出を試みて少しもがいてみたが、ライルはがっしりと両腕をまわしてきて、身動きも取れない。

おまけに両足の間にライルの右足がちゃっかりと割り込んでおり、和泉がもがけばもがくほど、自分自身を彼の太腿に擦りつけることになってしまう。他人に触れられる快感を知ったばかりの和泉には、危ない刺激だ。

腰を引こうとすれば、ライルの手がぎゅっと尻を摑んで引き戻し、密着を強めてくる。確信犯だ、と思いながらも、どうすることもできなくて、和泉はライルにしがみついたまま小さくため息をついた。

「見せつけてくれちゃって。よっぽど気に入ってるみたいだね。金で買ったって聞いたけど?」

「仕方がなかったんだよ。出会ったら、電話番号とメールアドレスを交換して、デートを重ねてから、肉体関係に至る。そういったプロセスを軽んじるつもりはないが、私にはそういう一般人のような恋愛はできないんだ。わかるだろう?」

ため息をつかんばかりのライルに、ダーウードも頷いた。

「もちろん、王子様をやるのも大変だってことはわかってるよ」

「わかってるなら、イズミにちょっかいをかけて、私の手を煩わせたりしないでくれ。まったく、イズミと会わせるつもりはなかったのに、こんな日にのこのこやってくるとは。油断も隙もないな、お前は」

「お褒めに預かって光栄ですよ、殿下」

ダーウードは芝居がかった台詞まわしで言った。

「褒めていない。で、こんなところでなにをしてるんだ？」

「ああ、そうそう。イズミのペットのこの馬のことさ。イズミが競走馬登録させたいって言うから、僕の厩舎で預かってもらおうかと思ってね。ライルはこの馬、いらないんだろう？」

ライルが返事に詰まったのが、胸元に顔を埋めている和泉にはわかった。吸い込んだ息が、数秒ほどそのままで止まっている。

ここでその話をしてくれたダーウードの株が、和泉の中でポンと上がった。なにを考えているのかわからない変な男だとわかっているのに、現金なものだ。

「本気か、ダーウード？」

「一頭でも走る馬が出れば、その血統は三流からでも一流に上がる。脚が曲がってたってサラブレッドさ。他の馬が走ってれば、自分も遅れちゃなるまいと一生懸命走るだろう。イズミは凱旋門賞を稼いでくる程度の活躍でいいんだよ。そうだろう、イズミ？」

ダーウードに背を向けたまま、和泉はコクコクと頷いた。そうっと仰のいてライルを見ようとしたが、密着しすぎで、あいにく喉と顎の下しか見えなかった。

「駄目だ。だいたい、走らせるにしても、お前のところに預ける必要はないだろう。私の厩舎があるんだから」

「あら？　走らせるつもりなの？」

ライルが再び言葉に詰まる。押すならここだと思った和泉は、精いっぱい背伸びをしてライルの顔を覗き込んだ。

不機嫌な緑の瞳が、ジロリと和泉を睨む。

穏やかな淡い緑は、怒ると色が変わるらしい。深みを増したグリーンは見慣れない色なうえ、至近距離だけにさすがの迫力で、一瞬驚いて仰け反ってしまった。

しかし、ここで怯んだら終わりだと思い、和泉はライルの胸元の布を縋るように摑んだ。

「お、お願いします。俺としてはファドラーンさんの厩舎の方がいいと思います。ファルコンに似た血統の馬もいるから、ちょうどいいって言ってくれたし。俺のペットだから、俺の好きにしてもいいですよね？」

「ファドラーンさんなんて、やめてくれよ。僕のことはダーウードって呼んでほしいな」

「お前は黙っていろ」

ライルは容赦なくダーウードを黙らせた。

和泉に向かってしゃべるときとは、まるで口調が違う。表の顔と裏の顔があるようで、どちらが本当のライルか、和泉にはわからない。

ライルは大きなため息を二回ついたあとで、和泉に視線を向けた。
「仕方がない。可愛いきみの我儘だからね。だが、所属するのは私の厩舎だ。ダーウードがどんな言葉できみを丸め込もうとしたのか知らないが、預かる以上は私も責任を持って、最善の道を尽くすように指示しよう。それでいいかな」
「も、もちろんです！　ありがとうございます！」
和泉は嬉しくなって、ライルの首に両腕をまわして抱きついた。
ダーウードの厩舎の方がいいのでは、という思いはなきにしもあらずだったが、ここでゴネて話が白紙に戻るのもいやだし、なにかあったとき、文句を言いやすいのもライルだった。素性を疑っているわけではないけれど、ダーウードをまだ完全に信用しきれないということもある。
「では、この話はこれで終わりだ。手続きなどは明日にしよう。イズミ、今朝出かけるとき、私は部屋で待っていろと言わなかったか？」
けろりとした顔で言って、和泉はライルから離れようとした。まだ九時じゃないでしょう？」
けれども、ライルの腕は和泉の背中と腰にまわったままだった。
「部屋にいれば、ダーウードなんかに会わせずに済んだのに。私はきみを誰にも見せたくないんだ。私だけのものにしておきたいんだ。
「ちょっと、ダーウードなんかにって、本人の前で言う？」

ダーウードの呟きは綺麗に無視された。
「一日中部屋にいろなんて、無茶なことは言わないでください。あなたがいないときで時間があれば、馬の勉強をしてもいいって言ったでしょう？」
「だけど、ダーウードなんかと話してもいいなんて、言わなかったていたようだったし」
　その拗ねたような響きに、和泉はライルが焼きもちを妬いていることに、ようやく気づいた。一ミリの隙もないほど強く抱き寄せて、ダーウードから和泉のすべてを隠そうとでもしているようだ。望めばなんでも手に入る、アラブの王子様は意外と独占欲が強いらしい。
　しかし、それは和泉に対する愛情というよりも、昨日手に入れたばかりの新しいおもちゃを飽きるまでは独り占めしておきたいという感情かもしれない。
「ダーウードにはあとでキツイお仕置きをしておこう。イズミ、きみにもね」
「え？ そんなの、俺の責任じゃありません！ この人が勝手に言い寄ってきて……！」
　お仕置きという言葉にビビって、和泉は後ろ手のままダーウードを指差し、身の潔白を訴えようとした。
「やはり、言い寄られていたんだな。私が来るのがもう一分遅ければ、手を握られてそうな勢いだったよ。きみは私の恋人なんだから、そんな隙を見せてはいけない。そういった諸々のことを、きちんと言い聞かせないといけないみたいだね」

「そんなこと……、うわっ!」

 抗議する前に、和泉は軽々とライルに抱き上げられた。横抱きにされ、落ちるのが怖くてライルの首にしがみつく。

「その服もよく似合っているよ。きみにはブルーがよく似合う……カフスのボタンはもっと濃いサファイアの方がいいかもしれないな」

「俺は普通のボタンがいいです……」

 屋敷に向かって歩き出したライルは、部屋まで和泉を抱えていく気だろう。彼のことはまだよく知らないが、やめさせようと抵抗すれば、いっそうムキになるだけだというのは、なんとなくわかっていた。

 和泉は諦めてライルに抱かれ、ぷらぷらと所在なげに揺れている己の両足のサンダルを見つめた。屋敷の使用人たちには、和泉がライルの愛人として連れて来られて、昨夜は肉体関係を持ったことも、知られてしまっているのだ。今さら大げさに騒ぐのも、恥ずかしかった。

「あら? ちょっときみ、僕がここにいること覚えてる……?」

 取り残されたダーウードの声が頼りなく厩舎に響いたが、返事はもちろんなかった。

115 熱砂の夜にくちづけを

和泉を彼の部屋まで連れて行き、ライルは一階に戻って来客用の一室に入った。そこには、ダーウッドが待っている。

一つ年下のいとこで、兄弟のようにして育ってきた彼は、ライルの屋敷をよく知っているし、リビングや私室に通したりすることの方が多いのだが、今日はべつだった。
和泉はしつけのできない猫のようなものだ。好奇心に駆られてライルたちの様子をこっそり探りに来ないとは言い切れない。

「こんな部屋に通されたの、初めてだよ。イズミと僕を会わせるのが、そんなにいやかい？」
ダーウッドは紅茶を啜りながら、少し拗ねたように言った。
「いやだね。イズミイズミと気安く呼び捨てにしないでくれ」
ソファに腰かけて、ライルは即答した。
ダーウッドは昔から、ライルが執心しているものに興味を示す。かつての恋人たちはこっちから願い下げだから、本気で腹を立てたことはないが、ダーウッドに心傾けるような恋人はこっちから願い下げだから、本気で腹を立てたことはないが、気分がいいというものでもなかった。
「僕が引っ掻きまわしたおかげで、ハーリド殿下の陰謀を阻止できたこともあったじゃないか。美人刺客の正体を暴いたのは僕だってこと、忘れてもらっちゃ困るな。きみのお兄さんたちは、まぁ、僕にとってもいとこになるんだけど、いつもえげつない策略を練ってくるよね」

「刺客って、古典的に寝込みをナイフででも襲われたような、間抜けな言い方はやめてくれ。彼女は私の所持品のなかに麻薬を入れて、それを告発しようとしただけさ。新聞社も買収して、大きなスキャンダルになるところだった。ハーリドの小悪党が考えそうなことだ。うちのレインも彼女を警戒していたがね」

兄の手先としてこの屋敷に入り込むことに成功した美しい女を思い出し、ライルは肩を竦めた。レインとブライトンによって取り押さえられた女は、言われたとおりにしなければハーリドに殺されるのだと、泣いていた。

ハーリドというのはライルの三番目の兄で、末っ子バッシングが一番激しい。とはいえ、ライルの報復も容赦ないので、一番被害を受けているとも言える。やった以上のことをやり返されるのに、ハーリドも引っ込みがつかなくなっているのか、懲りずにこそこそと策略を練っているようで、ライルも対策に苦慮しているのだ。実の兄弟だけに殺すわけにも刑務所に放り込むわけにもいかず、殺伐とした兄弟喧嘩がいつ終わるのか、ライルには予想もつかない。

「で、今度の問題は何番目の兄が首謀なんだ?」

今日のデザートはなんだったかな、というくらいのさりげなさで、ライルは訊いた。

ダーウードが予告もなく一人でこの屋敷にやってくるのは、たいてい、兄たちがよからぬ企てをしているという情報を極秘に入手して、ライルに教えてくれるためだ。

諜報活動の才能があるダーウードは、右手でVサインを作った。二番目という意味だ。

「アフマド兄さん？」

意外さを隠さずに、ライルは訊き返した。

シャイザリーの王子は六人おり、皇太子である長兄のハシュル、次兄のアフマドが第一夫人ミリアから生まれ、三男ハーリド、四男エミル、五男イサムを生んだのが、第二夫人アーイシャだ。ライルを生んでくれた母ヘリーネは第三夫人になる。ヘリーネはライルが十歳のときに病気で亡くなったが、ミリアとアーイシャは健在で、ハーリドたちを必要以上にけしかけているのはどうやらアーイシャらしかった。

ミリアが独り占めしていた父、ラーシドの愛情を、ごっそり奪い取った若いアーイシャは、今度はデンマーク人のヘリーネに同じことをされたのだった。ミリアはおとなしく分別のある女性で、父はヘリーネ亡き後、優しく労わってくれた彼女に穏やかな愛情を注ぐようになっていた。なにもかもがおもしろくないアーイシャがライルを攻撃するのは、夫の愛情を奪った憎い女の息子という理由から察することができるが、ここに来てミリアの息子とは意外だった。

「アフマド兄さんはどっちかというと、ハシュル兄さんに思うところがあるようだと感じていたんだが。同腹とはいえ、ハシュル兄さんがいなくなれば、全部アフマド兄さんのものだからね。私に対しては、よくしてもらった覚えもなければ、虐待された記憶もない。他人のような関係だよ。私の上にはろくでなしとはいえ三人もいるし、私をどうこうする必要があるだろうか？」

「甘いよ、ライル。きみ自身がどうというより、皇太子ときみの親密ぶりが、どうにも見過ごせなくなってきたんじゃないかな。汚い手で皇太子を蹴落としたとしたら、きみが黙っちゃいない。きみは王位には就きたくないだろうけど、ハシュル兄さんの敵は討つだろう？」
「それはもちろん。自ら進んで攻撃はしないが、やられたぶんの報復は三倍返しだ。五倍にして返してもいいが、三倍返しに慣れているハーリド殿下たちが証明済みだからな」
ライルはつまらない顔で、笑えない冗談を言った。
「きみの過激さ、頭のよさはハーリド殿下たちが証明済みだからね。アフマド殿下はいよいよ、勝負に出ようとしてるんだ」
「ハシュル兄さんの前に、うるさい私を黙らせる？」
「死人に口なしさ」
ダーウードは右手で自分の口に蓋をして見せた。
「ハシュル兄さんになにかあったら、私の立場も危うい。兄たちのなかで私を擁護してくれているのは、ハシュル兄さんだけだからな。保身の意味も兼ねてハシュル兄さんを助けてきたが、裏目に出たのか」
「皇太子のこともあるだろうけど、アサディン殿下は世界最大にして最高のものをお持ちでしょう。僕だって羨ましいよ」
「……狙いはザリスターか」

ライルは眉を寄せた。
「ザリスター・レーシング社の馬は、いまや世界中のターフを席捲しているからね。潤沢な資金があるとはいえ、これはきみの才能だよ。大富豪のインド人馬主も、うちよりも豊かな中東国の国王だって、ザリスターのような組織を作ることはできなかった。ハシュル殿下もアフマド殿下もご自分の牧場をお持ちだけど、きみには遠く及んでいない」
連邦国民、とくにシャイザリー首長国の国民は自国生産であるザリスターの馬に愛国心と自尊心を掻き立てられ、その馬が勝てば喜んで名誉に思う。強いザリスターの馬は人気になり、世界の一流ジョッキーたちがザリスターの赤い勝負服を着ることに誇りを感じている。
ダーウードはそう言い、どこか疲れたように呟いた。
「ザリスターを欲しがるのは、名誉を欲しがるのと同じことだよ。名誉だけは金で買うことができないし、自分が同じものを作れないものなら、奪ってでも欲しいと思わせる価値がある」
「私が心血を注いで作り上げた組織だ、誰がおめおめと渡すものか。うちはまだまだ強くなるし、私の理想はもっと高い」
「その理想の極みに行き着くところを、僕は見ていたいと思うよ。だから、僕はいつだって、きみの味方さ」
ダーウードは魅力的な青い瞳を、格好よくウィンクして見せた。

イギリス人の祖母を持ったせいで現れたその青い瞳に、彼もまた苦しめられた経験を持つ。純正のアラブ人でないことが、二人の結束を強めていると言っても過言ではない。
「引きつづき、アフマド兄さんの動向を探ってくれ。動きがあれば、レインたちと対策を考えなければならない」
「……イズミは大丈夫かな？　彼がアフマド殿下のスパイって可能性はない？　なんなら、僕がしばらく引き取って……」
「ダーウード」
　ライルは低い声で叱るように名前を呼んだ。
「たしかに、お前にはいつも助けてもらっているし、ありがたいとも思っているが、イズミのことなら話はべつだ。彼がスパイだなんて、天地が引っくり返ってもありえない」
「えらく自信満々だね。さっき僕、彼の頬と顎に触っちゃったんだ。すべすべだったよ。白人みたいに白いのに、肌理が細かくてさ、東洋人って魅力的な肌をしてるね」
　ライルは顔を顰め、カバンの中からハンカチを出してダーウードをしてる指を拭えという意味だ。いつまでもあの感触がダーウードの指に残っているのかと思うと、気分がよくない。
「私のものに勝手に触らないでくれ。イズミを触っていいのは、私だけだ。あの魅力的な頬と顎に触ったなんて……イズミを五パーセントほど無断で盗まれた気分だ」

ライルは鼻息も荒く、そう言った。
「なにを基準にしているのかわからないパーセンテージだけど、いいじゃないか、五パーセントくらい」
「駄目だ、もったいない。とにかく彼は今回のこととは関係ない。アフマド兄さんの名前を知っているかどうかさえ疑わしいくらいだ」
ライルがソファから立つと、ダーウードも同じように立ち上がった。今夜の秘密の談合は、これでおしまいということである。
「だけど、素人っぽく見せかけた凄腕のスパイだったりして……」
「……素人にもほどがある」
ライルの脳裏には、バスルームの豪華さに感動し、貞操の危機も忘れて無邪気に獅子の口に腕を突っ込んで嬉しそうにしている和泉が思い浮かんだが、それを語って聞かせるのも惜しくて黙っていた。それに、和泉の頭の中はファルコンのことでいっぱいだ。
ダーウードはお手上げとばかりに、両腕を広げて見せた。
「はいはい、わかったよ。まあ、正直なとこ、不器用そうな彼に曲がったことや汚いことができるとは、僕にも思えないんだけどね。人をお金で買うなんて最低最悪の所業だ、そんな悪魔は地獄に落ちて永劫苦しめ！ とか言ってたしね」
「な、なに？」

「僕も人身売買には眉を顰めちゃうなぁ。でも、大丈夫さ。困ったときにはいつでも僕を頼りに思えって言ってあるからね」
「なんだって?」
「あの綺麗な子が、きみの巻き添えで怪我なんかしたら可哀想だ。気をつけてやらなくちゃ。それじゃ、また」

ダーウードは頬を寄せ合ってキスする挨拶の代わりに、ライルに寄越し、部屋を出て行った。

西洋かぶれしたしぐさは、イギリスの大学に留学していたときに身につけたものだ。ライルとダーウードは年が近かったので、同時期に留学し、欧米人がよくするような投げキッスをライルに寄越し、窮屈でいじめの酷かった王宮から離れ、のびのびと過ごしながら、異文化に直接肌で触れた。卒業後に国に帰れば、王族として大層な役職が与えられ、ハーリドのライルいびりも再開した。そして今度はアフマドまでもがライルを狙う。

「兄弟争いの絶えない因果な家系だ。……イズミは私が守ってみせるさ」

ダーウードの出て行ったドアを睨み、ライルは力強く言い切った。

和泉は落ち着かない猫のように、部屋の中を行ったり来たりしていた。ライルが戻って来るのを待っているだけなのだが、どのような顔と態度で待っていればいいのか、わからない。さきほど執事のザイヤーンが運んできてくれた紅茶とお菓子も、食べる気にはなれなかった。
　平然とベッドに座っているのも変だし、窓の外の夜景を楽しむほど平静でもいられない。ライルが戻って来れば、やることは一つなのだ。
　九十九万ドルの値がついた自分に拒否権はないだろうし、あったとしてもライルの誘惑を拒絶しつづける自信はない。それにファルコンのことも心配だった。
　うろうろしているうちに、隣の部屋のドアが閉まった音がした。
　和泉は、今度は巣箱の掃除をされたハムスターのように、忙しなく歩きまわった。じっとしてなどいられなかった。
　入って来るならすぐに来てくれればいいのに、中途半端に時間を置かれると余計にいたたまれない気持ちになってしまう。
　いっそ自分の方から開けてやろうと思ったとき、ライルの部屋側のドアが開いて主が姿を見せた。
　クフィーヤを外しているので、豪華な金色の髪がシャンデリアの明かりで煌いている。
「待たせてしまってすまないね」
「い、いえっ!」

「ずいぶんと落ち着きがないようだが、私のせいかな？　私とダーウッドがどんな話をしていたか、気になるのかい？」

ありえないスパイ疑惑で鎌をかけられたとも知らず、和泉は真面目くさった顔で頷いた。

「そりゃ、気になりますよ。……明日になったら、ちゃんとザリスターの厩舎にファルコンを入れてくれるんでしょう？」

「……。喜ぶべきか呆れるべきかそれはばっかりだな」

「ほかに考えることもありません。なにをすればいいのかもわからないし」

ライルに促され、恐る恐るベッドに座った和泉は、少し寂しそうに言った。彼が来たらすぐに性的行為になだれ込んでしまうような錯覚に陥っていたが、ライルは話がしたいようで、ザイヤーンが置いていった紅茶をカップに注いで、和泉に手渡してくれた。白いカップに透きとおる綺麗なオレンジ色を見ていると、気持ちが落ち着いてくる。

「そうだな。きみが私を陥れようとするスパイなら大忙しだろうがね」

「スパイ？　なんのスパイですか？」

和泉はきょとんとして、隣に座ったライルの横顔を見上げた。

「いや、なんでもないよ。ダーウッドが馬鹿なことを言うから、きみをからかってみただけさ。だいたい、どこのスパイが四万ドルの馬を二十万ドルで私に売りつけようとするんだ」

「だから、それはすみませんでしたって謝ってるでしょう！」

話の流れもよくわからないまま、またもや蒸し返されて、和泉はカーッと顔を真っ赤にした。どうやらアラブの王子は、しつこいらしい。

「むきになるきみが見たくて、つい言ってしまうんだよ。明日になったら、サラブレッドに関する本や雑誌を私の書斎から持ってこさせよう。勉強がしたいんだろう？」

「ええ、もちろん。できれば、活躍中の馬の実物も見せていただければ嬉しいけど」

和泉は上目遣いに言ってみた。

「残念だが、名の知れた馬たちはもうイギリスに渡ってしまっているよ。シャイザリーの夏は暑すぎて、馬の調教には向かないからね。冬の寒い時期には、暖かいこの国で寛ぐ彼らの姿が見られるのだが。私がイギリスに様子を見に行くときには、連れて行ってあげるよ」

「お願いします！」

「イギリスに行くまでに、きみがきちんと勉強しているか、確かめないといけないな。ときどき抜き打ちでテストをしよう。八十点以上取れなかったら、お仕置きだ」

「お仕置き……」

「ああ、そうだ。ダーウードとうっかり親しげにしゃべったお仕置きもしなくてはいけないな」

「そ、それは駄目です！　納得できません！　あなたのいとこで、権力もあって、俺のことなんかどうにでもできるんだって言ったんですよ、あの人。俺は走って逃げたくらいなんだから」

事実と少し違うが、和泉は慌ててそう訴えた。

ライルに限って、お仕置きなるものがお尻ペンペンレベルであるはずがない。きっと和泉の想像も及ばないいやらしい行為で、懲らしめられるに違いないのだ。
　免疫のない和泉は、ただ震えたり泣いたり悶えたりして、ライルに許しを請うしかないのだろう。疑わしい顔でなおも責めてくると思ったライルは、予想外にも、寂しげな表情をしていた。道に迷った挙げ句に土砂降りの雨に出会って困っているような、なんとも言えない表情が珍しくて、和泉はついつい見つめてしまった。
「きみの言うことを信じたいよ、イズミ。ダーウードには近づかないでくれ。向こうが近づいてきたら、全速力で逃げてくれ。彼はいつもそうで、つまり病気なんだよ。強いて言うなれば、私の恋人に恋をする病だ。私のものが盗みたくてたまらないんだ」
「……盗まれたことがあるんですか？」
「まさか」
　そう言ったライルの視線が一瞬だけ離れて、和泉は盗まれたこともあるのだなと悟った。
　紅茶をぐびぐび飲みながら、こんなにイイ男を捕まえておいて、ダーウードの誘いに乗る奴の気が知れないと思う。それとも、アラブ人好みの女性──男性かもしれないが──には、ダーウードの方がハンサムに見えるのだろうか。
「でも、ダーウードさんとは仲がいいですよね。盗まれたら、腹が立つでしょう。喧嘩とか、しな

「盗まれていない」

プライドの問題からか、ライルは頑迷に言い張った。

「……が、つまみ食いのようにダーウードに興味を示す女性が、いなかったとは言わない。しかし、それは私の責任でもある」

「どういう意味ですか?」

「私は模範的ないい恋人ではなかった。恋愛は一筋縄ではいかないんだよ。バージンだったきみには、まだわからないだろうが」

ライルは苦笑し、馬の鼻面を撫でるようにして、和泉の頭をごしごし撫でた。

「……子供扱いしないでください。経験が多ければいいってもんでもないでしょう」

和泉は機嫌の悪い馬みたいに、大きく頭を振って、ライルの手から逃れた。

「ごもっとも。きみの相手は、私一人でありたいものだ」

「ダーウードさんの瞳、珍しいブルーですよね。彼も純粋のアラブ人じゃないんですか?」

「彼のおばあさんがイギリス人なんだ。この国の王家は混血が嫌いでね」

テレビをつければ外国の番組を見られるし、インターネットに接続すれば、世界中の情報を得ることもできる。そして飛行機に乗れば、数時間で世界のどこへでも出かけられるこの時代に、外国人の血を毛嫌いするシャイザリー王家のあり方には、強い不満を感じている。

ライルはそう言い、

「ダーウードは『王家の混血にも人権をキャンペーン』実施中だ。名簿にはもちろん、私も名前を連ねているがね」
と剽軽そうに笑って、肩を竦めた。
「そんなにないんですか、人権？　あなたは王子なのに」
「きみが想像している以上にないと思うよ」
「でも、あなたのせいじゃないでしょう。そもそも、悪いことをしてるわけじゃないし」
「なかなか難しいよ、この問題は。日本人だって、そうだろう？　私のような王子がいたら、どう思う？」
「う……。そ、そうですよね、微妙な問題ですね……」
　和泉はライルに言われた情景を脳裏に思い浮かべて、もの凄い違和感に陥った。さして愛国心が強いタイプでもないが、そんなことはありえないと思う。
　宗教上の問題もあるし、外国人が日本の皇室に入ることなど、想像もできない話だった。欧米人との結婚が許されるあたり、アラブ人は日本人よりも開放的なのかもしれない。
「わかってもらえたかな？　私は生まれる前から兄たちと仲が悪いんだ。長兄だけはべつだがね。兄たちは私のことが、殺したいくらいに憎いらしい。殺意にまで発展する憎悪なんて、私にはわからないよ」
　ライルが可哀想になってきて、和泉は同情に充ちた瞳で見つめた。

兄たちが殺したいほどライルを憎むのには、理由がある。『ミソッカスの末っ子を苛めてやれ』とばかりに、ライルに小石を投げたら、かわされた挙げ句に鉄球が返ってきて、足の上に落ちた。そんなことが何度もつづけば、短気な兄に殺意が湧くのは当然だ、とボディガードのレインならそう言ったに違いないが、あいにくここにはライルと和泉しかいない。
「それはともかくとして、イズミ。人を金で買うのは悪魔の所業で、私なんか地獄に落ちて永劫苦しめばいいって、ダーウードに言ったというのは本当かい?」
「……はぁ?」
和泉は驚いてカップを落としそうになった。さりげなくカップを引き取ったライルが、自分のぶんと一緒にテーブルの上に置く。
「ダーウードが私にそう言うんだ。酷い男だろう?」
からかうようなライルの表情に、少ししんみりしていた和泉は、本来の自分を取り戻した。
「たしかに、世の中には金で買えないものがあるとは言いましたけど、地獄に落ちろなんて言ってませんよ」
金ですべてを解決しようだなんて、最低な男だと思わざるを得ないが、暴君のようでありながら、結局和泉の希望は全部聞いてくれる優しい人だ。もしくは、優しくあろうと努めてくれている。
それに、この特殊な立場の男が、普通の手順を踏んで、普通の恋愛をすることなど、不可能に近い。そういうことが、なんとなくわかってきていた。

自分の前の、他の恋人たちにも優しかったのかと思うと、胸がズキリと痛むくらいには、和泉はライルを信用し始めているのだった。その気持ちがどんどん膨れ上がっていくのは、さきほどの家族に冷遇されているという話が効いていた。
「私が地獄に落ちたら、きみはどう思う?」
「どうって、自業自得な気がします。そんなことを訊くってことは、地獄に落ちる心当たりがあるってことでしょう?」
「……なんて可愛くない返事なんだ。きみがあんまり喜んでいるから、バスルームに獅子の頭を増設してあげようと思っていたのに」
瞬間、和泉は噴き出し、この毛色の変わった王子様が可愛くて仕方なくなった。
「獅子の頭は一つで充分です。そんなことで懐柔されたりしません」
「では、白鳥とか馬の頭ならどうだ? バスルームが賑やかになる」
「うーん、ちょっと悩みますけど、口から湯を出すサラブレッドは、あんまり優雅じゃないですね。ラクダや鷹も入れて、砂漠の動物シリーズなら心惹かれちゃうかも。あなたは意地悪だけど、生意気で失礼なことばっかり言う俺を叱ろうとしない。怒って牢に入れるぞって、脅したりもしない。俺を金で買ったあなたは地獄に落ちるかもしれないけど、俺に寛大な態度を見せるあなたは、天国に行くかもしれません」
「つまり、どっちなんだい?」

和泉は無言で肩を竦め、首を横に振った。
　自分でもなにが言いたいのか、よくわかっていなかった。
が、都合でもない事情も関係なしに買っていったのは彼だ。買ったペットを可愛がるのは、飼い主の最低限の義務のような気もした。
　しかし、それを当然の権利だと認めて甘えるのが、和泉はいやだった。人語の話せるペットに成り下がりたくない。
「なるほど、きみと一緒に天国に行くためには、私はきみに優しくしつづけなければならないというわけだ」
　そんな呟きとともに、ライルは和泉の肩をそっと抱き寄せた。
　和泉は目に見えてわかるほど、びくりと身体を震わせた。
「お、俺は仏教徒だから、きっと行く場所は違うと思いますよ……！」
「いろんな神がいるという、世にも不思議な偶像崇拝の国、日本か。日本人は死んだあと、火葬にするらしいね」
「ええ。綺麗に焼いて骨にします。お墓の下には、遺骨を入れるんですよ。あ、あの、この国は、違うんですか？」
　ムスリムは土葬と聞いたことがあるが、和泉はあえて訊いた。ライルの腕が肩から下りて、腰のあたりをぎゅっと摑んだからだった。

「そうさ。死者を火で焼くのは、偉大なる唯一の神アッラーが下される罰なのだ。イスラム世界ではありえない話だよ。我々の信じる来世とは天国か地獄のことで、終末のときがくると、死者は復活し、最後の審判が下され、天国に行くか地獄に落ちるかが決まる。肉体は復活するときのために必要なわけだ」

「そ、そ、そうなんですか」

ライルの手は和泉の尻を揉み、太腿の外側を撫で始めた。

「私は金髪に緑の瞳の、ミソッカスのアラブ人なまま復活する。天国で兄たちと顔を合わせるのは、ごめんだよ。兄たちが地獄に落ちてくれればいいんだが」

「あ、あなた、天国に行く気満々ですね……?」

「当然さ。そうでも思っていないと、馬鹿馬鹿しくて生きていられるものか」

ライルらしくない自虐的な言葉にはっとなった和泉は、逃げようと捻っていた身体をもとに戻した。十センチほどの距離に、薄っすらと笑みを浮かべたライルの顔がある。いたって普通──傲慢さとふてぶてしさが滲み出ている、ライルの標準的表情で、言葉どおりに卑下しているようには見えなかったが、和泉は彼が弱っているのを感じた。どことなく覇気に欠けているようで、平然を装っていても、そういうことはわかるのだ。和泉はアメリカにいる間、言葉をしゃべらない馬の表情だけで、調子や機嫌のいい悪いを見定めてきた。しかも、それが得意で、オブライエンもそれだけは絶賛してくれていた。

馬の表情を見極めるのに比べたら、人間など朝飯前だ。ライルに言えば、私と馬を一緒にするとはなにごとかと、憤慨するかもしれないが。

和泉はぎこちなく微笑んで、右手の指先でライルの頬に触れた。

「天国には差別なんてありませんよ。それに、こんなにハンサムなんだからいいじゃないですか。あなたはミソッカスなんかじゃありません」

「……ありがとう。きみの優しさが私の心を癒してくれる。きみにそう言ってもらえると、ことのほか嬉しいよ」

そう言ってもらいたくて、わざとミソッカスだの虐待を受けているだの可哀想な自分を演出してるんだろう、本当は三倍返しのえげつない性格をしているくせに、きみは策士なんだからまったく、ダーウードならぼやいただろう。演技がお上手ですから、俳優になられてはいかがですかと、レインなら毒づいただろう。

ライルの捻くれた性格は、慣れてしまえば意外とわかりやすいのだが、しかし、昨日会ったばかりの和泉が見破るのは不可能だった。

にこりと、不自然なほど爽やかに微笑んだライルの顔に、和泉は見惚れた。精悍なのに綺麗で、男でも惹かれる格好よさだ。

見つめ合う瞳は見慣れない緑色で、ダーウードの前で見せつけるように強引に抱き締められたときより、胸がドキドキした。

いつの間にか両腕で抱き込まれて、触れるだけのキスを受ける。
弾力のある柔らかい唇はすぐに離れ、そしてまた戻ってきた。
吸ったり舐めたりしない穏やかなキスは、和泉がついつい照れて笑い出してしまうまでつづいた。

「私のキスは、笑うほど退屈かい？」

「いいえ……」

唇を開いた瞬間に、ライルの唇が今度は深く重なってきた。
背中を抱いていた腕が這い上がってきて、和泉の頭をくしゃりと撫でてから、そっと頬を包み込んだ。顎を上げさせられて、少し呼吸が苦しくなる。
だが、ライルの舌は和泉の口内に入り込み、奥で竦んでいる舌を引き出そうとしきりにちょっかいをかけてくる。

「ん……」

ぎゅっと縮めた舌先を、尖らせたライルの舌先でくすぐられて、淡い愉悦が生じる。口内に湧き起こったそれは、いち早く脳にまわり、首や肩、胸といった順に、和泉の身体に行き渡った。
ふわふわと浮き上がりそうな心地よさだが、和泉はもっと深くて強烈な愉悦をもう知っていた。キスが序章に過ぎないことを、昨日教えられてしまったのだ。
むず痒い刺激に我慢できなくなった和泉は、己の舌を恐る恐る差し出した。

135　熱砂の夜にくちづけを

嬉しそうにライルがさっそく絡んできて、音がするほど吸い上げられる。
「んんっ……」
どのように動かすべきかよくわからなかったが、吸われるままではいけないと思い、和泉もライルの舌を舐め、くすぐった。
ライルは喜んだようで、和泉の顔をさらに引き寄せようとした。
「んっ、う……」
仰のきすぎて首が痛くなってきた和泉が、ライルの身体を向こうに押しやったとき、頬を挟んでいた手が離れて、和泉の頭の下と腰にまわった。
和泉は柔らかいベッドに優しく押し倒され、わずかに離れた唇を再びふさがれた。
「今日は一日、きみのことを考えていたよ。ずっと触れたくてたまらなかった」
ライルは口づけの合間に、熱っぽく囁いた。
彼が欲情していることが、和泉にはよくわかる。
その様子を和泉に隠そうとしなかった。
和泉は目を閉じて、ライルの肩に手を添えるのが精いっぱいだった。経験はしたが、昨日は嵐が身体の上を通り過ぎたみたいなもので、今日に生かせる学習ができたとは言い難い。
「この服をこんなにセクシーに着こなして、きみはとても魅力的だ。私以外のものに誘惑されてはならないことを、身体に教え込んでおかないと。私は心配で仕事もできないよ」

「し、仕事ができないのを、俺のせいにしないでください」
 緊張している和泉は、トンチンカンな答えを返した。
 和泉の柔らかい喉元を吸っていたライルが小さく笑い、すまなかったと謝った。
「仕事はきちんとするよ。もし、きみがベッドで裸のまま私を待っていてくれたら、それだけで仕事のスピードがあがりそうだ。明日からそうしてくれないか」
「い、いやですよ……！」
 和泉は身体を捩り、羞恥と困惑に顔を顰めて拒否した。
 どうしてそんなことをしなければならないのだと思った拍子に、俺はいったいなにをしてるんだろう、と和泉は我に返った。
 視線の先には、美しい刺繍を施された天蓋の布。ライルは和泉の前立てのボタンを外し、鎖骨を熱心に唇で愛撫している。
 くすぐったくて身を捩っていると、ライルの手が腰から腿を撫で、膝までまくり上がっていた服の裾を、さらに引き上げた。シーツに素肌が触れて、ぞくりとする。
「あ、ちょっと待って……」
「今日は昨日より、気持ちよくしてあげるよ。そして、明日は今日よりも気持ちよくなる。セックスとはそういうものだ。経験しなければわからないし、上達もしない。それを一からきみに教えられて、私は嬉しい」

137　熱砂の夜にくちづけを

「だけどっ、俺は、男……なのに」
「些細なことさ、私がきみに恋する気持ちに変わりはない。私はきみに夢中なんだよ。美しい顔も、純真で素直な身体も、跳ねっ返りで我を曲げない性格も、全部ひっくるめてきみが好きだ」
熱っぽい告白は、和泉の中の熱も上げていく。別世界の人間でしかなかったアラブの王子、それもとびきりハンサムで人気のある人からの恋情の囁きに、感動しない人間はいない。
この高貴な人の前では、それこそ男も女も関係ないと思えてしまう。この人に選ばれたこと自体が、誇りなのだ。
「受身に戸惑いを感じているかもしれないが、女になれという意味ではない。きみはきみのまま、私の前でだけ咲き誇ればいい。きみを咲かせるのは、私の役目だ」
ライルはとうとう服の裾を、胸の上までまくり上げた。布は薄いが丈が長いので、顎の下でわだかまっている服の量はけっこうあって、胸元が見えない。
和泉が少し首を起こして見下ろしたとき、ライルは緑色の瞳を欲情に翳らせて、待ちきれないとばかりに乳首に吸いついた。
「あうっ！」
まだ柔らかい突起を吸われ、舌でこそぐように舐められる。膨らみもなく、尖ってくる突起も小さいのに、ライルは口全体でそれをうまそうに味わっていた。
セックスの手順というより、ライルがそうしたくてしているのが、和泉にはよくわかった。

「……ふぅ……ん」

左側ばかりを弄られていると、右側が疼いてくる。和泉が身体を捩ると、すぐに察したライルが右側のそれにキスをしてくれた。

両方の乳首を交互に吸って勃たせ、唾液でたっぷり濡らすと、ライルは満足したのか、胸からへその方へ頭を下げていった。

和泉の身体が小さく、ときに大きく震えた。へその窪みも、下着の上からなぞられた腰骨も、おかしなくらいに感じてしまう。

「これだけで、こんなに苦しそうにして。今、楽にしてやろう」

ライルの低い声とともに下着がずり下げられ、窮屈に押し込められていた和泉の性器がぴょこんと飛び出した。見えてはいないが、硬度を持って先が天井に向いているのがわかる。

ライルはよしよしといわんばかりに、それに一度指を絡めてから、下着を取り去り、たくし上げていたディスターシャも脱がせた。

和泉は両手で口を覆い、荒くなる呼吸を抑えようとした。触られていなくても、全裸にされた身体に絡みつく視線だけで、興奮してしまう。

「み、見ないで……ください」

「どうして？　昨日よりも綺麗になっているよ、イズミ。白い肌がしっとりと光って、男を誘う色香を出している」

139　熱砂の夜にくちづけを

色香なんて、男の自分から出ているとも思えなかったが、和泉は黙っていた。ライルの声は明らかに欲情に掠れていて、和泉の身体から性欲を促すものを感じ取っているに違いなかった。ライルは焦らすことなく、中心で震えている和泉自身に右手で触れた。
「私が擦りやすいように、濡らして待っていてくれたのかい？」
「あっ、ちが……っ」
「でも、今日は違う方法でイカせてあげるよ。驚くかもしれないが、私の髪を引っ張ったりしないでくれよ」
「え？　やっ！　うぁ……っ！」
和泉は咄嗟に腰を引き、ライルの身体を挟んで開いている両足を、爪先までピンと強張らせた。他人の手に触れられただけで震えるほど気持ちがよかったのに、初めての感触だった。このような行為があることは知っていたが、いまや和泉の性器にはライルの舌が絡みつき、唇がほどよい圧迫感で締め上げている。
「あっ、あっ！　そ、そんな……やぁ……っ！」
和泉は仰け反り、腰や足を動かして、この強烈な快感から逃れようとした。先端を口に含まれ、くびれた部分を執拗に舌先でくすぐられる。
もちろん、ライルの手も和泉の幹に添えられていて、口からはみ出たところを優しく撫で擦ってくれている。

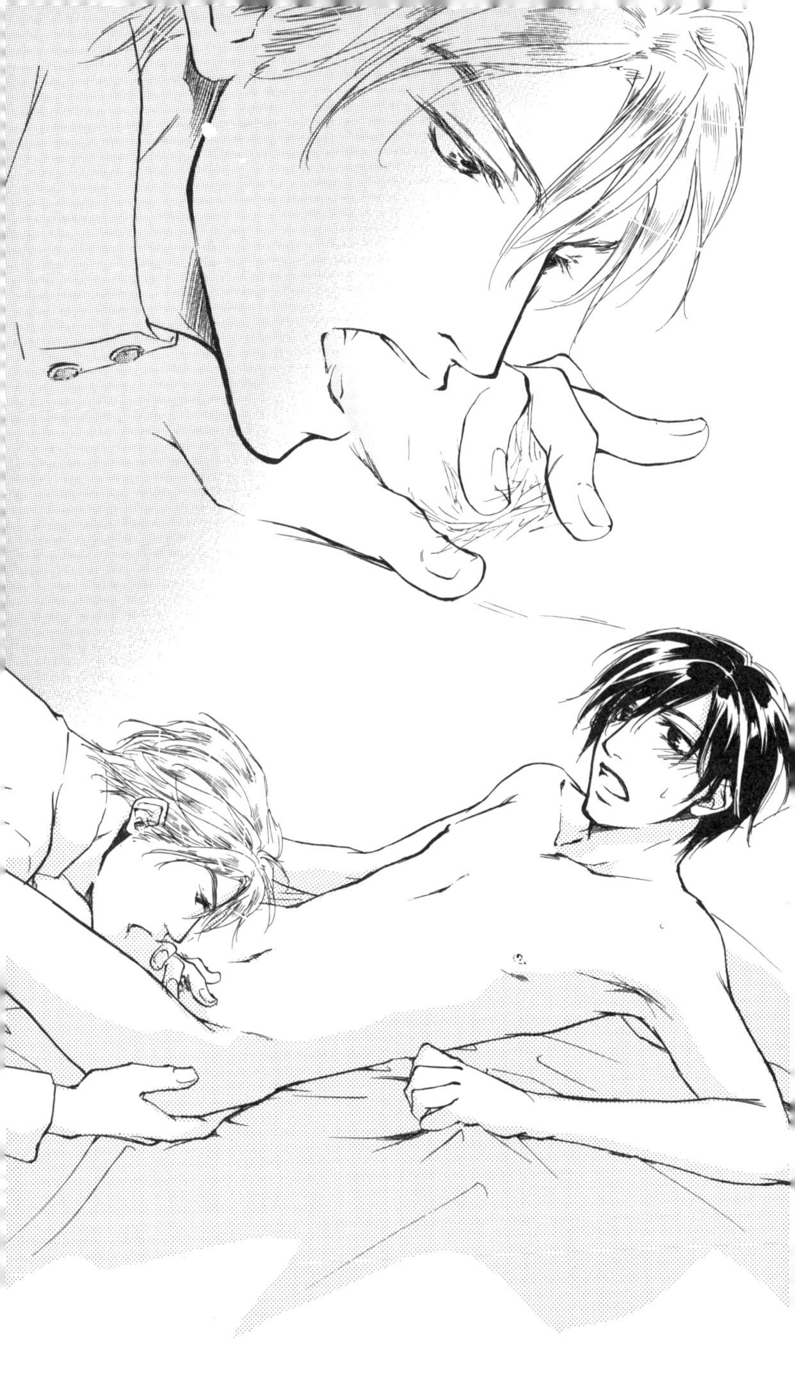

なんという愉悦だろうか。和泉自身は経験したこともないくらいに硬く立ち上がっていて、痛みを覚えるほどだった。

ライルは和泉を口に含んで舐めまわし、ときおり喉の奥まで吸い込んで愛撫してくれる。

「はっ、はぁ……っ、んくぅっ……!」

必死に射精感を堪えながら、和泉は脚を折り曲げ、股間でいやらしく蠢くライルの頭を挟み込んだ。だが、髪を引っ張ってはならないと最初に言われていたので、両手は枕を摑んだりシーツを引っ張ったりして、快感の波をやり過ごした。

肉体が高まれば高まるほど、和泉の身体はくねくねと動く。ライルはその動きがわずらわしくなったのか、和泉自身を咥えたまま、和泉の両足を左右に大きく開かせた。

「やっ、あああっ! ダメ……もっ、ダメです……っ!」

和泉はあられもない格好で叫び、唇を嚙み締めた。

イッてもいいよと言いたげに、ライルの吸い込みは強さを増し、舌が先のつるりとしたところを舐め擦る。

もう限界だった。ライルの舌はさらに激しさを増す。

と思うのに、ライルの口に精液など吐き出したくはないから、いっときも早く離してほしい無理やりにでも外させるべきか、限界は訴えたのだし、このまま素直に彼に絶頂の証を受け止めてもらうべきか。

初めての口技でいっぱいいっぱいな和泉に、そんなことを考える余裕など、もちろんなかった。促されるままに、身体が素直に絶頂へ向かう。
「ふっ、くっ、うぅ……っ！　んーっ」
　和泉は細い腰を突き上げ、熱い体液が噴き出るのに任せた。
　ライルの口はなおも離れず、戯れるように泳がせる舌の優しいタッチで、最後の方は吸い出されているような状態だ。出すものがなくなってしまっても、可愛くて仕方がないと言いたげだった。
「ラ……ライル、もういやです……や、やめ……て……、んあっ？」
　性器の後ろの窄まりに刺激を受けて、和泉の腰はまた踊った。ライルは名残惜しげに和泉を口から出すと、左手できゅっと握った。和泉の欲望の火がまた灯る。
「これからが本番だよ。私は忍耐強い方ではないが、昨日よりは余裕がある。イキたくなったら、私を気にせずにイッていい。何度でも、その気にさせてあげるよ」
「何度でもって、そんな無理……っ」
　抗議の言葉は途中で切れた。指先がくるりくるりと触れていた部分に、生温かいものが貼りついたのだ。
「やぁっ！　う、そ……っ！」
　濡れた柔らかい感触は、さっきまで性器で味わっていたものと同じだ。

和泉は焦点の定まらない目を見開いた。性器はともかく、こんなところを舐められてしまうなんて。いや、舐めることができるなんて。汚いとか不潔といった否定の感情が和泉を満たすが、舌が与える刺激は強烈で、やめさせることはできなかった。
　ライルは腿の内側から尾骨のあたりまで、丹念に舐め尽くし、唾液で濡らした。柔らかくなった窪みに、尖らせた舌が入ってこようとする。
「うぁ……、あっ……ん」
　和泉が力を入れると、舌先は簡単に押し出せた。だが、いつまでもそこに力を入れておけるわけではない。
　緩みを見せれば、ライルの舌はすかさず押し入ってきて、慌てた和泉に締め出され、それはゲームのように何度も繰り返された。
　内部に向かって突かれるか引くかという感覚に慣れてきたところを、舌全体を使って入り口を上下に舐められたりすると、たまらない。
　和泉の蕾は少し腫れて熱を持ち、舌ではなく指でさえも楽々と受け入れた。
「少しきついが、いい具合だ。素晴らしい感触だよ、イズミ」
　ライルの褒める声が股間の奥から聞こえるが、恥ずかしい場所を覗き込まれ、指を入れられたままの和泉に返事などできない。

指が数本、滑らかに動くまで慣らしたライルは、身体を起こして服を脱いだ。開いた脚を閉じもせず、和泉はぼうっとした顔でそれを見ていた。昨夜も見惚れた、見事な大人の身体が露になる。
　二十歳の和泉も大人ではあるが、鍛え方が違うのか、筋肉のつき方や身体の厚みが全然違う。ボディビルダーのような見せるための身体ではなく、実用性に基づいた綺麗な張りが身体全体を覆っていた。
　ライルは脱ぎ去った服のポケットから、なにかを取り出した。和泉には見えなかったが、漂ってきたバラの香りで思い当たる。
「このままでも大丈夫そうだが、大事を取って、少し垂らしておこうか」
　なんと答えるべきかわからず、和泉は黙っていた。
　ひんやりしていた媚薬は、ライルの指で和泉の蕾や粘膜に塗り込まれ、すぐに温かくなった。むず痒い感じが、そこからじんわりと全身に広がっていく。
「んんっ、あう、ふぅ……っ」
　無意識に捩れた腰を、ライルが摑んで正面に戻す。軽々と両足が抱え上げられて、ライル自身の先端がぴたりとそこに張りついた。
「は、うぁ……、あぁぁ……」
　表面を何度も撫でるようにまわされて、和泉の口から尾を引く卑猥な声が流れ出た。

ライルはその声に息を荒げたが、焦らずじっくりと和泉の中に侵入してくる。無理に押し広げられる痛みはあるが、痛みの種類を知っているぶん、和泉の気持ちは落ち着いていたし、昨日よりはスムーズに入ってくるような気がした。

これがどんなふうに動いて、達するときにどれくらい硬く強張るか、和泉にはもうわかっている。ライルが奥まで到達し、数秒後にゆっくり引かれて摩擦が起きる。ぎりぎりまで出て行ったものが、また戻ってきた。

その一連の動作はあまりにもゆっくりすぎて、和泉は受け入れている自分の襞が、無意識にそれに絡みつき、引き絞ってしまう様子を、はっきりと自覚してしまった。

「あっ、んぁ……？ や、っん……んぅ……」

引いていくものを引き止めてはいけない、突き上げてくるものを拒んでもいけない。そう思うのに、和泉の身体は正反対の動きでライルに刺激を与えつづける。

「……あ、とても素敵だ、イズミ。たった一度の経験で、すっかり覚えてしまったんだね」

ライルは心地よさそうに低く呻き、じれったいほど穏やかだった動きを、ほんの少しだけ速くした。

「あうっ、はっ、あっ……！」

一度の経験で覚えたなんて、そんなの嘘だ。身体が勝手に動くだけなのに。

和泉はそう言いたかったが、ライルの動きに追いつくだけでいっぱいだった。

しかし、和泉の淫らな肉の壁はそのリズムもすぐに摑んで、ライルを締めつけ、そうすることで自分自身にも愉悦を与えた。
規則的なリズムに従って、快感とともに腰を揺らしていると、ライルが抱えていた和泉の脚を下ろし、上体を倒してきた。
和泉は両腕を首にまわして、汗ばんだ身体をすり寄せる。首筋にあたるライルの唇や吐息が、くすぐったい。
「きみはいい匂いがするな。優しくて甘い、フルーツみたいだ」
ライルの腰は動きつづけていたので返事は返せなかったが、和泉もライルの芳しい体臭を嗅いでいた。少しスパイシーな、異国の匂いだ。
ライルは耳や顎の下を強く吸い、味わうように舐めながら、胸元に唇を移してきた。突起にちゅうっと吸いつかれて、和泉の身体がビクンと跳ねる。ライルを受け入れたところも、キュッと締まる。
締まったところへ、ライルの硬いものがズンと突き上げてきて、たまらなくなった。
「やぁっ、くぅ……っ！ い、いや……ぁ」
和泉は泣き出しそうな顔で首を振り、両手でライルの顔を押し退けた。
これ以上の刺激は、怖すぎる。未知の熱さに襲われて身体が燃え、脳が沸き、全身が溶けてなくなってしまいそうな、自分を見失いそうな不安が心を覆う。

「どうした？　感じすぎて、怖いのか？」
動きを止めてなされた質問に、和泉は呆然と頷いた。ふと、自分自身に意識をやると、腹につくほど反り返っているのがわかった。
触られなくても、中を擦られただけで達してしまえる。そんな自分の身体が不思議でならなかったが、嫌悪感はなかった。それはたぶん、女性との経験がないからだろう。
和泉にとってのセックスとは、こういうものになりつつあった。
ライルは小さな子供のように胸元で拳を作っている和泉の手を、左右ともに掬い上げた。手の甲にキスをしながら、そっと開かせ、頭の横あたりで強引にシーツに押しつける。
「……ライル？」
「そんなに怯えた顔をしないでくれ。私はきみに気持ちよくなってもらいたいだけさ。気を失うほどの快楽できみを慣らして、きみが私から離れられなくなればいい」
しゃべりながらライルの顔は下がっていき、最後の方は和泉の乳首を舐めながらだったので、途切れ途切れになっていた。
「やっ……っ、やめ……あっ！　ああっ！」
和泉は思い切り嬌声をあげた。両手を押さえつけられているので、首くらいしか自由にならない。尖り勃った乳首はころころと転がり、ライルの舌におもちゃにされてしまう。
「あっ、くっ、あぅ……んっ」

逃れようのない快感に、和泉の身体が蕩けていく。下半身の動きが再開され、穿たれたままのライル自身に、媚薬で濡れた襞が押し寄せた。

ときどき左右を換えながらも、ライルの唇は和泉の突起から離れない。可愛いおいしいと言わんばかりに、夢中で乳首を吸い上げている。

やがて両腕が解放されたときには、和泉は感じすぎてぐったりしてしまい、力の入らない手をライルの背中に添えることしかできなかった。だが、力の入らないのは腕だけではない。まだ途中なのに、身体中の筋肉が悲鳴をあげているようだ。鍛えているわけでもない和泉の身体には、思った以上に体力がないらしい。

「うっ、くぅ……うっ……」

和泉の苦しげな声に、ライルはようやく顔を上げ、ゆるやかだった律動を速くしていった。しんどいはずなのに、大きなものが出たり入ったりすると感じてしまう。愉悦だけは底なしに貪欲で、和泉は翻弄されるまま喘ぎつづけた。

媚薬のせいで結合部からは濡れた音が響き、それがまた羞恥を煽る。

ライルは和泉の腰を掴み、自分の股間に引き寄せながら、硬い性器を捻じ込んできた。エラの張った部分が、和泉のイイところをぐりっと抉る。

「うはあっ！　ああっ、は……っ」

たまらなかった。ライルは意図的にそこを狙っているのだ。

和泉が本能的に逃げようと身体を捩っても、曲げても、ライルは追いかけてきて擦りまわす。両足を伸ばしても巻きつかせても、ライルの腰に巻きつかせても、愉悦の深さは変わらない。
「や、もう……だめっ！　で、出る……っ」
 和泉は疲れた身体でのた打ちまわり、甲高い声で鳴いた。イクというよりも、内側から押し出されるという感覚に近い。
「いいよ、きみはイクときの顔も美しい……」
 弱点を執拗に責められながらの言葉など、和泉の耳には入らない。和泉は固く目を閉じ、シーツを握り締め、やってくる絶頂に身を任せた。ライルの張り切った先端が奥まで到達した。きっと、絶対に昨日より深い場所だ。
「やあっ、あっ、あぁーっ……！」
 声を絞り出し、二度目の精液を吐き出して、和泉は二度三度、大きく震えた。脚を突っ張って、自分を犯す肉の棒を締め上げる。
 ライルは低く呻き、さらに腰をまわす。
「くっ……！」
 淫靡な襞はライルが命じる前に激しく蠢き、ライル自身にむしゃぶりついた。先端といわず、根元といわず、ねっとりと全体に絡みつく。
 襞で感じる硬くて逞しい感触が、和泉の絶頂感を長引かせてしまう。

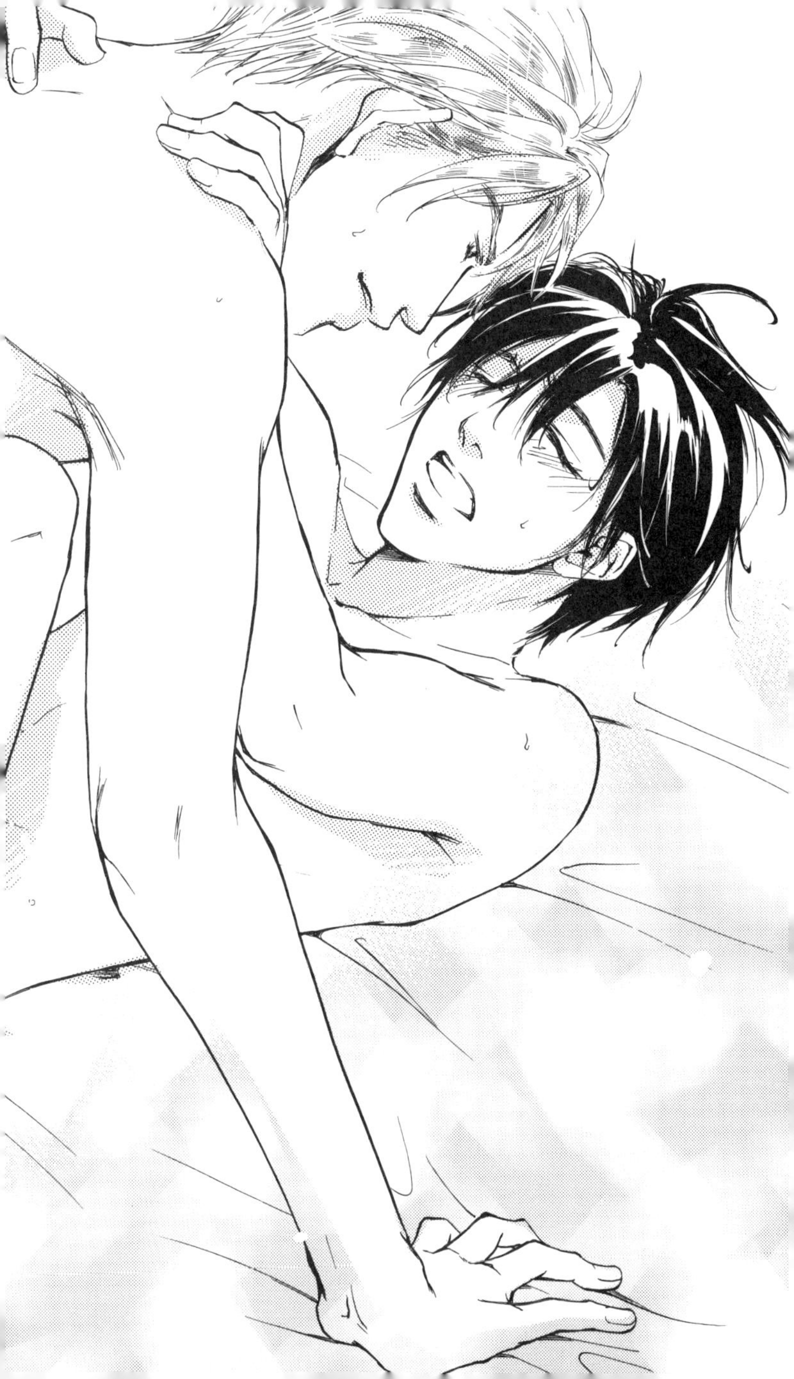

「あ……あぅ……ぅ」
　か細い声で喘ぎつづける和泉の中に、ようやくライルが射精した。性器は脈打っており、熱いものがドクドクと注ぎ込まれている。
　ライルの強張った身体を、和泉は両手を伸ばして引き寄せた。彼を思い切り抱き締めたかった。まだ荒い呼吸をしているライルは、初めは気を遣って肘で自重を支えていたが、そのうち力尽きたのか、和泉に体重を乗せてきた。
　息苦しさを覚えるほど重いのに、それすらも心地よく思える。肉体も胸の中も満たされている。素晴らしい体験をしたことに対する感動もあるけれど、身体だけの快楽でこんなにも心が満たされるわけがない。
　——……好きに、なり始めてるんだ。この人を。
　和泉は汗にまみれた身体を抱き締め、そう思った。
　そして、なんだかとても悲しくなった。未来がないと考えたからだった。
　金で買われた和泉は、ライルが飽きたらお払い箱だ。仮に長つづきしても、好奇心旺盛で性欲も旺盛なライルが、自分一人で満足するのかどうかも怪しい。
　和泉は性の技巧も知らないし、ライルを喜ばせる術も知らない。今は未熟さを好まれているようだが、いつまでも未熟では飽きもくる。
　数ある愛人の中の一人になるのは、いやだった。そうなったら、無一文でもここを出て行く。

「どうした、イズミ？　なにを考えている？」
　ライルがようやく身体を起こして、そう訊いた。
「……べつに、なにも」
「こういうときは、嘘でも『あなたのことを』と言うものだ」
　ライルは笑い、和泉の鼻に自分の鼻を擦りつけてきた。無邪気で、心温まるしぐさ。人懐こいサラブレッドが鼻面を寄せてくる雰囲気と、よく似ている。
　和泉は目を開けたまま、ライルの唇にそっとキスをした。触れて、すぐに離れると、今度はライルが追いかけてきて、深いキスとなる。
「愛してるよ、イズミ。きみはとても可愛い。ずっと私だけのものでいてくれ」
　キスの合間に、ライルは熱っぽく囁く。
　そうできたら、和泉だってとても嬉しい。だが、現実は厳しいだろう。出会ってまだ二回目の夜なのに、もう別れがつらいと思っている。これ以上、彼を好きにならずにいようと和泉は決めたが、それは不可能な気がしてならなかった。
　自分の行き先を見失い、幸福と悲哀の間で、和泉はいつまでもライルにしがみついていた。

和泉が催促するまでもなく、ライルは翌日にはザリスターの秘書に連絡し、ファルコンをイギリスの厩舎に預ける手配をしてくれた。彼がもっとも信頼している調教師の厩舎で、自分が頼んだこととはいえ、和泉はライルに感謝せずにはいられなかった。
「ペットでいた方がファルコンのためでもあると思うんだが、まぁ一度チャレンジしてみるのもいいだろう。彼もサラブレッドになるために生まれてきたわけだからね」
　和泉を書斎に呼んで入厩に関する書類を見せ、サインをさせながらライルはそう言った。感謝の気持ちはあったけれども、そう言われては持って生まれた跳ねっ返りな性格が、ついつい可愛くない返事をしてしまう。
「ファルコンを競走馬にしてくれるっていうのは、最初からの約束なんだから、当然といえば当然です。ペットにするって決めたのはあなただけで、俺は納得してませんでしたからね。これが正しい道なんじゃないですか」
「ああ言えばこう言う、きみの口が私は大好きだよ。あんまり可愛いから、ふさぎたくてたまらなくなる」
　和泉は咄嗟に左手で鼻から下を覆った。
「ところで、どうして俺が書類にサインしてるんですか？」
「ファルコンがきみの馬だからさ。私はペットとしてきみにプレゼントするつもりだった。競走馬に肩書きが変わってしまったが、あれはきみのものだよ」

「……それってつまり、俺が馬主ってことですか？」
「正確には私と半分半分だけどね。どのレースに出してほしいとか、引退後の進路について、きみは口を挟む権利があるってことさ」
「で、でも俺、お金を持ってません。預託料とかそういうの、俺、払えません……」
夢のつづきのような話だが、しかし、和泉は困惑を隠せなかった。
預託料とは調教師に払う金のことで、馬のエサ代や治療、医療費、装蹄料なども含まれている。厩舎によって金額に差があるという話だが、ライルの厩舎に限って安いということは絶対にないはずだ。
たぶん、和泉の貯金では、一月分の預託料にも足りていないだろう。
和泉の不安な顔を見てライルは大笑いし、笑いを収めたあとで和泉に強引にキスをして、唇を長く吸った。
「な、なにするんですか！」
「きみが可愛いことを言うから、ふさがずにはいられなかっただけさ。馬はきみのものだが、きみは私のものじゃないか。私といて金の心配などする必要はない。欲しいものがあったら、なんでも言いなさい」
「これ以上はいりません、充分です。……あ、でも一つだけいいですか？」
「なんだい？」

「ファルコンが引退するとき、もしかすると俺はもうあなたのものではないかもしれないでしょう。俺がいなくても、つまり、あなたが俺を必要としなくなってからでも、あの馬のこと最後まで面倒を見てもらえますか?」

和泉はライルを上目遣いに見た。

「……私はきみを手放す気はないのだが」

ライルはムッとしたように言った。

「今のところ、でしょう? 先のことはわからないし、俺に興味を失った途端に、あの馬もサヨナラなんてことになったら、いやなんです。あの馬はそうじゃないから」

「それじゃ、あの馬が天寿をまっとうするまで、きみが私の最愛の恋人でありつづければいい。そうすれば、なんの心配も問題もない」

「それはあなたの問題です。あなたが、俺を……愛しつづけてくれるのかどうかって話ですよ」

愛するという言葉で照れてどもりながら、和泉は俯いた。二人の関係を終わらせるのは、ライルの都合でしかありえない。

「それはきみの問題だろう。私がきみを愛しつづけられるように、きみが振る舞わなければ。私は今のきみをとても気に入っている。きみが今のままで変わらなければ、私もずっと好きでいられるだろう。きみだけをね」

「……俺だけ?」
「最愛の恋人は一人で充分だ。きみがそうである限り、私はきみ以外の愛人など作らないし、作れない。それほど器用じゃないんだ」
「そう言っていただけるのは嬉しいですけど、今の俺って、跳ねっ返りで偉そうであなたの言うことをきかない俺ですか?」
「……語弊がある気もするが、まあ、そういうことになるかな」
肯定されて、和泉は俯いたまま唇を嚙んだ。自分が彼を好きになり始めていることを、ライルは知らない。
自分になびかないじゃじゃ馬を手懐けて自分のものにする過程を、彼は楽しむ人なのだ。手に入れたおもちゃは早く飽きてしまうかもしれないし、彼に懐かずに反抗しつづけることが、長つづきの秘訣なのだとしたら。
「あまり、自信はないですね……」
「どうして?」
「だって、変わらない人間なんていないでしょう? 環境に慣れたら、だんだん欲張りになっていくと思うし」
「きみがお金大好き人間になって、私を破産させるほど贅沢三昧の生活を送るようになるということかな?」

ライルの的外れな予想に、苦笑が漏れた。

彼は常に、愛と金を結びつけて考える性質のようだ。金銭目当てだった過去の恋人に、痛い目に遭わされた経験でもあるのだろうか。

和泉はそこまで金にこだわることができない。贅沢にも遊んで暮らすことにも、興味はなかった。アメリカで踏み出した一歩は、ただ、馬に携わって生きていきたいという願いがあっただけだ。

ライルによって方向を変えられてしまった。

歪められた自分の人生を思い、和泉は唐突に泣きたくなった。

ライルのことを好きになり始めているという自覚はある。最低な嘘つき男なのに、結局ファルコンを助けてくれた。オイルマネーで広げた競馬事業は世界最大にして最強、誰もが憧れ尊敬するザリスター・レーシングの総裁なのに、国に帰れば兄たちに理不尽に苛められている可哀想な末っ子王子。

薄情と思えば優しく、多情かと思えば意外にも一途で、彼にはギャップと底知れない奥の深さがあって、興味は尽きない。知れば知るほど惹かれていくような気がする。

だが、それとこれは別問題だ。金銭と絡めるなど、さらに問題外である。

「お金が嫌いな人間なんていないでしょう。俺が百万ドル持ってたら、あなたに叩きつけることができるし、二百万ドル持ってたら、ファルコンと一緒にアメリカに帰ります。俺がお金大好き人間になったって、あなたに責める権利はありません」

和泉の精いっぱいの皮肉だった。いくら生意気が好きだと言ってもほどがある。叱られるのを覚悟で言ったのだが、驚いたことに、ライルは謝った。
「……すまない。私はきみを傷つけたんだな」
「傷ついてなんかいません。俺を傷つけたんです。お金や贅沢に興味があるに違いないって、あなたが勝手に思っただけでしょう。お金や贅沢に興味があるに違いないって、あなたに思わせるなにかを、俺が持ってるってことでしょう。お金が欲しいって顔に書いてありましたか？　鏡がないから俺には見えなくて」
　和泉はそう言って、肩を竦めた。こんな皮肉、思いっ切り傷ついてますって言ってるようなものだと思いつつ、ライルが謝るから、止まらなくなってしまったのだ。
「いや、違う。きみはそんなことを思ってない。私が調子に乗りすぎたんだ。許してほしい」
　ライルが再び謝って、和泉をそっと抱き寄せた。
「……許せません。俺を馬鹿にして、侮辱して。謝ったら許してもらえると思って。そんなあなたを好きになることなんて、できません」
　振り払えないくせに、口は可愛くないことばかり言ってしまう。
「そんなことを言わないでくれ。きみの愛情深さに敬意を表して、ファルコンは死ぬまできちんと面倒を見るよ。私ときみがどんな関係になっていようとも。契約書を作ってもいい」

159　熱砂の夜にくちづけを

和泉はなにも言えなくなって、ライルの胸をドンと一度強く叩いた。酷い言葉で傷つけるくせに、すぐに謝って和泉の言うとおりにしてくれる。優しいのか意地が悪いのかわからない。

「これでもまだ許せないかい？ だけど、きみにだって悪いところはある。私はきみが好きで、手放すつもりはないと言ってるのに、先はどうなるかわからないなんてつれないことを言うから。私だって、つい意地悪を言いたくなるんだ」

「……俺のせいにしないでください」

「そうだね、私を好きになってもらえないのは私の責任だ。私は一目見てきみが気になって、話してみて好きになった。抱いてみたら、愛しくてたまらなくなった。こんな愛情は認められない？」

「……永続性の問題です」

「私がきみを愛していることは、理解してるってこと？」

和泉は無言で頷いた。自分の愛情とは少し違うかもしれないが、信じてみたい気持ちがある。

「それはよかった。きみに好きになってもらえるように、頑張るよ。泣かせてしまったお詫びに、これから我が国の牧場見学にでも行くかい？」

「な、泣いてませんけど。でも、もうイギリスに行っちゃって、馬はいないんでしょう？」

「体調を崩していた馬が、何頭か残っているんだ。具合を見ていずれ、イギリスに送る。ファルコンと一緒に行ける馬もいるだろう。見に行ってみる？」

「行きます。あなたが案内してくれるんですか？」
「もちろん。さっきのマイナスポイントを取り戻さないとね」
　ライルはそう言って和泉の顔を覗き込み、鼻の頭にチュッとキスをした。和泉が顎を引くと、今度は額に触れてくる。
「くすぐったいですよ。……あなたはキスをしすぎです」
　照れ隠しに言った和泉の台詞に、ライルは小さく笑った。
「きみがいやなら、控えるよ」
「控えてください」
「了解した」
　言った口で、ライルは和泉の唇をふさぎ、舌使いの激しい濃厚なキスをお見舞いしてくれた。
「んっ、んぅ……っ！」
　和泉は簡単に翻弄され、抵抗もままならないまま数分後、ぐったりとライルに身体を預けた。力が抜けてしまって、嘘つきと叫ぶこともできない。
「私の身体は、ときおり私の意思に反した動きをしてしまうんだ。それはきみが可愛くて、きみが愛しいからだ。理性では留めることができないほど、私はどんどんきみを好きになっていく。だから、きみも安心して私を好きになってくれていい」
「……好きになっていいなんて、自惚れやなんだから」

和泉が掠れた声で呟くと、ライルの抱擁の力が強くなった。
　身体が軋むほど抱き締められるのは、なんて気持ちのいいことだろう。ベッドの上で抱き合うのではなく、セックスになだれ込むまでの前戯としての抱擁でもない。
　ただ、愛していると囁かれて、抱き締められている。それだけで、満たされるものがある。
　ライルが自分を解放したとき、和泉は寂しい気持ちになったが、自分からもう一度それを求めることはできなかった。
　あんなふうに求愛されては、ライルを好きになる気持ちに歯止めなんてかけられるわけがない。
　だが、彼を信じてすべてを投げ出す覚悟も、出会って三日ではできなかった。
　牧場を案内しようと言って差し出されたライルの手を、和泉は泣きたい思いで握った。

それから二週間後、ライルは自分の教育がうまくいっていることを実感し、悦に入った笑みを浮かべていた。

和泉はだいぶ、ライルにほだされてきている。生意気な口調が少し丁寧になってきて、忙しそうにしていると、疲れていないか心配そうに気遣ってもくれる。

そして、性戯における和泉の吸収力は素晴らしく、ベッドの上では毎夜のように濃密な交わりがなされていた。どんなに疲れていても、これをやめるわけにはいかない。可愛く淫らな恋人は、男の精力の源だ。和泉が待っていると思うだけで、ライルの仕事には身が入り、できるだけ早く帰ろうとするために、スピードが上がる。

世界中の人間が、ムスリムはインシャッラー──神の思し召しのままに──とさえ唱えればすべてが許されると思っており、時間も約束も守らないと憤慨しているけれど、ここには日本人のように勤勉なムスリムがいるのだ。

「ニヤニヤしないでくれないか。たことじゃないけどね」

ダーウードの言い方には、やや棘があった。和泉がこの屋敷に来てからというもの、一階以外は立ち入り禁止なのだから、腹も立つだろう。

しかし、ライルは和泉をダーウードに会わせたくなかった。ダーウードにというより、誰にも見せたくないのだ。

163 熱砂の夜にくちづけを

美しく精巧な人形のようだった和泉は、ライルに与えられる絶頂を知って、悩ましい媚態をふとしたときに見せる。無意識になされるそれは性質が悪くて、仕込んだライルでさえも惑わされ、欲望が滾るのを抑えられない。
「恋する男は嫉妬深くて、可愛い生き物なんだよ。温かく見守ってやろうと思わないのか」
百八十センチを超える図体で、ライルは堂々と自分を可愛い生き物と言い切った。実際に、和泉の言動で一喜一憂しているのだから、あながち間違いとも言えまい。
ダーウードのもの凄くいやそうな顔を見て楽しんでから、ライルは客間のソファに身を沈め、カファと呼ばれるスパイスの利いたコーヒーを飲んだ。
「そういえば、イズミの連れてきたあの派手な馬、どうしたんだい?」
テーブルを挟んだ向かいに座っているダーウードが訊いた。
「先日、ファルリスに送ったさ。もちろん。約束だからな」
「イギリスに送ったさ」和泉はとうとうイギリスに旅立った。和泉はついて行きたそうだったが、そこまで甘やかすつもりはなかった。
ファルコンを乗せた馬運車が屋敷を出て、まったく見えなくなってしまっても、和泉は心配そうにいつまでも見送っていた。
ファルコンが走る馬だとは今でも思っていないが、これで本当に走らなかったら和泉が可哀想なので、ライルは厩舎を任せている調教師に、大事に面倒を見てくれるように頼んでしまった。

二流馬と思って粗末に扱うつもりだった自分の命令が守られているのかどうか、ライルは近いうちにイギリスへ様子を見に行くつもりだった。ファルコンがいなくなってからしょんぼり寂しそうにしている和泉に、きみも行くかい、と誘うと、彼は飛び上がるほど喜んだ。そして嬉しさのあまり、ずっと躊躇していたライル自身の口での愛撫を了承してくれた。

和泉の口内の熱さと瑞々しさは、キスをしたときから知っている。だが、性器にまつわりつくあの舌の柔らかさは、想像を超えていた。気を入れていないと、すぐに射精しそうになる心地いいのだ。

「思い出し笑いをする男って、サイッテーだよね」

吐き捨てるように言ったダーウードの声で、ライルは顔を上げた。

「そう妬むな、ダーウード。恋人というのはいいものだ。バージンはとくに可愛い。私の言うことを全部信じて鵜呑みにするからな」

「イズミになにをやらせてるんだ、この悪魔め!」

「褒めないでくれよ、照れるなぁ」

「褒めてない!」

叫んだところで、ダーウードは我に返ったらしかった。軽く咳払いをして、ソファに座り直す。

「今日はこんな話をするために来たんじゃなかった。アフマド殿下の話だよ」

「ああ、アフマド兄さん。その後の情報はどうだ?」
「さすがはアフマド殿下、ガードが堅いよ。うっかりもののハーリド殿下が可愛く思えて仕方がないくらいさ」
ダーウードは肩を竦め、つまらない冗談を言ってから、
「どういうつもりか知らないけど、飛行機の操縦に詳しいものを何人か集めてるみたいなんだ」
と声を潜めて囁いた。
「ついに、アフマド兄さん専用機を作ることにしたんだろうか」
「ふざけてる場合じゃないよ」
ライルはダーウードにピシリと叱られてしまった。シャイザリーには王家専用の航空機が数機あって、父や兄たちはそれを使っている。わざわざ私財を投じて作らずとも、快適なものが用意されているのである。
だが、末っ子が使おうとすると、兄たちの妨害が入ってなかなか使用許可が下りない。ライルがプライベートジェットをフランスの会社に作らせたのは、そういう理由からだった。
「アフマド殿下が自家用機を個人的に作ったって、意味ないだろう。公用だろうがプライベートだろうが、王室専用機を好きなときに使えるんだから。集めたパイロットをどんな用で使うのか、用が済んだあと、パイロットはどうなってしまうのか。そして、狙われたきみの生死。それは全知全能なる神しかご存知じゃない」

「神じゃなくて、アフマド兄さんだろう」
　ライルは不機嫌に訂正した。
「空の上は完全な密室だ。墜落して機体が大破し、乗っていたものがすべて死んでしまえば、原因追求は難しい。
　犠牲者が第六王子アサディン殿下となれば、テロ事件として扱われるだろうが、その際の捜査指揮は国防大臣であるアフマド殿下が執るだろう。万が一証拠が挙がっても、握り潰される可能性が高い。手間はかかるし、大がかりなしかけになるが、ライルを殺してしまうのだから、確実な方法とも言える。
「だが、どうするつもりなんだ。私は一般の航空機にも王室専用機にも乗るつもりはない。私のプライベートジェットに、工作員を潜り込ませるつもりか？　定員は決まっているし、知らない奴を乗せるほど私は間抜けな男ではないが」
　ライルは胡乱な顔つきで、そう言った。
「乗っ取ってしまうのか、機体になにかをしかけるつもりなのか、そこまではまだわからない。乗るつもりはなくても、きみが外国に行くとき、きみのジェットが故障していたら？　違う機に乗り換えるしかないだろう。隙なんて意外と簡単にできるし、あらゆる可能性を考えておかないと。パイロットに声をかけてるってのは、事実なんだから」
「この先張りついていて、なにかわかりそうか？」

「さあ、具体的な計画を摑めばいいが、すべては神の思し召しのままさ」
「成果を期待している。が、接近しすぎて、気づかれないように気をつけてくれ。全知全能なる神のご加護を。ハーリド兄さんの十倍、いや三十倍くらいは鋭いからな」
 ライルはダーウードが私的に雇っている諜報部員たちのことを案じた。
 彼らからの情報は正確で、ライルは何度も危機を逃れることができた。ライルのせいで命を落とすことになったら、気の毒すぎる。
 ライル自身は、自分がシャイザリーで五人の兄を出し抜いて出世したいという欲がないので、そのような諜報部員を雇っていなかった。ダーウードが教えてくれるし、こそこそ相手の情報を調べ上げるのが、性に合わないということもある。
「ご心配はありがたいが、一番気をつけるのはきみさ。いつもより、何倍も注意しないといけないぞ、ライル。アフマド殿下は、ハーリド殿下とは肝の座り方が違う。その冷酷さも。ハーリド殿下はきみを殺したいかもしれないが、きみの牧場を喉から手が出るほど欲しがっていたり、ハシュル殿下を殺して皇太子になり、ゆくゆくはシャイザリー国王になりたいとは考えていない。第三王子として、そこそこの地位とそこそこの贅沢をして毎日暮らせれば、それで満足できる人だ。だが、アフマド殿下は違う。彼には明確な目標がある」
「なんと欲深いことだろう。私やハシュル兄さんに手を出しても、まだ父は健在だというのに。父の目は節穴ではない」

ライルはため息をつき、どうしようもないと言いたげに肩を竦めた。
「きみが近々ジェットを使う予定は？」
「公務はない。再来週あたり、イズミを連れてイギリスダービーを見学しようかと思っている」
「何日か滞在して、イギリスダービーを見学しようかと思っている」
「悪いことは言わない。やめた方がいいよ」
「だが、死ぬまでこの国に閉じこもっているわけにもいかないだろう。ここにいればいたで、アフマド兄さんは違う手を使ってくるさ。狙撃手を雇ったり、車のブレーキに細工をしたり。使い古された手だが、完璧に防ぐ方法はいまだにない」
「それは一理あるね。だいたい、きみは止めても行くだろうが……、充分注意してくれよ。空の上では助けに行けないし。ああそうだ、ライル。きみになにかあったときのために、僕にも自家用機を一機、買ってくれないか？」
のほほんとした口調から飛び出したとんでもないおねだりに、険しかったライルの顔が和んだ。
冗談っぽく言っているが、こんなときのダーウードはけっこう本気だ。
「なにかあったときに、いったいどうするつもりだ、ダーウード。ジェット機を大空に並べて、時速千キロ近いスピードの中で、そっちとこっちを行ったり来たりするのか？」
「きみならできるさ」
おどけて笑うダーウードに、ライルも笑ってクッションを投げつけた。

二人は十秒ほど笑っていたが、どうしてこんなブラックなジョークを言わなければならなかったのかを思い出して、再びため息をついた。
「冗談はともかくとして、僕の予想ではまず、きみを誘拐すると思うんだよね」
ダーウッドが真面目な顔で言った。
「誘拐？」
「そう。きみが予告もなくぽっくり逝っちゃっても、ザリスター・レーシング社はアフマド殿下のものにはならないからね。ザリスターを含む牧場のすべてをアフマド殿下に譲ります、みたいな誓約書を書かされるんじゃないかな」
「遺言の間違いじゃないのか」
「そうとも言うかもね」
「たとえ手首を切り落とされそうになっても、署名はしない。誇り高いベドウィンの末裔は、卑怯な脅しに屈しない」
ライルはムッとして宣言した。
「そういう状況になっちゃったら、署名しても拒否しても、辿り着く先は同じだからね。最悪の事態にならないように、注意するべきだよ。きみ自身の手首なら、きみはいくらでも強情になれるだろうけど、イズミを人質に取られたらどうする？」
「…………」

「ありえないことじゃないよ。向こうだって、きみに関する最新資料は読んでるだろ。金で買った百万ドルの愛人か。きみが残酷であったり、捨てるものの不幸を願ったりしたことは一度もない。それはきみの愛すべき部分だと僕は思うが、敵には弱点に見えるだろうね」

ライルは不機嫌に低く唸った。

自分に甘さがあることを、自覚していないわけではない。苛烈な後継者争いを繰り広げていた一族の中で、国のトップを極めたいという意欲が希薄なのは、母親が王族とはまったく関係のない異邦人だからだろうか。

ミリアもアーイシャも貴族階級の娘で、実家は裕福なうえ、政治にも強い影響力を持っている。

「だから、片づくまでは、彼はここに置いて守ってあげる方がいいかもね。きみが留守の間は、僕がちゃんと様子を見にきてあげるから」

ライルは無言のまま考え込んだ。

一緒に連れて行ったせいで、死に至るかもしれない災難に巻き込まれるのは、可哀想だ。かといって、この屋敷に置いておくのが絶対に安全かと言われれば、そうでもない。

警備兵は二十四時間体制で不審者や不法侵入者を見張っているが、洋服の仕立て屋や、魚や野菜といった食材を配達するものなど、出入りはわりと多く、そのあたりを突いて侵入されたら、和泉を守りきれない。

今のうちに国外に逃がした方がいいかもしれない、そうは思うものの、彼を手放すのはつらかった。硬かった身体がようやくライルに馴染んできて、これからさらに熟していくところなのだ。そして、容姿や身体はもちろん、控えめで勉強熱心で、優しい彼の性格を一番に愛している。ファルコンに対する彼の情の深さを目の当たりにするたびに、彼のすべての愛情を自分のものにできたら、どれほど幸福だろうとライルは思う。

和泉はライルが示す誘惑に、乗ってこない。女性ではないから、高価な洋服や目も眩む宝石に関心がないのはわかるが、彼専用の車も、高級な時計も靴も、すべていらないと断った。彼が一番喜ぶのはサラブレッドの血統書で、ライルの書斎から運んだそれらを日がな一日眺めて勉強しているようだった。ライルが抜き打ちで出す問題に対する正解率も高い。彼は利口で慎み深く、いまだにバスルームの獅子の口に手を突っ込んで、楽しそうに笑う無邪気さを同居させている。口から湯を出す馬は間抜けだと言っていたが、作ってやったきっと大喜びで頭を撫でるだろう。

彼の罪のない幼さは、ライルの心を和ませて癒す。彼を一時的にでも手放す決心は、そう簡単につけられるものではなかった。

「渡英するまでには時間がある。向こうに新しい動きがあるかもしれないし、少し時間を置いてから冷静に考えよう。さて、僕はそろそろ失礼するよ」

ダーウードは立ち上がり、ドアのところで振り返って、

「イズミはねぇ、きみにはもったいないくらいいい子だよ」
と言った。

「……なんだって?」

ライルは険しい視線で、ダーウードを睨んだ。

絶対に二人っきりで会ってはいけないと言っているのに、和泉は約束を破ったのだろうか。破らせているのはダーウードだろうが、それを自分に打ち明けないのは問題だ。

「そんな怖い顔で、彼を責めないでやってほしいんだけど。や、ほらね。僕らは味方の弱点も知っておかないといけないわけだから」

「知ってどうする?」

「事情によっては、排除しておく必要もある。なにより、きみのためにね」

ダーウードは微笑んでいたが、青い瞳には冷酷な光が潜んでいる。

「イズミになにかしたら、私はお前を許さない。彼はこれまで戯れにつき合ってきた情人たちとは違うんだ。彼の存在は私を勇気づけ、また勇敢にさせる。私ももう二十八だ。一人の人に誠実な愛情を捧げる時期が来たんだよ」

「だが、彼はきみの子供を産むことはできない」

「私は子供なんて欲しくない。私にそっくりな子供でも、私とは似ても似つかないアラブ人そのものの子供であっても、欲しくはないんだ」

それはライルの一貫した主張である。純粋のアラブ人の女性を娶っても、自分の血が流れている限り、子供にも同じ思いをさせてしまう。意地の悪いとこたち——とくにアーイシャの孫たちに、苛められるのを見るのは忍びない。
きみの子供ならば仕返しするだろう、百パーセントの確率で、とダーウードなどは気楽に言っているが、自分自身ならいざ知らず、子供が争う姿など、愉快な気持ちでは見れないだろう。
「これは今回の問題とはあまり関係なかったね。まあ、男は七十になっても父親になれるんだから。気長にいこう」
肩を竦めたダーウードは、いつもの剽軽で軽い青年に戻っていた。
「イズミには手を出すな」
「僕が出さなくても、誰かが出すかもよ。平和な国で育ってきて、こんな事件に巻き込まれるのは不憫だと僕も思うよ。きみが買ったりしなきゃ、こんなことにならなかったのに」
「……私の罪悪感を煽って、どうするつもりだ?」
「べつに。僕もイズミのことは好きだよ。彼、アラビア語とこの国について勉強をしてるって知ってた? きみのかつての恋人たちの中で、アラビア語を進んで学ぼうとしたものがいただろうか。……え? 英語が通じるのにどうするつもりかって? そんなの、僕の口からは言えないよ。
とにかくイズミはいい子だから、僕らの足を引っ張らずに無事でいてほしいと思うだけさ」
それじゃ、また後日と言って、ダーウードは帰っていった。

ライルはソファに深く腰かけたまま、しばらくじっとしていた。

和泉をどうするべきか、判断に迷うところだ。ダーウードはライルがいない隙を縫って、和泉に接触しているらしい。

ライルが二人の接触を嫌うのは、ダーウードが和泉を誘惑するのではないかという心配もあるが、基本的にダーウードはライルを一番に考えていて、ライルを守るためには、それ以外のものを容赦なく切り捨ててしまえるからだった。

彼はときに、ライルよりも激しい気性を見せる。ライルの意思がどうであれ、多少強引でも目的に向かって突き進む。彼がそうするのは、彼なりの理由があるのだが、それはライル自身にはあまり関係がなかった。

和泉がダーウードに心を許すのは、危険だ。ダーウードはライルの味方であって、和泉の味方ではないのだ。

しかし、ここで悩んでいても答えは出ない。

ライルは二階のダイニングルームに向かった。ダーウードとの話が終わったら、和泉と一緒に夕食をとる約束だった。

予定の時間をオーバーしていたので、和泉は先に来て待っていた。ライルを見つけて一瞬嬉しそうに笑い、すぐに取り繕ったようにムッとして見せる子供じみたしぐさが、ライルは大好きだった。

彼を見て、傍にいるだけで、心が満たされる。

175　熱砂の夜にくちづけを

どうして彼をこんなに愛してしまったのだろうかと思う。無邪気で感動しやすく、涙もろい、そして、感謝の心を知っている誠実で謙虚な青年。
最初は美しいものに対する好奇心だった。
憎まれ口は叩くけれど、それが本心だったことが一度もない。
「まったく、アラブ人は時間どおりに現れることがないんだから。もう、お腹ペコペコですよ。謝らずにインシャッラーなんて言ったら、飢えた獣みたいに食べてやるから」
可愛らしい脅しにライルは笑い、椅子に座る前に和泉を抱き寄せ、唇にキスをした。キスなど何回もしているのに、召使いたちの目を気にして赤い顔で俯く初心なところが、また愛しい。
「仕事が長引いてしまってね。待たせてすまない。飢えた獣のようなきみにも興味があるが、それはベッドの上で見せてくれると嬉しいな」
「……！　もう、いいですよ。ナイフとフォークで食べてあげます」
和泉は赤くなった耳を引っ張りながら、椅子に座った。
ダーウードと会っていたことを責めてやろうと思っていたライルだが、詰問は食事のあとに行うことに決めた。空腹の和泉は怒りっぽくて、開き直って突っかかってくる怖れがあるからだ。
今日のメニューはフランス料理のコースを、アラビア風にアレンジしたものだった。野菜とチーズの入ったパイやレンズ豆のスープ、ハーブの利いた鶏胸肉の煮込み、鯛のオーブン焼きなどが次々と出てくる。

出されたものを、和泉は美味しそうにぺろりと食べてしまうので、ライルも初めのころは驚いたものだった。見かけによらず大飯喰らいで、スレンダーな身体が太ってしまうのではないかと心配もしたが、和泉の体重にも体型にも変わりはない。
どうやら、そういう体質のようだった。豪快だが下品ではない食べっぷりは、見ていて好ましく、ライルの食欲まで増進させてくれる。
最後にナッツがのった冷たいムースとチョコレートのケーキを食べると、さすがの和泉もミルクを飲みすぎた子猫のように満足そうな顔になった。
「きみの体質を世の女性たちが知ったら、羨ましがるだろうな。私がいないときに、なにかエクササイズをしてるのか？」
コーヒーを飲みながら、ライルは訊いた。
「午前中に庭を散歩したり、馬に乗せてもらったり。午後になると暑すぎて、外には出られないから、部屋で本を読んでるし」
日本人の和泉は、シャイザリーの暑さに辟易しているようだった。もっともそれは和泉に限ったことではなく、外国人は皆そうなる。
「信じられないだろうが、まだ序の口さ。この国はもっともっと暑くなるんだよ。八月になったら、避暑地でバカンスの予定だ。どこでも好きなところへ連れて行ってあげるよ」
「本当ですか」

「どうせきみのことだから、牧場ツアーとか競馬ツアーがしたいと言うんじゃないかと予想してるんだがね」
 図星だったのか、和泉はニコッと笑っただけで返事をしなかった。
 それまでにアフマド兄さんとの争いに決着がついていればいいと、ライルは思う。そうでなければ、どんな計画も立てられない。
 食事を終えて和泉の部屋に戻ると、多数の本や雑誌が机に積み上げられていた。
「きみは本当に勉強熱心だ。まさか、ザリスターで働きたいなどと言わないだろうね？」
 ライルは軽い気持ちで訊いた。たとえ自分の会社であっても、愛しい和泉を働かせるつもりは毛頭ない。二人でいられる時間が減ってしまうし、ライバルが現れないとも限らない。
 和泉の返事は微妙だった。
「知識は邪魔にならないし、将来、役に立つかもしれないでしょう」
「将来って？」
「え？　いえ、その……」
 和泉は口ごもった。
 どこか気まずそうな顔に、ライルは不審を抱いた。
「きみの将来は、私とともにあることだ。きみが勉強熱心で頭がいいのは私も嬉しいし、私たちはいろんな共通の話題で今よりももっと楽しく盛り上がれるだろう」

「そうなるように、頑張ります。でも、俺が学びたいと思うのは、俺自身のためです」
「それはもちろん、そうでなくては」
 ライルは理解を示して頷いたが、そんなにいい気分でもなかった。それはつまり、和泉自身の成長のためにやっているだけで、ライルと楽しく盛り上がったり、ライルに気に入られようと必死になっているわけでもないと、明言されたようなものだった。
 知識を身につけて将来に役立てたいが、それはライルとは関係がない。つまり、こういうことだ。
「イズミ、ちょっと来なさい」
 ライルはベッドに乗りあがり、あぐらをかいた脚の間に、和泉を横向きに座らせた。腰を抱いて引き寄せると、身体が傾いでライルの胸に和泉の尖った肩があたる。眼下でさらりと揺れる黒い髪は、柑橘系のシャンプーの匂いがした。
 ライルは仕事によって服装を変えるし、今日はネイビーのスーツ姿だが、和泉に着せているのはすべて民族衣装だった。ここへ来て三日目くらいに、生地が上等だったり、宝石のボタンがついていたりすると、皺や汚れが気になり、ボタンをどこかで落としてしまわないか気でなく、ノイローゼになりそうだと可愛い訴えを起こしたので、多少シンプルなものに変えてはいた。
「何度も言ったように、私はきみを愛しているし、できるならこの先もずっと一緒にいたいと思っている。きみを連れ去った私のやり方は褒められたものではないかもしれないが、そうしなければ、こうしてきみを深く愛することもできなかった」

「ええ、わかっています。あなたは強引だけど、優しくていい人です」
　ライルを見上げることもなく、和泉は俯いてそう言った。
「私はきみを働かせたり、手放したりするつもりはない。私は忙しくて、休日に出かけなければならないこともよくあるし、急にスケジュールが変わることもある。そのぶん、帰って来たらきみとずっと一緒にいたいんだ。そのために、きみにはどんな事情よりも私を優先してほしい」
「できる限り、そうします」
　答えそのものに不満はないが、沈んだ声が気になった。まるで、絶対的な主人に命じられて、拒否できない召使いのようだ。
　そう思ったとき、ライルの心の中で不満が頭をもたげた。性格や容姿など、和泉にはなんの文句もなかった。とくにセックスに関することなら、常に満点以上である。
　従順な身体は、抱かれるための肉体に改造され、媚薬を用いなくてもライル自身を受け入れられるようになったのだ。後ろから抱いたこともあるし、膝の上に座らせ、ライル自身の上に自ら腰を落とさせたこともある。
　無理だ、いやだ、できない。一度は泣きそうな顔で拒絶するものの、最後には必ず悦に溺れてよがり果てる。もちろん、狭い筒を引き絞ってライルを持っていくことも忘れない。
　そんなふうに、深く交じりあっているときの和泉の瞳は、ライルへの愛しさを露にしている。背中にしがみつく腕の力は強く、キスはいつだって情熱的だ。

だが、和泉は決してライルを愛しているとは言わないのだった。
「イズミ、私は怒ったりしないから、不満があるなら言ってくれないか?」
「不満なんて、そんな……」
「では、なにかやりたいことがあるのか?」
「いえ、今はべつにないです。あ、でも……」
「でも?」
「あなたが馬を買いに行くときには、連れて行ってもらえると嬉しいし、調教の様子なんかも、見せてもらえるとありがたいです」
「勉強熱心なのはいいが、きみは調教師になりたいのか? それとも、血統を勉強して馬を生産したいとか」

和泉はぷるぷると頭を横に振った。
「いや、調教師になりたいわけじゃないです。騎手になりたいと思ったこともないし、……そうですね、やっぱり世界に通用する強い馬を作ってみたいのかもしれません」
「なるほど。馬の配合はすべて私が考えているが、今度からきみの意見も聞くようにしよう。それで喜んだのかと思ったが、和泉は凄い勢いで顔を上げた。和泉は傷ついた瞳で、ライルを睨んでいる。
ライルが言うと、和泉は凄い勢いで顔を上げた。和泉は傷ついた瞳で、ライルを睨んでいる。

「いい加減なことばっかり言わないでください。あなたが俺の意見なんか、参考にするわけないでしょう。その必要もないじゃないですか!」
「そんなことはないよ。私は人の意見に耳を貸さない、傲慢な人間ではないつもりだ。自分にない発想に触れて、インスピレーションが湧くかもしれないし」
「でも、そんなのは駄目です。俺の、俺の仕事……ってわけじゃないし」
「仕事? 仕事がしたいのか?」
 ライルは困り、思わず和泉を抱き締めた。日本人はワーカホリックが多いというが、和泉もそうだったとは。
「俺は男だから、日がな一日ブラブラしてるのは、駄目だと思うんです。今はいろいろ学べることが多くて、時間が足りないくらいだけど、学んだことはやっぱり活かしたいと思うし」
 和泉はそう言いながら、身体を強張らせていた。
「きみは私の恋人じゃないか。きみを待つのがきみの仕事さ。きみは疲れた私を癒してくれる。私のやる気を増幅させてもくれる。名前をつけるなら、私専用のセラピストだ。きみの望む職業とは違っているが、そう悪くもないんじゃないか」
「……都合のいいことばっかり言って、口がうまいんだから。今はいいけど、お払い箱になったらどうするんですか」
「……え? なんだって?」

ライルが聞き返したのは、和泉が耳慣れない言葉で反論したからだ。おそらく日本語だろうが、全然意味がわからなかった。

「散々甘やかされて、贅沢に慣らされて、愛してるとかずっと一緒にいたいとか、無責任なことばっかり言われつづけて。仕事も生き甲斐も、全部があなた中心になって、あなたがいないと生きていけなくなったら、俺はどうしたらいいんですか！」

「ちょっと待て。英語でしゃべってくれないと、理解できないのだが」

「あなたの気持ちは嬉しいけど、あなたは王族だし、いつかは結婚するだろうし、俺のこと、嫌いにはならなくても、飽きる日がいつか来るでしょう。あなたは俺がいなくなってもなんの変わりもなく生きていけるでしょうけど、俺にはなにもない。俺ばっかり、あなたのことを好きになるなんて、不公平だ」

「私に言いたいことがあるなら、わかるようにしゃべってくれ」

「いつか一人になったとき、仕事でもしてないと、俺はきっと駄目になる。あなたのことばかり思い出して、泣いて暮らす。あなたは優しいから、お払い箱になったかつての恋人には、一生困らないだけの金銭を与えて別れてきたって、ダーウードさんが言ってた。なんでもお金で解決しようとして、あなた最低だ。俺の心はお金で買うことも売ることもできません！」

「イズミ！　なにを言ってるんだ！」

ライルが苛々して叫ぶと、和泉はぴたりと口をつぐみ、黒い一途な瞳でライルを睨んだ。

非難の眼差しを向けたまま、尖らせた唇が震えながら開いて、またぽつりと日本語が流れ出た。
「……最低だって、わかってるのに、どうしてこんなに好きになっちゃったんだろう」
 和泉のせつない呟きは、まさにライルが求めているものだったが、ライルの心には届かなかった。流れるような音が美しいアラビア語と違い、日本語はカツカツとした感じで、なにを言っても怒っているか責めているようにしか聞こえない。
 突然わけのわからない言葉で喚き散らされて腹が立っていたが、じわっと涙ぐんできた和泉の目を見ているうちに、ライルは八つ当たりされていることに気づいた。彼はおそらく、不安に思うことがあって、それをライルに直接言うことができないのだろう。
 言いにくいことなのか、言いたくないことなのか、それはわからないが、きっと自分たちの愛情に関することに違いない。
 愛しているという言葉が足りないのだろうか。それとも、セラピストと言うくらいなのだから、給料を寄越せとでも言いたいのだろうか。だが、彼は贅沢には興味がないし、金品をねだられたことだって一度もない。
「……きみは、なにを求めているんだ？」
 考えてもわからなくて、ライルは和泉の黒い髪に唇を押しつけながら、問いかけた。
 和泉はそのキスをいやがりもせず、ライルの胸に甘えるように擦り寄ってくる。しかし、何度問いかけても、和泉の返事は無言で、答えたくないとばかりに頭を振るばかりだった。

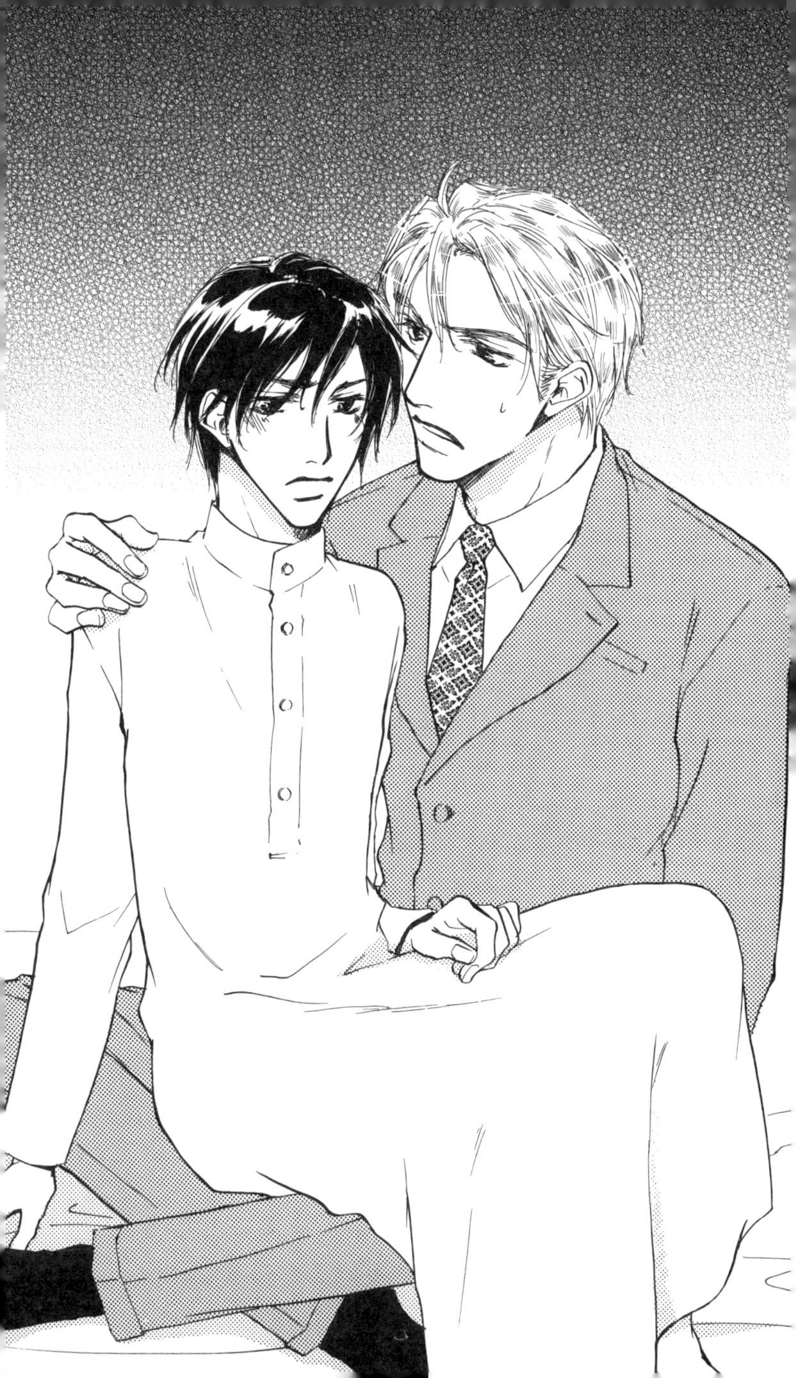

「きみは、どのくらいの深さで私を愛してくれているのだろう」

意趣返しというわけではないけれど、ライルはふと母国語で呟いた。

和泉がハッとなって、ライルを見上げた。

「きみが変わらない限り、私はきみを愛しつづけるし、幸せにすると約束する。危険な目に遭う確率ははるかに高くなるだろうが、私がきみを守る。金で買えるものなら、私はきみになんでも買って与えてやれる。不満があるならそれを解消できるように努めよう。無理なこともあるかもしれないが、努力してきみの希望に近づきたい」

ライルの偽りのない誠意である。

「……とはいえ、検討する前から駄目だと決まっていることもある。きみに仕事をさせるつもりはないし、これからは安全のために、この屋敷から出るのも、誰かと会うのも、私の許可と同伴なしでは認めてやれそうにない。不愉快だろうが不満だろうが、仕方がないと諦めてもらうほかない。私という男に愛されてしまったのが、きみの運のツキなんだよ」

ライルはこの上なく優しい話し方をして、愛情深く和泉の額に口づけを贈った。

唇が触れる瞬間、目を閉じた和泉は、ライルがなにを言っているのか訊きたそうな顔をしていたが、躊躇った末に訊くことをやめた。自分が同じことをした手前、ライルだけに言わせるのは卑怯だと考えたのだろう。

自分の運命の終わりの話など、訊かない方がよかったのかもしれない。

「意味の通じない言葉でお互いにしゃべっていても、しょうがないよ、イズミ。私たちは出会って間がない。時間をかければわかり合えることもあるだろう。焦らず、ゆっくり解決していこうじゃないか」

 仕切り直しをするようにライルが言うと、和泉は一度考え込み、やがてぎこちなく微笑んで頷いた。

「ええ、そうですね。ここには読みきれないほどの本があるし、せっかく来たんだから、アラビア語も学びたいし。勉強しながらあなたのセラピストをします。あなたの疲れを癒せるかどうか自信はないけど、寝坊しそうなあなたを叩き起こして責任ある立場の人として出るべきだと俺は思うので、そういうのもビシビシやっていきますから」

 立ち直りの早すぎる和泉の台詞に、ライルはついていけず、一瞬ポカンとした。

「え？ セラピストって、そういうのじゃないだろう？ もっと癒しの部分に力を入れて……」

「駄目なところは直さないと。甘やかせばいいってもんじゃないでしょう。それに、格別強い癒しが必要なほど、あなたが疲れてるところを見たことがないんですが」

「失礼な。私はサイボーグじゃないんだ。日々、疲れてるんだよ。私はきみには甘やかされたいんだ。厳しくされることなんて、望んでない」

「あなたが自主的にやってくれれば、俺が厳しくする必要もないわけです」

ツンと澄ました顔は、ああ言えばこう言う、いつもの和泉だ。日本語で駄々を捏ねる彼は珍しく、その内容が気になったが、せっかく普段どおりに戻ったのだから、蒸し返すまいとライルは思った。アメリカからいきなり砂漠の国に連れて来られ、わけがわからないうちに男とセックスをして、毎夜のようによがり泣いて忘我の縁に立たされているのだ。急激な変化に、情緒も不安定になるだろう。

和泉はむしろ、急激な変化を柔軟な心で受け止め、さらにライルを愛し始めてしまい、先の見えない自分たちの行く末を早々と心配して不安になっているのだが、問題が起これば財力と権力、ときに暴力で解決することに慣れているライルは、恋愛に関しては意外にも鈍感で、和泉の気持ちには気づかなかった。

しかし、財力と権力を振りかざして、まず肉体関係を強要し、最高の愉悦で絡めとってから、財力とも権力とも関係ない自分自身を愛してもらいたいと望むことが、非常に勝手で都合のいい話だと、自分で気づいていないわけでもなかった。

「つまり、私がいい子にしていれば、きみは私を甘やかしてくれるというわけだ。甘やかし放題に甘やかしてくれるんだろうな? 私の頼みごとを断ったりせずに?」

しなやかで淫らな和泉の身体を早く抱きたくて、ライルは低い声で思わせぶりに囁いた。今解決できないことを思い悩んでも、時間の無駄だ。

「た、頼みごとってなんですか?」

和泉は小さく身を震わせた。
「それはそのときのお楽しみさ。セックスには深い歴史があって、二人でする行為だから、きみの協力が不可欠なんだよ」
「……不可欠なんだよって、俺には拒否権なしですか?」
「ないってば」
「ないんですか?」
「ないよ」
「な、なんでですか? 納得できないんですけど!」
和泉にとってセックスとは、恥ずかしいことの連続らしかった。毎回同じならまだしも、ライルが新しいことをしたりさせたりするので、最近は警戒心が強くなっている。いやがったり、ビクついたりしているのを、あの手この手でその気にさせていく段階も、ライルは気に入っていた。
「なんでと訊かれても、強いて言うならきみがあまりにも可愛いからさ。きみのせいだね」
楽しい時間を過ごすために、ライルは絶句した和泉の身体を、ベッドに押し倒した。

ライルがアフマドに声をかけられたのは、パイロットを集めているというダーウードの情報がもたらされてから、三日後のことだった。
　宮殿で公務を終えたライルは、噴水のある中庭を横切り、車寄せのある方に歩いていた。このところ、車での送り迎えにはずっとレインとブライトンがついている。彼らも独自に情報を集めているはずだった。
　大理石が埋め込まれである渡り廊下の方からアフマドが歩いてくるのはわかっていたけれど、ライルは足を止めず、挨拶しようともしなかった。子供のときから、アフマドには無視されつづけてきたので、無駄なことはするまいと悟っていた。
　ハーリドがいちいち嫌味を言うために寄ってくることを思うと、無視される方がトラブルが少なくていいかもしれない。知恵を絞って効果的な嫌味返しをひねり出すのは、なかなかに楽しい作業ではあるのだが、と思っていたら、呼び止められてしまった。
「アサディン」
　この兄は、ライルをアサディンと呼ぶ。
「これはこれは兄上、私を呼ばれるとはお珍しい。なにかご用でしょうか」
　内心の驚きを隠して、わざとらしいほど愛想よく振る舞う。ライルの精悍な顔に浮かぶ皮肉な笑みは、武装と同じだ。
　怒りを表面に出して、相手を喜ばせたくないというところから、このスタイルが確立した。

アフマドはついて来いとも言わず、先に歩き出した。夕方とはいえ、冷房の効いていない外で立ち話はしんどい。

ライルがさして危機感もなくついて歩くと、アフマドは誰もいない部屋に入っていった。密室ではあるが、ここに来るまでの廊下で何人もの警備兵に会ったし、危険はないと判断する。

「お前とは、親しく話したことがなかったな」

椅子にも腰かけず、窓際に立ったままアフマドが言った。冷たくて、抑揚のないしゃべり方だった。

彼はもともとが無表情で、大笑いしているところや激昂しているところは見たことがない。父の子供であることや、ハシュルと同腹の兄弟であることが信じられないほどだ。そして、この自分とも半分だけにしろ、同じ血が流れているとは。

「年齢も離れていますし、話す内容もありませんしね」

「兄上はお前を可愛がっていたが、正直私には興味がなかった」

「それでよろしいんですよ。金髪に緑の目をしたアラブ人に見えない弟のことなど、気にする必要はありません。ハーリド兄さんのように絡まれたら、私もどうしていいかわからなくなりますよ」

ライルは皮肉をこめて言った。ハーリドたちとライルの抗争は、王家にかかわるものなら誰もが知っていることだった。

「ハーリドか。あの三兄弟はそろって頭が悪い。母親の影響だろうが」

アフマドは注意深く観察していなければわからないほどわずかに眉を寄せ、吐き捨てるように言った。六人は父親を同じくする異母兄弟だが、アフマドの中ではハシュルと自分が正真正銘の兄弟で、ハーリド三兄弟はいとこのようなもの、ライルに至っては他人のような感覚であるらしい。

第二夫人アーイシャの息子たちハーリド三兄弟は、第一夫人ミリアとミリアの子供たちも嫌っているが、アーイシャが生んだ末っ子にも優しいが、他の女が生んだ末っ子にも優しいが、無表情で喜怒哀楽のとぼしい次男のことは持て余し気味で、どう扱っていいかわからないようだった。

ハシュルとアフマド、両方と仲がいい人間はいないと言っても過言ではない。それは、二人を生んだミリアでさえ例外でなく、彼女は長男のハシュルを愛し、信頼し、そしてハシュルの影響でか、末っ子にも懐いているというのは、つまり、アフマドと仲が悪いということだった。

「バカ三兄弟と違って、お前は多少頭がまわるようだな」

ライルも言ったことのない歯に衣着せない罵倒の言葉に、一瞬本気で笑いそうになって、ライルはくっと奥歯を嚙み締めた。

兄という立場はいいものだなと、関係ないことを思う。弟たちをこき下ろしても、

『お兄さんから見れば、弟ってそうなんだよね、本当にバカで困っちゃうんだよね』

という好意的な返事が、当然のように返ってくる。末っ子には死んでも味わえない優越感、兄だけに与えられた特権だ。

「お褒めいただいて恐縮ですが、私などまだまだですよ」
「宮殿内でのお前の評価は高い。我が国のリゾートアイランド計画に着手したのは兄上だが、筋書きを用意し、資金を調達してきたのがお前だということは、周知の事実だ。観光事業だけで立ち行く国作りのために、ゴルフ、テニス、自動車レースエトセトラ、盛り上げるために尽力しているそうじゃないか」
「父王と皇太子殿下が目指す国作りに協力するのも、息子、または弟の務めかと思いまして」
 アフマドは返事の代わりに、フンと鼻を鳴らした。息子とか弟を強調されたのが、気に入らなかったのだろう。
「我が国の繁栄を常に念頭に置き、最優先で考えるのは、王族として当然のことだ。我が国は近代化の波に素晴らしいスピードで乗っているが、我々は現代サラブレッドの祖を作った、誇り高きベドウィンの末裔であることを忘れたりしない。お前のサラブレッドビジネスに関する手腕を、私は高く評価している」
 赤字でもいいから、とにかく馬を買って走らせているわけではない。たとえば、三百万ドルで買った馬が、いい成績を残して種牡馬になれば、今度は三千万ドルで売れる。これがサラブレッドビジネスで、ライルが大成功を収めているのは、世界中が知っていた。
「それはどうも。気楽な末っ子で公務も少ないですから、ずいぶん好きにやらせてもらっています。末っ子のありがたみをひしひし実感しているところですよ」

如才なく答えながら、とうとう来たなとライルは思った。
「お前の作ったザリスター・レーシング社は、今や世界のトップレベルだ。私も兄上も多数の牧場を持っているが、今のところ、お前の一人勝ち状態だ」
「今はたまたま調子がいいですが、馬の世界はわかりませんよ。失敗も数えきれないほどありました。なんといっても、走ってくれるのは馬ですから」
 謙遜でもなく、ライルは言った。
 希望、期待、哀願、懇願、人間がどれほど言葉でそれを示そうとも、人語を解さない馬には理解できない。ここ一番の大レースでも物見していてゲートから出遅れるし、気分が乗らないときはレース中に遊ぶ。
 そこをうまく調教して勝たせるのが調教師と騎手で、才能ある調教師と騎手を見つけて契約するのがライルの仕事だ。
「私の所有している馬が、今度のイギリスダービーに出走するのだ。お前の馬も出るらしいな」
「ええ、問題がなければ、その予定です」
「お前の馬の前評判は高いが、私の馬も引けを取るものではない。ここは一つ、勝負をしないか」
「は？ なんの勝負を、なんのためにするんです？」
 ライルは怪訝な顔で訊いた。
「頭のいいお前のことだ。私の言いたいことはわかるだろう？」

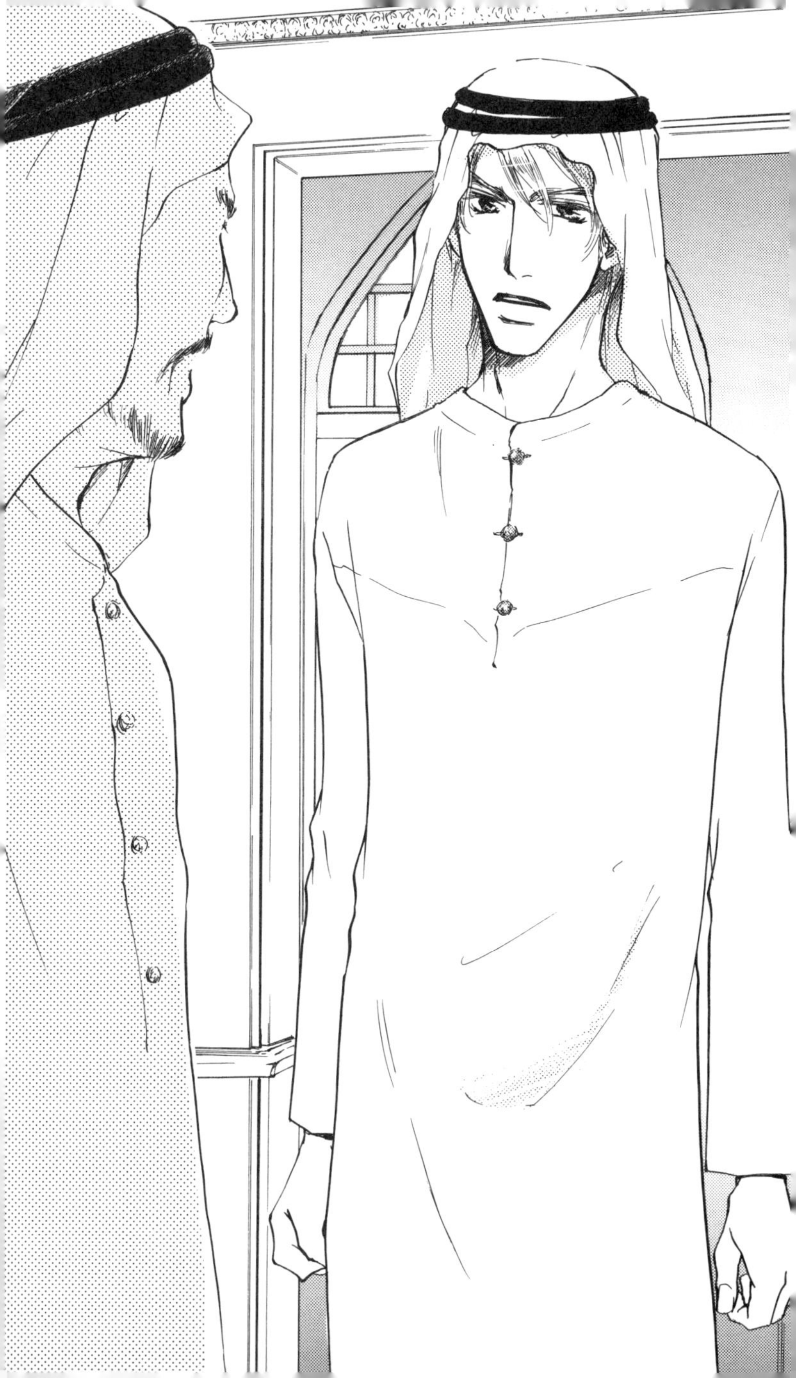

そう言って、アフマドはかすかに微笑みらしきものを浮かべた。ライルは顔を顰めたまま、突拍子もないことを言い出したアフマドを見つめつづけたが、どんよりと濁ったような瞳からは邪悪なものしか感じられなかった。

予定していた時間より遅れてライルが車寄せに戻ると、ボディガードは一人しかいなかった。

「レインはどうした？」

「殿下を探しに。一時間ほど前です」

ブライトンの答えは簡潔だ。

「大げさだなぁ。宮殿で脱走するわけもなし、待っててくれればいいのに。それに一時間もかかって、私を見つけられないとは」

「…………」

ブライトンはうんともすんとも言わないが、これが彼のいつもの態度なのだ。ライルのボディガードたちは、お互いの悪口を絶対に言ったりしないのだ。車の中で待っていると、十五分ほどでレインが戻ってきた。細いが鍛えられた身体はきびきびしていて、隙がない。

「お待たせして申し訳ございません」
「……お前、私とアフマド兄さんの話を盗み聞きした挙げ句、宮殿の正門を出て路上を走り出してから、兄さんをつけたな？」
「アフマド殿下には気づかれておりません」
「勤勉なボディガードで助かるよ。で、どうだった？」
「部下になにかを命じられておりましたが、内容までは聞き取れませんでした。アフマド殿下は今日はこちらにお泊りになられるようで、殿下のお部屋に盗聴器をしかけてきました」
「さすがだな。私は何度きみたちに助けられただろう」
「特別ボーナスでお気持ちを表現していただけるとありがたいです」
レインははきはきと答えた。
「……これまでも充分してきたつもりだが、もちろん、今回の件も私が生きていれば報酬でお答えするよ」
ライルは笑いながら、請け負った。
「アフマド殿下っていうのは、なんだか不気味な方ですね。王位につきたいというよりも、ご兄弟全員が憎いみたいな。コンプレックスの塊みたいに見えましたが」
「さて、なにを考えているんだか」
「アフマド殿下の勝負、お受けになるんですか？」

197　熱砂の夜にくちづけを

「考えさせてくれとは答えたが、受けても私の得にはならないからな。あの場で断るのも角が立つし、末っ子の立場は微妙さ」
「そうですよね。アフマド殿下の馬が勝てば、ザリスター・レーシング社をアフマド殿下に譲る。アサディン殿下の馬が勝てば、アフマド殿下の競馬法人を譲って、ハーリド殿下とシェイハ・アーイシャに、アサディン殿下への手出しを一切禁じるように命じる。さらに、ハーリド三兄弟よりもアサディン殿下を政治の舞台で重用するように、国王と皇太子に直訴する……って、本気でおっしゃってるんでしょうかね。これまで一番無視してこられたのは、アフマド殿下じゃないですか。自分はまったく関係ないみたいな顔して、盗人猛々しいとはこのことですよ」
 感謝の気持ちは特別ボーナスで、とドライなことを言うレインだが、四年もライルのボディガードを務めているうちにすっかり情が移ってしまったらしく、ライルを敵視する四人の兄弟には容赦がない。
「政治の表舞台に立ったら公務が増えて、好きな競馬に時間が割けなくなる。ハーリド兄さんたちに困らされているが、自分でなんとかできないほどじゃない。アフマド兄さんの牧場なんて、べつにいらないけど、本当のことを言ったらきっと怒るだろうなぁ」
 好戦的な性格のライルは、兄を怒らせてみたい気持ちになったが、和泉や自分の可愛いサラブレッドたちのことを思い出して、控えることにした。
「いっそ、国王や皇太子殿下にチクるってどうです?」

「父やハシュル兄さんを巻き込みたくない」
「それじゃあ、反対にハーリド殿下は？　アフマド殿下が狙ってるぞと言いつけて、短気な三兄弟を焚きつけ、アフマド殿下にぶつけてみるとか」
「同じことをアフマド兄さんもするだろう。ハーリド兄さんは、私ともアフマド兄さんとも仲が悪いから、どっちを信じるべきかわからなくなって、結局自滅しそうな気がする。自滅すればしたで、それはかまわないわけだが」
「自滅の最中にもがきまくってこちらの足を引っ張ることがあるかもしれませんし、遠ざけておくに越したことはないかもしれませんね。役に立たないと言ったら……」
お手上げとばかりに、レインが呟く。
「まったく、頭が痛いよ」
ライルは深いため息をついた。
兄たちのこともあるが、イギリス旅行の中止を、和泉に言わなければならないのがつらかった。しかも、ライルだけは渡英してダービーも観戦するのだから、和泉の文句が出ないわけがない。ため息を繰り返しても、うまい言いわけなど考えつかなかった。

199　熱砂の夜にくちづけを

「予定していたイギリス旅行のことだが、駄目になってしまったんだ。すまない」
　食事のあとで、突然ライルに謝られて、和泉は黒目勝ちな瞳を見開いた。
「どうしてですか？　べつなお仕事が入ったとか」
「まあ、そんなものだ」
「……そうですか。残念ですけど、仕方がないですね。次はいつ連れて行ってくれるんです？」
「未定だ。私の都合もあるし、当分は無理かもしれない」
「当分って、どれくらいですか？」
　イギリスの厩舎で調教を受けているファルコンのことが気になって、和泉は訊かずにはいられなかった。
「それは私にもわからないんだ」
　ライルの返事は歯切れが悪い。和泉と目を合わさないようにコーヒーを飲んでいるくせに、和泉の反応をとても気にしている。
　和泉はその態度に、ムッとした。楽しみではあったが、仕事と言われて駄々を捏ねるほど聞きわけのない子供のつもりはなかったからだ。
　文句を言われたらどうしようとライルが考えているなら、ご期待に添って嫌味の一つも言ってやりたくなる。
「俺、すごく楽しみにしてたのに」

「よくわかってるよ」
「俺はファルコンが気になるだけなのに、イギリスへ行くならニューマーケットにも寄るべきだ、私が案内してやろうなんて言って、散々俺の好奇心を煽っておいて。昨日なんか、夢にまで見たんですよ」
「すまない。行くなら寄るべきだというのは、本心だよ。今度は絶対に連れて行く」
「今度っていつですか？」
「インシャッラー。できるだけ早く計画できるように、頑張るよ」
神の思し召しのままに。アラブ人がよく言う台詞だ。召使いたちもよく使うこの台詞に、和泉は何度イライラさせられたことだろう。
インシャッラーでカチンときた和泉は、挑発的に言った。
「あなたが忙しいなら、俺だけイギリスに行ってきます。ファルコンに会って、ニューマーケットを見てまわって、最後にエプソム競馬場でダービーを観戦して帰ってきます」
「駄目だ」
予想していたとはいえ、即答されて、和泉は腹立たしげなため息をこれみよがしについた。
「べつに、プライベートジェットに乗せろなんて言いませんから。自分の小遣いで一般の航空機に乗り」
「余計に駄目だ。どうか聞きわけてほしい、イズミ」

ライルの顔は困りきっていて、ここらへんで勘弁してやろうかと思ったが、ふと純粋な疑問からこう訊いた。

「じゃあ、今年のダービーは観戦しないんですか？ あなたは黙ってたけど、ザリスターの馬も出るんでしょう？ 人気になるだろうって、今日届いた競馬雑誌に書いてありましたよ」

「ああ、いや……見たのか。あ、まぁね」

「なんですか？」

和泉は抜け目ない猫のように目を光らせた。

「……ひょっとして、まさかと思いますけど、あなただけ行くつもりだとか？」

「え、いや、まぁ、その」

ライルの目が泳いで、和泉の眦がきりりと吊りあがる。自分をここに置いて、一人だけで行くつもりなのだ。あれほど、約束していたというのに。

「どういうことですか？ もしかして、最初から俺を連れて行く気なんてなかったんじゃ……」

和泉はその可能性に思い至って、驚きと悲しみの眼差しでライルを見上げた。

ザリスターは世界的に有名だし、今回は人気馬のオーナーブリーダーとして、ライルにマスコミのカメラが向けられる機会は多いだろう。よくよく考えれば、そんな場所で自分が暢気に隣に立っているなんて、ありえない。

ライルは自分の面倒を見ているほど暇でないだろうし、結局は別行動をせざるを得ない。では、別行動とはどういう行動なのか。

和泉が一人で出歩くことを嫌うライルは、きっと和泉を外に出さず、ホテルの部屋に閉じ込めておくだろう。エプソム競馬場近くのホテルの、部屋のテレビでダービーを観戦するなんて、馬鹿馬鹿しい話だ。

それなら行かない方がましだし、行かせない方が和泉の怒りがまだ小さそうだと、ライルも考えたのかもしれない。

「……どっちにしたって、怒ります」

「どっちにしたってって、なにがどっちなんだ？　勘違いしないでくれ。私は本当にきみを連れて行くつもりだったし、楽しみにしてもいた。本当なんだよ、今回はたまたまなんだ。次は絶対に連れて行くから。私は約束を守る男だ」

「守ってないじゃないですか」

「だから、たまたまだと言ってるだろう。そう怒ってくれるな。一人で行くことになってがっかりしてるのは、私の方なんだから」

ライルの開き直った態度に、また腹が立つ。和泉は冷たい目で彼を睨んだ。

「なにがたまたまですか。思い出しましたけど、あなた、俺をここに連れてきたときも、嘘ついてましたよね？」

「……え?」
「そりゃ、最終的には馬の勉強もさせてもらってるし、俺が頼み込まないと駄目だったし、それに……俺を愛人にするなんて、ここから先ほども言ってなかった」
和泉は右手の親指の爪で、小指の先をピンと弾いた。
「俺を騙してたんだ」
断言すると、ライルはぐうの音も出なかったのか、無言で天井を仰いだ。
「連れて行ってくれるって言うから、俺、嬉しくて……あんなことまでしたのに……」
和泉の口からはもはや、恨み言しか出てこない。
イギリスに行けると知り、ベッドの中で喜んで、請われるままライル自身を口で愛撫したことを思い出す。大きくて咽そうになりながら一生懸命しゃぶったり吸ったりして、最後は迸り出た彼の熱いものを飲まされたのだ。
性器を口に含むのも衝撃的だったし、精液を飲み下すのは言葉では言い表せない勇気が要った。セックスに慣れたライルには簡単で、当然のことかもしれないが、晩生な和泉にはハードルの高い技だったのだ。ライルのことが好きだからこそできた行為だと、和泉は思っている。
ライルももちろん喜び、お返しに和泉が起き上がることもできないくらい、念入りに可愛がってくれた。本当の恋人同士になったみたいで、あのときは和泉も嬉しかった。

「喜ぶ俺のこと、馬鹿にしてたんですか」
「していない。被害妄想もいい加減にしなさい。それなら、私も言わせてもらうがね」
ザイヤーンにコーヒーのお代わりを頼んだライルが、低い声で言った。
「なんですか」
「きみだって、私を騙しているだろう。私は最初に、ダーウードと会うなと言っておいたが、きみは約束を破っていた。何回会って、どんな話をした？　ダーウードからそれを聞いて、私がどれだけ不愉快だったと思う？」
「そ、それは……」
気まずくなって、和泉は言いよどんだ。だが、黙ったら負けだと思い、自分を必死に勇気づけて、反論を試みる。
「俺だって、約束を破るつもりはなかったです。だけど、この屋敷にやってくるダーウードさんを、誰が止められるんです？　話がしたいって言われたら、出て行くしかないでしょう。文句ならダーウードさんに言ってください」
「もうとっくに言ったさ。ダーウードは私に言ったのに、きみは黙っていて、言う気もなかった。どんな理由があれ、どんな言いわけがあれ、きみだって私に嘘をついたわけだ。黙っていればバレないと思ったのか？」
「思ってません！　だけど……」

「言いわけを聞きたくて、責めてるんじゃない。もうこれくらいにしよう、イズミ。とにかく、今回はイギリスに連れて行けない。それだけだ」
 和泉は泣きそうな顔でライルを睨みつけた。
 そんなふうに一方的に断言されても、結局、和泉の心のわだかまりは解けない。どうして自分が一緒に行けないのか、詳しい説明はないままだ。
 男の愛人を同席するのはちょっと差し障りがあるからねと、正直に言ってくれたら、落ち込むだけで済んだのに。
「そんな恨みがましい顔で睨まないでくれ。ここのところ、面倒なことばかりなのに。セラピストのくせに、私の気を滅入らせてどうする。私はきみを甘やかしすぎたかな」
「……!」
 気が滅入ると言われて、和泉は深く傷ついた。
 先日、通じない言葉同士で無益な口論をしてから、自分たちは少しおかしい。擦れ違っていることはわかるが、それが修復可能なものか、そうでないものか、和泉には区別がつかなかった。
 仮に今回、修復できたとしても、擦れ違いはきっとまた起こる。
 愛情をかけてもらっているのは、わかる。
 和泉だって、ライルが好きだった。連日のように抱かれ、可愛がられているうちに、いつの間にか好きになっていたのだ。それは肉体だけのことではない。

だが、彼の愛情と、自分の愛情は同じものではない気がする。うまく言えないが、種類も質も違うような。

和泉は泣くまいと俯き、唇を嚙んだ。そして、自分は悪くないと思った。ライルは自分の都合ばかり優先するが、和泉の都合は訊いてくれたことがない。

ライルを最優先しない和泉は、必要ないからだ。彼に気に入られるように、綺麗に取り繕った人形のような自分に囁かれる愛情の言葉に、どれほどの意味があるだろう。

「そんなに俺が気に入らないなら、俺にかまわないでください。俺のこと、あ……愛してるなんて言わないでください。顔と身体だけが必要なんだって、区別して言ってください。俺が変な勘違いをしないように」

ライルの顔を見る勇気がなくて、和泉はテーブルの上のある一点を見つめたまま言った。

「……変な勘違いって?」

「言いたくないです。ものを言う俺がいやで気が滅入るんなら、黙ってろって命令すればいいじゃないですか」

和泉がつっけんどんに言うと、ライルは困って頭を掻いたようだった。

「黙っていてほしいんじゃないよ。なんだか、さらに誤解が深まっている気がするんだが。私は跳ねっ返りのきみも大好きで、いつも優しくしてやりたいと思っているが、そうできないときがある。それは私自身の問題なんだ。理解してもらえないだろうか」

理解とはなんだろう。肉体をつなげて快楽を求めているとき以外は、自分とライルがべつの世界で暮らしていると、割り切ることだろうか。
「俺はいったい、なんなんですか？ どんなものですか？」
俺は人間ですか、人形ですか。そう訊きたかったが、勇気がなかった。
「イズミ、きみは情緒不安定になっているようだ。少し落ち着こう。時間が解決してくれることもある」
ライルの声は優しかったが、宥めの響きで、和泉の質問に答えていない。
「時間が経っても、俺は俺自身のものです。言いたいことを言うし、やりたいことをやって、あなたを困らせたり、うんざりさせたりします。それが、それがいやだったら……」
俺を捨ててもらうしかない、とつづけるところなのに、最後まで言い切るには和泉の勇気はやはり少し足りなかった。
しかし、和泉の言いたいことはライルにはちゃんと伝わったらしい。
ライルの不機嫌極まりない大きなため息に、和泉ははっと顔をあげた。優しい笑みを浮べているとき、精悍な顔は柔和にさえ見えることがあるのだが、不愉快さを前面に押し出した表情は険悪で恐ろしいほどだ。
「困ったりうんざりするくらいで、簡単に手放したりできないよ。きみは私が百万ドルで買ったんだから」

「……！」

ライルにそう言われた瞬間、和泉は羞恥と屈辱で全身が熱くなり、椅子を倒す勢いで腰を上げた。こみ上げる怒りを隠さない、きつい視線を向ける。彼を好きになってしまった今に、それを言われるのはつらかった。

ライルは冷ややかな視線で、和泉の怒りを受け止めた。

「私にとっては百万ドルごとき、気にするほどの額じゃないと思ってるんだろう？ うっかり道で落としてなくしてしまっても、警察に届け出て探してもらうかどうか怪しいくらいだと。だから、自分の価値も安いものだと、きみは勘違いしているんだ」

「……違うんですか？」

「当たり前だ。冷静に考えてみなさい。百万ドルあれば、貧しい村に学校を建てて、教育支援ができる。戦争で苦しむ他国の傷ついた人々に、さまざまな援助ができる。この国の医療施設をもっと充実させることができる。父には慈悲深くあれと育てられたし、私は贅沢な暮らしをしているが、金の価値をわかっていない馬鹿ではない。だから、自分の勝手な判断で、自分に価値がないと思い込むのはやめなさい」

和泉は黙り込んだ。価値があると言いたいのはよくわかったが、それだけの金を払った商品だから、タダで手放すのは惜しいと言っているようにも聞こえる。

本当に慈悲深い人間が、金で人を買ったりするものか。

「……もういいです。話しても無駄だってことが、よくわかりました」
「イズミ、待ちなさい」
腰をあげたライルから逃げるように、和泉はザイヤーンの横をすり抜けて、ドアに走り寄った。執事や召使いたちがいる前で、自分を金で買ったことを強調してと思うと、さらに怒りが湧き上がってくる。
気を抜いたら涙も零れてしまいそうだが、ライルの前で泣きたくなくて、和泉は何度も瞬きをして堪えた。
「ついて来ないでください。慈悲深いあなたは満足な教育を受けられない子供を気にかけたり、病気や怪我で苦しむ人々のことを、心ゆくまで心配してればいいんだ。俺があなたの善行をありがたがらないから、腹が立つんですよね？ こんなに慈悲深い人に百万ドルなんて大金で買ってもらえるなんて、俺はなんて幸運な人間なんでしょう！」
自虐的な捨て台詞を残して、和泉は自分の部屋まで階段を使って駆け上った。ライルには意味がないとわかっていても、部屋のどのドアにも鍵をかけて、ベッドに飛び込む。
枕がじっとり濡れて不快感を覚えるほど、和泉は泣いた。
酷い捨て台詞を残してしまったと思ったし、酷いのはライルの方だとも思った。どんなに贅沢を許されたって、金で買われて嬉しく思う人間はいない。
金で買われるという存在自体が、なんだかとても惨めではないか。

「……あんなこと言っちゃって。捨てられる日も近いかなぁ……」

ぽそりと呟き、和泉はまた熱い涙を零した。

嫌われるようなことを言ってしまったけれど、だからといって、ライルに飽きたおもちゃみたいに捨てられるのは耐えられない。百万ドルを強調されるのも、都合のいい人形のようにも腹が立つが、それはすべて和泉がライルを愛しているからなのだ。

どうにもならないジレンマに陥って、和泉は癇癪を起こした子供のように身悶えた。

泣いて疲れたのか、うつ伏せで寝ていると、睡魔が襲ってくる。

熟睡などできずにうつらうつらしているとき、ライルの部屋側のドアノブがまわされた。ガチッと止まるのは、鍵を締めているからだ。

合鍵を持ってきて、すぐにドアは開けられるだろうと思ったのに、結局ライルはそうしなかった。

和泉の部屋に入ろうとしなかったのだ。

会話をするのもセックスをするのも、さっきの今では気が乗らないが、開けられる鍵をわざと開けないで放っておかれるのも憂鬱だった。

我儘な自分を持て余し、和泉は低い嗚咽を漏らしつづけた。

それからというもの、和泉はライルと顔を合わせることが、ほとんどなくなってしまった。朝は早くて、朝食を食べている時間も惜しいように出て行くし、帰ってくる時間も遅く、たまに帰らない夜もあった。頻繁に電話がかかってくるようになり、ライルは険しい顔で怒っていたり、うんざりとため息をついたり、悪魔のような顔で暗い笑みを浮べたりしている。
最初は生意気な自分に腹が立ち、興味をなくしてしまったのかと落ち込んだが、どうやらそうでもないらしい。
気まずい思いはあるものの、ろくに寝てもいないライルが心配で、和泉は彼の部屋のドアをそっと開けた。
さっき帰ってきたライルはソファにだらしなく寝そべり、左足を肘かけから飛び出させ、右手と右足をだらりと床に落としている。左手は顔の上にのっていた。ピクリとも動かないので、和泉は彼が寝ているのかと思った。
「あの……失礼してもいいですか？」
ドアノブに手をかけたまま小声で訊ねるが、返事はない。和泉は音を立てないようにライルの部屋に入り、彼にそっと近づいた。
ネクタイとワイシャツのボタンを三つほど外した胸が規則正しく上下し、スースーという呼吸音が聞こえる。顔は見えないが、顎のあたりが少し尖って痩せたような気がした。
和泉は机の前の椅子に膝かけが置いてあるのを見つけ、ライルにかけてあげようと思った。

二日後には、彼はイギリスに行ってしまう。和泉を連れて行くと言っていたときは、昨日から飛行機に乗って、イギリス観光と牧場見学のために、一週間滞在する予定だった。ライル一人なら観光をする必要もなく、前日にイギリスに入り、ダービーが終わればすぐに戻るように変更したらしい。
「あれ？ これって……」
膝かけを取るとき、ライルの机の上を見た和泉は、馬の写真が数枚封筒からはみ出しているのを見つけた。無断で見るのははばかられるが、手が勝手に動いてしまう。写っているのは、明らかにファルコンだった。
鍛えられて逞しくなっているのが、写真からもわかる。幼かった顔つきがきりりと引き締まって見えるのは、和泉の欲目のせいだろうか。
「きみの馬はなかなか見所があるらしい」
「……っ！」
寝ていたはずのライルに突然話しかけられて、和泉は息を呑んで身体を震わせた。ライルは和泉の背後に歩み寄り、驚いた拍子に手から落ちてしまった写真を拾った。
「今月か、来月には新馬戦に出られるかもしれないそうだ。ファルコンで馬名登録しようかと思ったんだが、私のところでは幼名のまま登録した馬はあまり走らなくてね……まぁ、くだらないジンクスなんだけど。勝手に名前を変更してしまったよ」

「どんな、名前ですか?」
　和泉は震えそうな声で訊いた。背中から抱き込まれるような形で、四枚ある写真をライルが両手を使ってめくっている。
「気に入ってくれるかどうかわからないが、アルナイル号という名前をつけさせてもらったよ。アラビア語で、輝くものという意味だ。派手な容姿とともに、その戦績も輝いてくれるように」
「アルナイル……」
　自分が取り上げた馬が、レースに出られるほど立派になったことが感慨深かった。傲慢で薄情な男が、意味まで考えて新しい馬名をつけてくれたことにも。
　和泉はここで初めて、自分が彼に対して抱いている愛情と、まったく同じ種類の愛情を彼から感じることができた。彼は器用で何種類もの愛情を持っているようだから、安心はできないけれど。
「わざわざ写真まで見せてくださって、ありがとうございます」
「おやすいご用さ。きみはまだ私のことを誤解しているのかな?」
「誤解って……」
　和泉は口ごもった。
「私はきみを、こんなに愛しているのに」
　写真を置いたライルの両手が、和泉を抱き締める。久しぶりの強い抱擁に、和泉は腰が抜けそうになった。

「イ、イギリス行きのことは、もう怒っていません。最初から、怒ってたわけじゃないし」
「では、なにをあんなに怒ってたんだ？」
優しい声音で訊かれて、和泉は思わず、俺があなたを心から愛しているのに、あなたが真剣じゃないのが悲しかったからだと本音を言いそうになった。
言ってもよかったが、前と同じような言い争いに発展する可能性が高い。ライルは疲れているようだし、せっかくこうして歩み寄ってくれているのに、彼がさらに疲労し不愉快になるような言動は慎みたかった。
こんなふうに触れ合って、前と同じように話せるだけでも、ありがたいくらいだ。
「気にしないでください。俺の勝手な気持ちです。それよりもあなた、ずいぶん疲れてらっしゃるようですけど、なにをしてるんですか？」
「え？」
「忙しそうだし、ボディガードのあの二人もよく見かけるし。仕事じゃないんでしょう？」
「……まあ、仕事のような、そうでもないような」
歯切れの悪い返事に、和泉は眉を寄せる。
「やっぱり、なにか危険なことに巻き込まれてるんじゃ……！」
「きみはなにも気にしなくていいんだ」
和泉は振り返ろうとしたが、ライルに阻まれてかなわなかった。

「気になりますよ。あなた、ときどきすごく怖い顔をしてるし」
「怒っていたわけをきみが教えてくれたら、私も言うよ」
「ライル！　ふざけないでください。俺の問題は、命にかかわるようなことじゃありません。同等の秘密みたいに扱われると困ります」
「私にとっては同等さ。白状するかい？」
「……しません」
「では私も黙秘権を使う。だが、私たちは喧嘩をしているわけじゃない。久しぶりに、きみを抱いてもいいかな？」

　言い終わると同時に、すっかり着慣れた民族衣装の裾が、大胆にまくり上げられた。あっと思う間もなく下着がずり下ろされ、剝き出しの尻をライルの大きな手が撫でまわす。
「そんなこと、いつも訊いたことないくせに……！」
　憎まれ口を叩いたものの、懐かしい感触に和泉は立っていられなくなり、両手を机の上について身体を支えた。セックスで誤魔化されようとしていることはわかるが、これに抵抗するのはむずかしい。
　ライルの手はすぐに前にまわり、早くも硬さを宿し始めている和泉自身を握り込んだ。片手で腰を後ろに引かれ、尻を突き出す格好になる。
「ああっ……！」

羞恥と快感にまみれて、和泉は嬌声をあげた。和泉を知り尽くしたライルの指は、焦らすことなく追い上げていく。
　先走りの透明な液が滲み出てきて、手と性器が擦れるたびに恥ずかしい音を立てた。
「綺麗な脚をしているな。惚れ惚れするよ」
　ライルが不意にしゃがみこみ、すんなりした脚をつけ根から足首まで撫でながら囁いた。
　くすぐったく腰を捩ると、柔らかい尻臀でライルの頬をぶってしまった。
「行儀が悪いぞ、イズミ。入れる前からそんなに腰を振って。待ちきれないのか？」
　ライルは笑いを含んだ声で言い、和泉の双丘を指で割って、露になった狭間にキスをした。
「やっ、ちが……っ！　あ、あぁっ！」
　舌全体を使ってねっとりと舐め上げ、舐め下ろされる。腕がぷるぷると震え、耐え切れなくなった和泉は机の上に突っ伏した。
　組んだ腕の上に額を押しつけ、薄く目を開くと、跪いて和泉に奉仕するライルの身体が見える。
　顔は己の尻に隠れて見えないが、なにをしているかは全部わかる。
　解されていく窄まりに舌先が入ってきて、和泉は目を閉じた。
「少し、早いかもしれないが……」
　ライルがそう言いながら身体を起こしたとき、支えを失った和泉の身体は、しどけなく崩れ落ちそうになった。

「……おっと!」
 ライルの左腕一本に軽々と抱えられ、和泉の脚はまたしゃんと伸びた。濡れ綻んだ秘所に、熱い塊の感触。
「……はぁ」
 和泉は思わず深いため息をついた。
 ライルが大きすぎて、入ってくるときはいつも緊張するし、痛みを感じる。だが、その質量に慣れてしまえば、あとは気を失うほどの愉悦をいやというほど運び込んでくれる。
 摩擦によって掘り起こされる快感を味わいながら、和泉はライルに合わせて腰を振った。机に突っ伏した背中に、ライルの身体が覆い被さってくる。
「あうっ! やっ、あっ、ああ……っ」
 擦られる角度が微妙に変わって、和泉は卑猥な声で喘いだ。
 絶頂はあっけないほど早く訪れ、ライルは珍しく、焦らして交接の時間を長引かせようとしなかった。身体は満たされたが、ライルの隠し事を想像すると穏やかな気持ちにはなれない。
 和泉の不安は、情熱的なライルのキスを受けても晴れなかった。

和泉が事件を知ったのは、すべてが終わってからだった。
　ライルの部屋で身体を重ねた翌日の朝から、ライルは出かけてしまい、屋敷に帰ることなく渡英した。
　ダービー当日、一人でいるのはつまらないし不安でもあったので、和泉は朝のうちは屋敷の厩舎係と一緒に乗馬を楽しみ、午後からはなぜか暇そうにしていたザイヤーンにチェスを教えてもらって、なんとか時間を過ごした。
　衛星テレビがイギリスダービーを放映するのは、シャイザリーの夜の八時だ。リビングルームで和泉はそれを見た。
　ライルの馬は最終的に二番人気となり、一番人気で、ライルの二番目の兄であるシェイク・アフマドの馬を抑えて、先頭でゴールを駆け抜けた。
　高貴なるご兄弟の聖なる勝負を制したのは、弟のシェイク・アサディン殿下——とアナウンサーが謳い、やがてザリスター・レーシング社のライルの代理という男が勝利インタビューに応じた。
「え？ ライルじゃない？ ……ライルもシェイク・アフマドも公務のためこのレースを観戦できなかった、だって？」
　和泉は思わず呟いて、画面を食い入るように見つめた。
　しかし、絶対に見落とすはずのないライルの姿は、どこにもなかった。
「でも、イギリスに行くって言ってたじゃないか。……じゃあ、今どこにいるんだよ？」

狐につままされた気分で、和泉は呆然となった。
なにか、よからぬ陰謀に巻き込まれているのはわかるが、どういうことだろう。シェイク・アフマドまで不在なのは、明らかにおかしい。
だが、ライルの代理の男は興奮した顔で馬を褒め称え、シェイクはこの馬の勝利を信じていたと得意げな顔で語っている。よどみないスピーチは草稿があらかじめ用意されていたことを物語っており、アクシデントでライルが急に出席できなくなった、という慌ただしい雰囲気ではなかった。
和泉はじっとしていられなくなり、途中でテレビを消してリビングを飛び出した。
「わっ！ あれ、ザイヤーンさん？」
扉を開けた瞬間、執事とぶつかりそうになって、和泉はたたらを踏んだ。
「これは失礼いたしました。どうかなさいましたか、イズミ様」
ザイヤーンは何事もなかったかのように訊いてくる。
「い、いえ、さっきイギリスダービーが終わったんです。ライルの馬が勝ったんですけど、ライルもシェイク・アフマドも公務で来られなかったって、アナウンサーが言ってるんです」
「さようでございますか。殿下の馬が勝利を収められて、私もうれしゅうございます」
「そうじゃなくて！ 二人とも来てないなんておかしいよ。ダービーに行くって、俺には言って出かけたんだし。なにか事件に巻き込まれたってことはないかな？ ほら、最近ライルの様子がおしかったじゃないですか」

和泉が早口で言うと、ザイヤーンは驚いた顔をしたが、すぐにもとに戻った。
「殿下には我々には想像も及ばない、深いお考えがございます。なにか事情がおありなのでしょう。殿下を信じて、お待ちになることです」
「だけど、心配じゃないの？　……っていうか、なにか知ってるんですか？」
　あまりに平然とした態度に、和泉はピンとくるものを感じ、非難の眼差しで詰め寄った。するとザイヤーンは滅多に笑わないその顔に微笑を刻み、
「ビスミッラー――アッラーの御名において――殿下は無事に戻られるでしょう」
と言った。
　落ち着き払い、そしてライルの無事を信じて疑わないザイヤーンに、和泉の不安が少し軽減した。
　彼はライルが生まれたときからライルに仕えてきた、父の国王陛下よりもライルのことを知り尽くした人物だと言っても過言ではない。
「そ、そうかな？　大丈夫かな？」
「じきに元気なお姿が拝見できるでしょう。もう少しの辛抱でございますよ」
　まるで、ライルの帰りが待ちきれなくて駄々を捏ねる子供をあしらっているようなザイヤーンの言葉に、和泉は赤くなった。
「そんな、べつに待ってるわけじゃ……！　でもまあ、無事な姿は早く見たいけど」
「信じてお待ちになることです。なにか飲み物でもお持ちしましょうか」

221　熱砂の夜にくちづけを

「え？　あ……、そうですね。なにかもらおうかな」

ザイヤーンはキッチンにつながる呼び鈴を押し、サーフィにヨーグルトドリンクを持ってくるように命じた。

「やっぱりいいです、ザイヤーンさん。俺がキッチンに下りますから」

ザイヤーンがサーフィにしゃべっている途中で、和泉は言った。彼らの主人でもないのに、自分のためにわざわざ持ってきてもらうのは悪いと思ったのだった。

キッチンを覗くとサーフィがいたので、和泉は近くに歩み寄った。朝から姿を見かけてはいるのだが、今日は一度も話していなかった。サーフィは自分から話しかけてくる方なので、一度も会話をしないのはとても珍しい。

「やぁ、サーフィ。今日は忙しいの？」

「イ、イズミ様……！」

振り返ったサーフィの顔色が悪くて、和泉は驚いた。

「きみ、具合が悪そうだよ。風邪でもひいたのかな。熱はない？」

和泉がサーフィの顔に手をあてると、サーフィは困った顔をした。

「あの、大丈夫です。お気遣いくださって、ありがとうございます」

「熱はないみたいだけど、休んだ方がよくない？　俺がザイヤーンさんに言ってあげようか？」

「本当に大丈夫です。あ、ドリンクができたようです。お待ちくださいね」

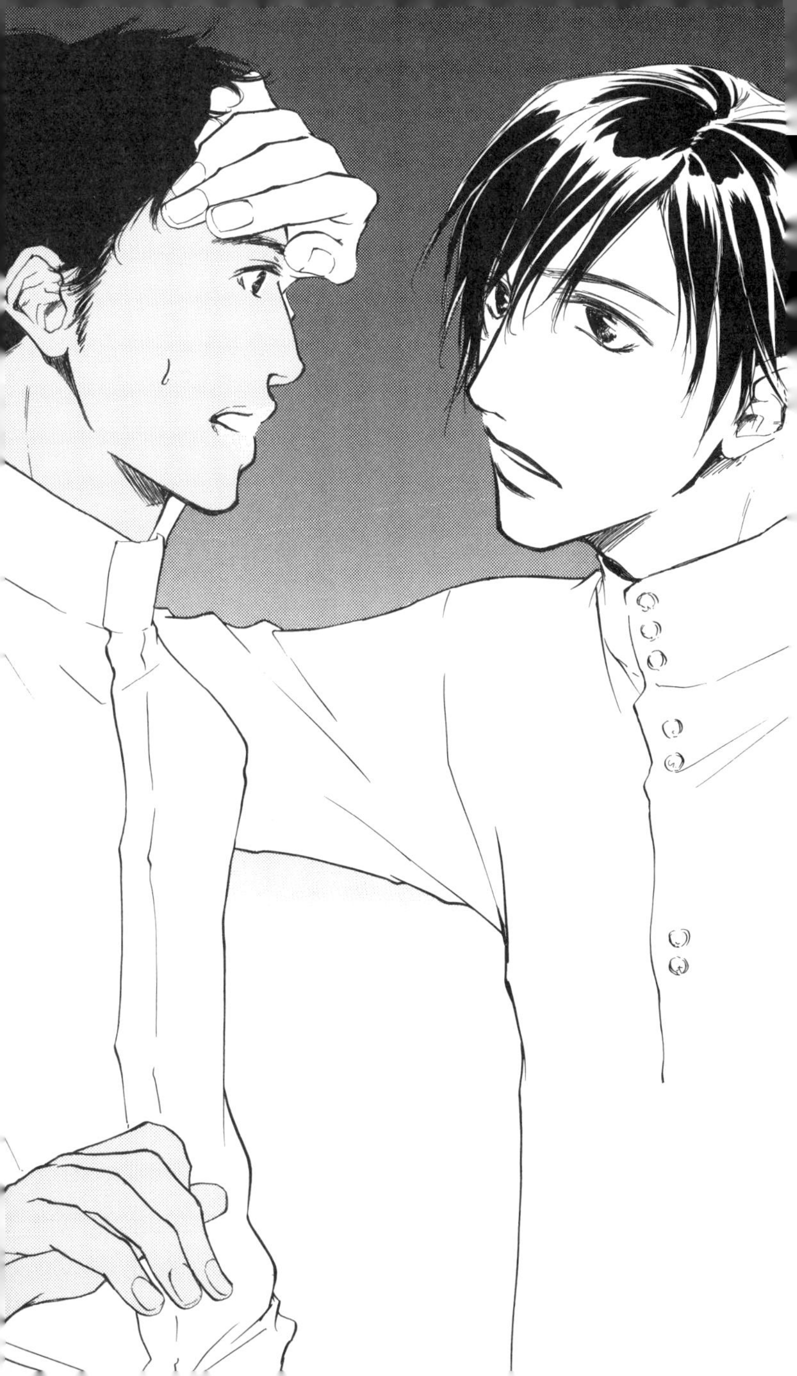

料理長がわざわざ自分のために作ってくれたヨーグルトドリンクを、サーフィが取りに行ってくれた。

「どちらでお飲みになりますか？」
「ここで飲むよ。きみも座って」
「で、でも……」
「いいから」

和泉はグラスを受け取り、ダイニングテーブルの、ライルによって定められた自分の席に座った。
そして、いつもは空席の椅子にサーフィを無理やり座らせる。
「俺の遊び相手ってことで、少し休みなよ」
「……申し訳ありません」
サーフィはそう呟いて、うなだれた。
「いいって。まだ小さいのに朝から晩まで働いて、大変だろう？」
「いいえ、ご主人様はよくしてくださいますから」
「ご家族は？」
「父がいます。母は私が五歳のときに亡くなりました」
「……ごめん、言いにくいこと聞いちゃって」
和泉は謝った。

学校には行かなくていいのか、義務教育がどう定められているのか確認したかったのだが、訊けるような雰囲気ではなかった。
　和泉はヨーグルトドリンクを、ちびりちびりと飲んだ。
　この国は、まだ歴史が浅い。観光地として急成長を遂げても、近代化を恐ろしいスピードで進めているこの国は、日本とはかなり違った部分があるのだろう。
　そう言えば以前、百万ドルあれば、学校を建てることができるとライルが言っていた。おそらく、後進気味な教育システムについて、彼は心を砕き、促進させようとしているに違いない。
　和泉はぼんやりと大窓に映っている夜景を眺めた。広々とした庭の向こうには、巨大なホテルのビルが小さく見える。さらにその向こうに広がっているのは、今は真っ黒に見える海だ。
　このような未知の世界でたった一人、自分を金で買った男の心配をしながら待つというのは、不思議な感傷をもたらした。
　ライルは今どこにいて、いったいなにをしているのだろう。情報網のない和泉には、彼がどのようなトラブルに巻き込まれているのか、見当もつかない。どのくらいの危険に曝されているのかも。
　兄弟仲が悪いのに、一番人気を背負ったシェイク・アフマドの馬に勝ってしまっては、余計に恨みを買いそうだ。だが、ライルを一番に敵視しているのは、三番目のシェイク・ハーリドだと聞いた覚えもある。

なにがどうなっているのか、わからない。ここで待っているしかない自分が、歯痒くて仕方がない。
空になったグラスをいささか乱暴に置くと、サーフィがびっくりと身体を震わせ、椅子から立った。
「ごめん、驚かせた？」
「……いえ、あの、私はそろそろ仕事に戻ります。ありがとう、ございました……」
「いいよ、べつに。無理しないようにね」
自分も部屋に戻ろうと腰をあげると、ザイヤーンが近づいてきた。
長の別れのように深々と頭を下げられて、和泉は苦笑した。
「イズミ様、ご夕食はどちらでお召し上がりになりますか？」
「うーん、ここで一人で食べるのも虚しいしね。部屋で食べます。すみませんが、用意ができたら運んでもらえますか」
「かしこまりました」
やけに落ち着き払ったこの執事は、なにか重要なことを知っているような気がするのだが、ライルの命令で黙っているのなら、彼は死んでもしゃべってくれないだろう。ダーウードも事情を知っているのは間違いなく、彼が来たら首を絞めてでもしゃべらせてやるのに、こんなときに限って姿を見せなかった。
「ペラペラと口がうまいわりに、意外と役に立たないよね、あの人も」

ぶつぶつ文句を言って四階に上がった和泉は、部屋に戻る前にバスルームで気分を落ち着かせようと思った。

もくもくと湯煙の立つバスルームは、和泉が一番落ち着ける場所だ。ライルが一緒に入っていない、もしくは外出中であとから入ってくる恐れがない場合に限るけれども。

服を脱いで、爪先からどぷんと沈み込む。ここが落ち着くのは、無音の空間でないからだ。獅子の口から流れ落ちる湯が、ザアザアと音を立てる。

ここで、ライルに初めて抱かれた。それからというもの、生硬だった己の身体がみるみる熟していくのが、自分でもよくわかった。

自分と違い、幾人もの人と経験のある彼が、熱に浮かされたように和泉を褒め、和泉に夢中になり、和泉から離れられないと甘い声で囁いた。

たとえ一過性のものであっても、あの言葉は彼の本心だ。いつの間にか彼を好きになっていた和泉は、彼のどこに惚れてしまったのか、自分でもわからなかった。

強いて言うなれば、傲慢で嘘つきではない、誠実で優しいときの彼のすべて、だろうか。

「早く帰ってくればいいのに」

和泉は呟き、手で掬った湯を肩にかけた。目を閉じてバスタブの縁に背中を預ける。ザアザアと永遠に続く水音の中に埋もれていると、自分もそこに同化してしまいそうな錯覚に陥る。召使いの声も物音も、ここでは耳に入らない。

そのはずなのに、かすかな足音が聞こえた気がして、和泉はハッと目を開けた。

「……サーフィ?」

ひっそりとバスルームに入ってきたのは、先ほどまで一緒だった雑用の少年だった。着替えを出したり、濡れた髪を乾かしてくれるのは彼の役目だ。

「もう、夕食の時間? まだ身体を洗っていないんだ。少し待って……」

和泉は途中で口をつぐんだ。

サーフィの顔が真っ青で、身体が小刻みに震えていたからだ。右手を背中に隠しているのは、なぜだろう。

彼の全身に漲っている、この緊張感は。

「お、お許しください……!」

サーフィはそう叫ぶと、和泉に向かって右腕を振り上げた。手の先には、鋭く光る凶器が握られている。

「……っ!」

和泉は息を呑んで、飛び退いた。ナイフはバスタブの縁に当たって、鈍い音を立てた。その音の大きさで、彼の本気を知る。

「よせ、サーフィ!」

逃げ惑う和泉を追いかけているうちに、サーフィが湯の中に倒れ込んだ。

その隙にバスタブから飛び出した和泉は、困惑と焦りと恐怖の中で足を滑らせてしまった。前のめりに倒れるのを、膝と両手をついて身体を支える。
四つん這いのまま振り向けば、びしょびしょに濡れそぼったサーフィがバスタブから這い出て、和泉の足にナイフを突き立てた。
「……うぁっ！」
避けたのでナイフが裂いたのはふくらはぎの皮一枚だが、湯に混じって赤い液体がじんわりと流れ出た。痛みはまだ感じない。
「このっ！」
和泉はべつの足でサーフィの顔を蹴りつけ、転ばせてから、一目散にドア目指して走った。ドアを滑り抜けてから、彼を中に閉じ込めてしまえばよかったのに、動転した和泉はそのまま逃げてしまい、サーフィもドアを蹴破るようにして追いかけてきた。
サロンを抜けた先にあるのは、天井まで届く大きな扉だ。立ち止まり、手前に引いている間に追いつかれてしまう。
——どうしよう……っ！
「イズミッ！」
「——……！」
そのとき、転げんばかりに走る和泉の目の前で、ドアが外側から開いた。

飛び込んできたライルは、和泉を庇いながら長い脚を蹴り出し、サーフィのナイフを弾き飛ばした。
　よろめいたサーフィを、ライルは今度は右手の拳で殴ろうとした。
「ま、待って……っ」
　和泉は背中からライルにしがみついて、それを止めた。ライルを認めた時点で、サーフィの失敗を悟っていたし、ナイフを奪われた今は反撃の意志をなくしている。偉丈夫のライルが和泉とほとんど体格の変わらない少年を思い切り殴りつけるなんて、痛ましくて見ていられない。その少年にナイフで襲いかかられたのは自分なのに、和泉はそう思ってしまったのだった。
「サーフィ、お前がなぜ……」
　和泉にしがみつかれて動きを止めたライルは、しばらくサーフィを見下ろし、呻くようにこう呟いた。
「サーフィ、自分のやったことがわかっているな？　事情がありそうだけど、詳しいことは公安局で聞こう。アフマド殿下もイギリスで拘束されている」
「お許しください、お許しください……っ！」
　十六歳の少年は床に突っ伏し、謝りながら泣きじゃくっている。
　そう言って二人の横をすり抜け、サーフィを拘束したのはダーウードだった。

サーフィは脱力しきって、ダーウードに支えられなければ立つこともできなかった。喉の奥から搾り出したような嗚咽を、和泉はライルにしがみついたまま聞いていた。身体はまだ震えているし、恐怖はあったが、怒りはなく、むしろサーフィが哀れに思えてならなかった。

サーフィを警察に引き渡したのち、場所をリビングルームに移して、和泉は傷の手当てを受けた。素っ裸のままだったので、ザイヤーンが慌てて持ってきてくれたバスローブを羽織り、白い包帯が巻かれていくのをじっと見つめる。

縫うほどの傷ではなかったが、危機が去って緊張が緩むと、ズキズキと痛んだ。

「痛み止めの薬を飲んでおいた方がいい」

ライルがくれた薬を、和泉はおとなしく飲んだ。

手当てが終わると、ライルは人目もはばからずに和泉を抱き寄せた。ソファに座ったまま、隣の男に抱き寄せられれば、ぐらりと身体が傾いてしまう。

「イズミ、こんなことになってしまってすまない」

沈痛な声音に、和泉はもがくのをやめた。ダーウードもボディガードもザイヤーンや主な使用人たちもいたが、和泉は己の身体を、己の所有者におとなしく預けた。

231　熱砂の夜にくちづけを

自分のことよりも、危険な事態に直面していたはずのライルが、こうして無事に帰ってきてくれたことの方が嬉しかった。
言葉もなくお互いを抱き締め合っていると、誰かの携帯電話の呼び出し音が空気を震わせた。衆目があることを思い出した和泉が、その音をきっかけに離れようとしても、ライルはまだ離してくれない。
電話で話している声は、ライルのボディガードのレインのようだった。
短い会話で電話を切ったレインは、軽く咳払いをしてからライルを呼んだ。
「殿下、ブライトンがアフマド殿下の宮殿から、捕らえられていた男を救出しました。痩せてはいますが命に別状はなく、サーフィの父親であるのは間違いなさそうです。同行した軍部と念のため宮殿内を捜査しましたが、これ以外に不審な点はないようです」
「……そうか。最初から最後までよくやってくれた。すべてがうまくいったのは、お前たちのおかげだ。礼を言う」
「仕事ですから、当然です」
素っ気ないレインの返事に、ライルは微笑んだようだった。
「ご苦労だった。ブライトンにも引き上げるよう連絡して、ゆっくり休んでくれ。明日以降のことは追って連絡する」

細身のボディガードが帰っていくと、ザイヤーンと使用人たちも部屋の外へ出て行き、ダーウードとライル、和泉の三人が残った。

「ダーウード、お前も帰ってくれていいのだが」
「あら？　僕も頑張ったんだけどね、無報酬で。せめて紅茶くらいは飲ませてくれよ」
ダーウードが情けない声で訴える。
「仕方がないな。ザイヤーンがそのうち持ってきてくれるだろう」
ライルのつまらなさそうな言い方に、和泉は思わず笑ってしまった。
「落ち着いたかい、イズミ？」
「ええ、もうすっかり」
和泉は言って、そっとライルから身体を離した。
ライルはそれを許してくれたが、片腕を和泉の腰にまわしたままで、背中を撫でたりぎゅっと脇を摑んだりして、和泉にずっと触れていた。
「解かし固めた砂糖の上にチョコレートとハチミツをたっぷりかけた、吐くほど甘いお菓子を見ているようだよ」
ダーウードがアラビア語で言ったので、和泉は通訳を求めてライルを見た。
「私たちを見ていると、自分も幸せで蕩けそうになるそうだ。照れてしまうね、イズミ」
「いや、それは違うから」

233　熱砂の夜にくちづけを

ダーウードが素早く突っ込みを入れたとき、ザイヤーンが紅茶とサンドウィッチを運んできてくれた。

空腹は感じていなかったのに、パンの表面をカリッと焼いた香ばしい匂いを嗅ぐと、和泉にも食欲が湧いてきた。食欲を感じると、萎えていた気力も力を取り戻すようだった。

和泉はしゃんと背筋を伸ばし、二人を交互に見た。

「そろそろ、教えてもらえませんか。まさか、ここにきて隠そうだなんて思ってませんよね？ ライルでもダーウードさんでも、どちらでもいいですけど、嘘や冗談は抜きでお願いします」

そう言って、和泉は一つめのサンドウィッチに手を伸ばしたので、和泉はその手をぴしゃりと叩いてやった。

二人の口は重く、しゃべる前にライルがサンドウィッチを頬張った。

「食べるのは全部しゃべってからです。早く食べたかったら、わかりやすくキリキリと吐いてください」

「なんだって。心配したのは、私の方だと思うのだが！」

和泉のふくらはぎの包帯を指してライルが抗議したが、和泉は無言で首を横に振った。

「しょうがないよね、僕、お腹空いてるからしゃべっちゃうよ。今回の事件の首謀者はアフマド殿下だったんだ。その情報を掴んだのは、この僕」

当然の権利とばかりに、ダーウードはサンドウィッチに齧りついた。

「……さっき、イギリスで拘束されたって言ってた?」

「そう、ハシュル皇太子殿下と同腹の、二番目の王子なんだけどね。これまであからさまにライルを敵視してたのは、三番四番五番と、その三兄弟を生んだ第二夫人、シェイハ・アーイシャだったわけ。面倒だから、これから王子たちのこと、番号で話してもいいかな?」

和泉も遅れて頷いたが、一人でしゃべり、一人で頷いた。

ダーウードは一人で頷いただけだった。

一見、気楽で考えなしのようにも見えるけれど、ダーウードも事件が解決して安心し、気が緩んでいるのかもしれない。

「簡単に説明すると、そこにいる六番は兄弟の中でも優秀で、一番と仲がよくてね。二番はそれが気に入らなかった。一番が頼りにするのは、自分であるべきだと思ってたんだ。まったく同じ血を持った、サラブレッド風に言えば全兄になるわけだからね。毛色まで違う半弟になんか負けられないと、これまでかなり気持ちを抑えてらっしゃったようだ」

ダーウードは、アフマドがライルに持ちかけた取り引きのことを説明し、

「最初から、ライルに勝たせるつもりはなかったんだ。レース前に、ライルの持ち馬に薬物を混ぜた飼い葉を与えて潰そうとした。一着になっても、薬物反応が出ればレースは失格、競走馬の資格剥奪だ。ライルの厩舎だって、ただじゃすまない。まったく酷いことを考えるよ」

と厳しい顔で吐き捨てるように言った。

「それは、阻止できたんですよね？」
「当たり前さ。最初は僕も、オーナーブリーダーとしての名誉を欲しがるあまり、世界最高のザリスターを狙ったのかと思ってたけど、あれはどうやら、ライルのものを奪ってやろうっていう、意地の悪い作戦でしかなかったみたいだ」
 アフマドはパイロットを集めていたので、そちらも警戒していたのだが、それは三番から五番の半弟たちをも巻き込んだ陰惨な計画だった。パイロットをうまく誘い出し、飛行機に乗せて、それをハイジャックさせる。パイロットも犯人もアフマドの手の者で、三兄弟を殺したあとに投降し、ハイジャックを命じたのはライルであると、嘘の証言をさせる筋書であった。
「これで頭の悪いバカ三兄弟はいなくなり、ライルは一生牢獄で暮らす。殺すよりも、牢獄に入れて落ちぶれていく様を見届けたいなんて、普通じゃないよ……」
 ダーウードは顔を顰め、嫌悪を剥き出しにした。
 少し黙って事件の内容を把握した和泉は、口元を指先で押さえ、細いため息を漏らした。
「じゃあ、サーフィのことは？　どうして俺が狙われたんでしょうか？」
「そりゃ、きみがライルの最愛の恋人だからだろ。アフマド殿下もよくご存知だったのさ」
 さも当然のように言われて、和泉は赤面した。
「で、でも、助けに来てくれたとき、ライルもサーフィを見て驚いてたのはどうして？　さっきはボディガードさんがサーフィのお父さんを救出したって言ってたし。どうなってたんですか？」

「実は、僕たちも詳しいことがわからなかったんだ。アフマド殿下の身柄を拘束したとき、いやな笑い方をしたんだよ。これで終わりじゃないぞって言いたげな……。だけどいくら問い詰めても、アフマド殿下は教えてくださらなかった。負けが決まってるのに、往生際が悪い」

イズミが狙われたのではないかと感じたライルは、その場でザイヤーンに電話をかけ、とにかくイズミを守れと指示を出して、急いでシャイザリーに飛んで帰ることにした。帰国後はブライトンにアフマドの宮殿を探るように指示した。

「そうして、僕たちはここに一目散に帰ってきたんだ。ザイヤーンにイズミを守るように言ってはいたけど、彼もまさかサーフィがイズミを狙うなんて思ってなかっただろうな。いつからかはわからないが、サーフィはおそらく父親を人質に取られて、アフマド殿下に脅されていたんだろう。だが、間に合ってよかった」

ダーウードはそう言って、心からの笑みを浮べた。

「今日はライルのことが気になって、なんとなく一人でいたくなくて、午前中は厩舎係と一緒に馬に乗ってたし、午後からはザイヤーンさんとチェスを……、あ、あれってライルに命令されて俺を守ってくれてたんだ」

午後からやけに顔を見ると思ったら、そういうことだったのだ。チェスでもいかがですか、なんてあの執事からめずらしいお誘いもあるものだと、和泉はずっと首を捻っていたのだ。

「サーフィはどうだったんだい？」

「そう言われてみれば、彼、少し様子がおかしかったし……、まさかあんなことをするなんて思わなかったけど。襲ってきたときも、お許しくださいって叫んでました」

 和泉は一瞬のような、長い時間だったような、計り知れないあの恐ろしい時間のことを、考え考え思い出した。

「チャンスもなかったし、迷いもあったんだろうな。結果的に時間稼ぎをしたことになって、我々にとっては幸運となった」

「それじゃあ、サーフィも被害者ですよね。お父さんを人質に取られて、人を殺せなんて命令されて。まだ子供なのに……」

 それまでずっと黙っていたライルが、ようやく口を開いた。同情の余地はないと言いたげな、冷たい声だった。

「子供でもナイフを持って、人を襲うことができる。命令されて脅されていても、ナイフを突き立てるのは彼自身なんだよ」

「だけど、そうしないとお父さんが殺されてしまうんでしょう。もしかしたら、サーフィ自身だって」

 ナイフが閃いた瞬間の恐怖はきっと一生忘れられないだろうが、結局は足の皮一枚という軽傷で済んだ和泉は、サーフィに同情を寄せることを止められなかった。

もし自分が彼の立場だったら、同じように悩んで同じことをしたかもしれない。

「誰にどんな事情があっても、私が一番大事なのはきみだ。きみにもしものことがあったら、私は今ごろ彼をどうしていたかわからない」

「ライル……」

「私が傍にいたら、守ってやれるのに。きみを一人で危険な目に遭わせるなんて、自分が腑甲斐ない。イギリスから帰ってくる時間が、まるで永遠のように感じられたよ。近づいたら噛み殺されそうで、飢えたライオンと同じ檻に入ってたライルを見せてやりたかったよ。飛行機の中でのライルがまだマシだと思えるくらいさ」

ダーウードがおどけて震え上がる振りをして、それが意味するところを知った和泉は、なんとも言えない喜びを感じて微笑んだ。

ライルを飢えたライオンよりも凶暴にせしめるもの、それは和泉なのだ。

ありがとうと言うべきか、心配かけてすみませんと怒るべきか。和泉は迷ったが、結局、

「いろいろと大変だったんですね。……もう食べてもいいですよ」

と言って、サンドウィッチを一切れつまんで彼の口元に持っていった。

ライルは二口でそれを食べ、最後に和泉の指までしゃぶった。

「あ、ちょっと……！」

くちゅっ、ちゅぽん、という音が恥ずかしくて、和泉は逆の手でライルの肩を叩いた。
「また僕の前で嫌味ったらしくそんなことを……。わかったよ、帰ってあげるよ。僕にだって、恋人くらいいるんだからね」
ダーウッドはそう言ってから、ニヤリといやらしい笑みを浮かべたまま、ドアのところまで歩いた。そして、ドアで身体を隠すようにして、こう言った。
「イギリスとシャイザリーを往復してもの凄く疲れたけど、ここで心と目が潤ったよ。いいもの観せてもらっちゃった。ライルが気に入るのもわかるなぁ」
ニヤニヤ笑うダーウッドに、和泉は『いいもの』が己の身体であることを悟る。
「……! イズミの裸を見たな、ダーウッド!」
一生の不覚とばかりに、鬼の形相でライルが叫んだ。
「うん、ばっちり」
ドアの隙間から顔だけを出して、語尾にハートマークが飛んできそうな返事だった。ライルの顔はますます険しくなる。
「覚えてろよ! お前の目を今すぐ潰してやれないのが残念で仕方ない!」
サーフィにも言わなかった台詞を、ライルはダーウッドに容赦なく投げつけた。ついでに、紅茶のカップも投げつけそうである。
「僕の記憶に焼きつけておくよ、ごちそうさま」

最後は和泉に向かって言い、ダーウードはバタンとドアを閉めた。
「うかつだった……！　どうしてダーウードと一緒に帰ってきてしまったんだろう。レインもいたし、人手は足りていたのに！」
「お、俺がお風呂になんか入ってなかったら、よかったんでしょうかね……？」
「そうだ、どうして風呂に入ったんだ！」
「どうしてって……！」
和泉は困り、これ以上理不尽な文句を言われないように、二つめのサンドウィッチをライルの口に突っ込んだ。
「……んぐっ」
ライルは再び二口でそれを食べ、和泉の指をしゃぶった。人差し指と中指を一緒に含み、まるで性器を愛撫するときのように舌を絡ませてくる。和泉は蕩けそうになる指を、指の股を舌先でくすぐられると、全身の力が抜けていく心地よさだ。無理やりライルの口から引きずり出した。そして、責められる前に話題を変える。
「あのあの、ダーウードさんって、恋人がいらっしゃるんですね」
「ああ、栗色の髪のイギリス人女性さ。もう三年のつき合いになるんじゃないかな」
「三年？　……それじゃあ、俺に粉をかけてきたり、あなたの恋人を奪うのが趣味だったりするのは、どうしてですか？」

「綺麗だったり可愛かったりする人に声をかけるのは、常識じゃないか」
「……あなたも?」
 ムッとした和泉が睨むと、ライルはニヤッと笑った。
「私はきみ以外の人には、声をかけないよ。きみの焼きもちは可愛いと思うけどね」
「焼きもちなんか妬きません。ダーウードさんがあなたを助けてくれるのって、王家の人からつまはじきにされていることに対する、仲間意識のためでしたよね?」
「建前はな」
「え?」
 ライルは肩を竦め、カップに紅茶を注ぎ足した。ライルの長い指が砂糖を三杯入れるのを、ノンシュガーで飲む和泉は無言で見つめた。
「この国の男たちは、びっくりするほど甘いものが好きだ。
 ダーウードは自分も混血で、イギリス人の彼女と結婚したら、子供はさらに血が薄まるだろう。彼らの子供も私たちと同じ目に遭う。それはもう、太陽が東から昇って西に沈むのと同じくらい、たしかなことさ。その前に彼はどうにかしたいんだよ。混血の王子である私にできるだけ頑張って長生きしてもらい、国のために尽くしてもらい、国民にも好意をもって親しんでもらいたいと思っている。混血の地位向上を目指してね」
「……それって、あなたのためというより、全部ダーウードさんのためじゃないですか?」

「そのとおりさ。だから、建前って言っただろう？　彼一人ではできないことを、私に押しつけているんだ。だから私も遠慮なく彼を使う。……さて、疑問は解消した？」
　和泉はニコリともせず、首を横に振った。
「肝心なのが残ってます。今回のこと、どうして俺に隠してたんですか？　イギリス行きが駄目になったって言ったときに、もうある程度のことはわかってたんでしょう？」
「そ、それは……」
　ライルは言いよどんで、ピクルスを嚙んだ。
「全部話せなんて言わないし、そんなこと言う権利がないのはわかってますけど……あなたの気を滅入らせるような文句も言わなかったと思います」
「言わなかったのは、やっぱり俺が金で買った男だからですか？　いらなくなったらすぐに捨てられるように、重要な秘密は内緒にしておこうと思った？」
　無言でピクルスを嚙み締めるライルに、和泉はなおも言い募った。
「イズミ！」
　ライルに叱るように呼ばれて、和泉は首を竦めたが、勇気を振り絞って彼を睨み返した。
「……怒ったって怖くありません。俺の値段を百万ドルって決めたのは、あなたなんだから」
　二人はしばらく見つめ合った。

243　熱砂の夜にくちづけを

やがてライルはため息とともに言った。
「重要な秘密とか、きみと私の出会いのことなど関係ない。これは私の問題だから、きみを巻き込みたくなかった」
「結局、巻き込まれたじゃないですか」
「それは、申し訳なかったと思う。私だって、きみがどうしているかと思うと、生きた心地もしなかった」
　和泉は無言で、ライルを睨みつづける。
　彼の本音は、まだ出てきていない。彼はうわべだけの言葉で取り繕うつもりだ。和泉を誤魔化そうとしているのだ、この期に及んで。
　和泉にはそれが耐えられなかった。
「どうして言ってくれなかったんですか？　巻き込んだことは悪いと思っていても、黙っていたことは悪くないと思ってるんでしょう？　でも、俺にとっては巻き込まれたことより、黙っていられたことの方が、はるかに重要な問題です。俺が心配しないとでも思ってたんですか？」
　和泉は辛抱強く訊いた。
「そりゃ、心配してくれたら嬉しいと思ったよ」
　ライルはボソボソと答えた。
「なんですかそれ！　心配するに決まってるでしょう！」

「……ありがとう」
「お礼を言うべきところじゃありません！」
カーッとなった和泉は、砂糖でどろどろの紅茶を、ライルの頭にぶっかけてやりたくなった。
「そう怒らないでくれ」
「怒っているのはあなたでしょう！　これ以上俺を怒らせたら、この紅茶を頭からぶっかけてやるから！」
「それはちょっと、困るよ……」
和泉がカップを摑むと、ライルが慌ててそれを押さえた。
それもライルに押さえつけられた。
「俺を怒らせるなって言ったでしょう」
「わかった、わかったよ。きみに言いたくなかったのは、……きみが怯えると思ったからさ」
「怯える？」
和泉がカップとポットから手を離すと、ライルも同じように離して、大きなため息をついた。
「やっぱり、普通じゃないだろう？　骨肉相食むなんて、日本でもアメリカでも考えられないだろうし、私の命が狙われるということは、きみが巻き添えを食らう確率も高くなるってことだ。事実を知ったら、きみは怯えて私を嫌悪する。そんなことは耐えられない」
「どうして、あなたを嫌悪するんですか？」

「普通で考えたら怖いだろう、殺されるかもしれないんだぞ？　怯えて、きみが私のもとから逃げたいと言ったら、私はどうしたらいい？」
「逃げるな、逃がさないって、命令したらいいじゃないですか。俺の所有者はあなたなんだから」
「そんな命令はしたくない」
ライルは不機嫌な顔で、つっけんどんに言った。
「……それじゃ、一緒にいてくれって、言えばいいでしょう」
「死ぬかもしれないのに？　一緒にいてくれって頼むのかい？」
「それなら、逃がしてくれたらいいでしょう」
「……そんなのは駄目だ」
「ライル、あなたはいったい、俺をどうしたいんですか？」
和泉は緊張した、少し硬い声で訊いた。
「私か？　私はきみを完全に私だけのものにしたいんだ。でも、方法を間違ったようで、今は困っている。じゃじゃ馬馴らしは得意なのに、きみはいっこうに私に馴れてくれない」
「俺を、普通のじゃじゃ馬と一緒にしないでください」
和泉はつけつけと言った。
以前の恋人たちと比べられているのだと思うと、胸が痛んだ。ライルに馴れたじゃじゃ馬たちは、どんな媚態で彼を喜ばせたのだろう。

「一緒にしてるわけじゃない、きみは会ったときから特別さ。私は馬を人質に取って、きみを引き止めた最低の男だからな。どうしたらきみが真実、私のものになってくれるのか、いつも考えているがわからない。きみが望むなら、私はなんでもしてあげるよ。世界で一番高い馬も買ってあげるし、牧場が欲しければ世界中のどこの土地でも買ってあげよう。なんでも言ってくれ」

「……俺はあなたの財産に興味はありません。これまでの人はそうだったのでしょう？　あなただって、そうやって高価なものをねだられたりするの、本当は好きじゃないはずだ」

「もちろん、好きじゃなかったさ。好きじゃなんて、きみがねだってくれたら、私はそれをきみに与えていたんだ。馬でも牧場でも宝石でもなんでも、きみがねだってくれたら、私はそれをきみに与えて、代わりに私と一緒にいてほしいと頼むことができる。……命の危険があっても、後悔させないだけの贅沢をさせてあげるからと」

「馬鹿にしないでください！」

和泉はとうとうブチ切れて、無言でライルの頬を引っ叩いた。

避けられなかったのか、避けようとしなかったのか、パァン！　とキレのいい音が響き渡った。

「……痛いじゃないか、イズミ」

これ以上は無理というほど顔を顰め、和泉は信じられないことを言ったライルを睨んだ。

「そういう駆け引きは、俺が一番嫌いなことです。なんでもお金やもので解決できるなんて、思わないでください。俺のことを、お金やもので満足するような人間だと思っているなら、愛してるなんて言わないで。命の危険があっても離したくないとか、一緒にいたいとか、調子のいいことばかり言って、俺をその気にさせないでください」

「イズミ……」

 和泉は目の奥から込み上げてくる涙を堪えようと、何度も瞬きを繰り返したが、うまくいかなかった。両方の目から涙がぽろりと零れ出る。

 それは和泉の頬を伝い、顎で雫となって、膝に落ちた。

「馬も牧場もお金も宝石もいりません。心配したんだって、何回も言ったでしょう？ あなたが生きていてくれたら、それだけでいい。危険な目に遭っても後悔はしません。俺が一番怖いのは、あなたが俺に飽きて、あなたの傍にいられなくなることだけです」

「イズミ、イズミ……」

 不意にライルに抱き締められて、和泉は堪えきれずに声をあげて泣き出した。とうとう言ってしまった。心の中に留めておくはずだったことを、ライルにばらしてしまった。

 けれど、黙ってなんかいられなかった。

 和泉は泣きじゃくりながら、俺は金で買われたペットかもしれないけど、人を愛する心は持っているのだと、ライルに途切れ途切れに訴えた。

「イズミ……、それは、私を愛しているということかい?」
 和泉はライルの広い胸にうなだれるようにして、頷いた。
「もしも私が王子をやめて、貧乏になっても、愛してくれるということかい?」
 むしろその方が愛しやすいと思ったが、声になりそうもなかったので、また頷く。
「私が、いつかきみを捨てるんじゃないかと思って、不安だった?」
 三度、和泉は頷いた。
「……なんて可愛いんだ」
 と呟いて、和泉をソファに押し倒した。
 性急なしぐさで口づけを求められて、和泉は首を捻ってそれを避けた。
「やっ……、待ってください」
 胸元に擦り寄ると、ライルは低く呻き、
「どうしたんだ?」
「あ、あなたの気持ちを聞いていません。あなたの傍にいられなくなるのはつらいけど、愛されてもいないのに、ペットみたいに傍に置かれるのはもっとつらい。……ちょっと、わかってるんですか、ライル?」
 しゃべっている間も額や頬に口づけられて、和泉はじゃれかかる犬を追い払うように、ライルを押し退けた。

「わかっているよ。きみこそ、聞いてなかったのかい？　私だって、きみを愛してる。愛し始めたのは、私の方が早かった。キスするときもセックスをするときも、必ず私は愛していると言ったはずだ」
「……ペットとしてじゃなく、ですか？」
「当然だ。きみは愛人でもあり、恋人でもある。一生愛すべき、私の伴侶だ」
 はっきりと断言されて、和泉はぐたりとクッションの上に頭を預けた。強張っていた身体中の力が抜けて、まるで幸福という海の中を泳いでいるみたいだった。
「それでも、百万ドルが気に入らなければ、返してくれればいい。貸しておいてあげるよ。だが、全額返してくれても、私はきみを離さない。私の恋人でいるのは必ずしも安全ではないが、生きている限り、きみは幸せな人生を送るだろう。もちろん、私も」
「ああ、ライル……」
 和泉はライルの首に両腕をまわしてしがみついた。
「そろそろ、キスをしてもいいかい？」
「いつも、訊かずにしてるでしょう」
 急に礼儀正しくなってしまったライルに和泉は微笑み、自分から彼の唇にキスをした。
 久しぶりに触れ合った唇は温かく、キスとはこんなにも心地よく心を満たしてくれる行為なのだと、改めて教えられた気がする。

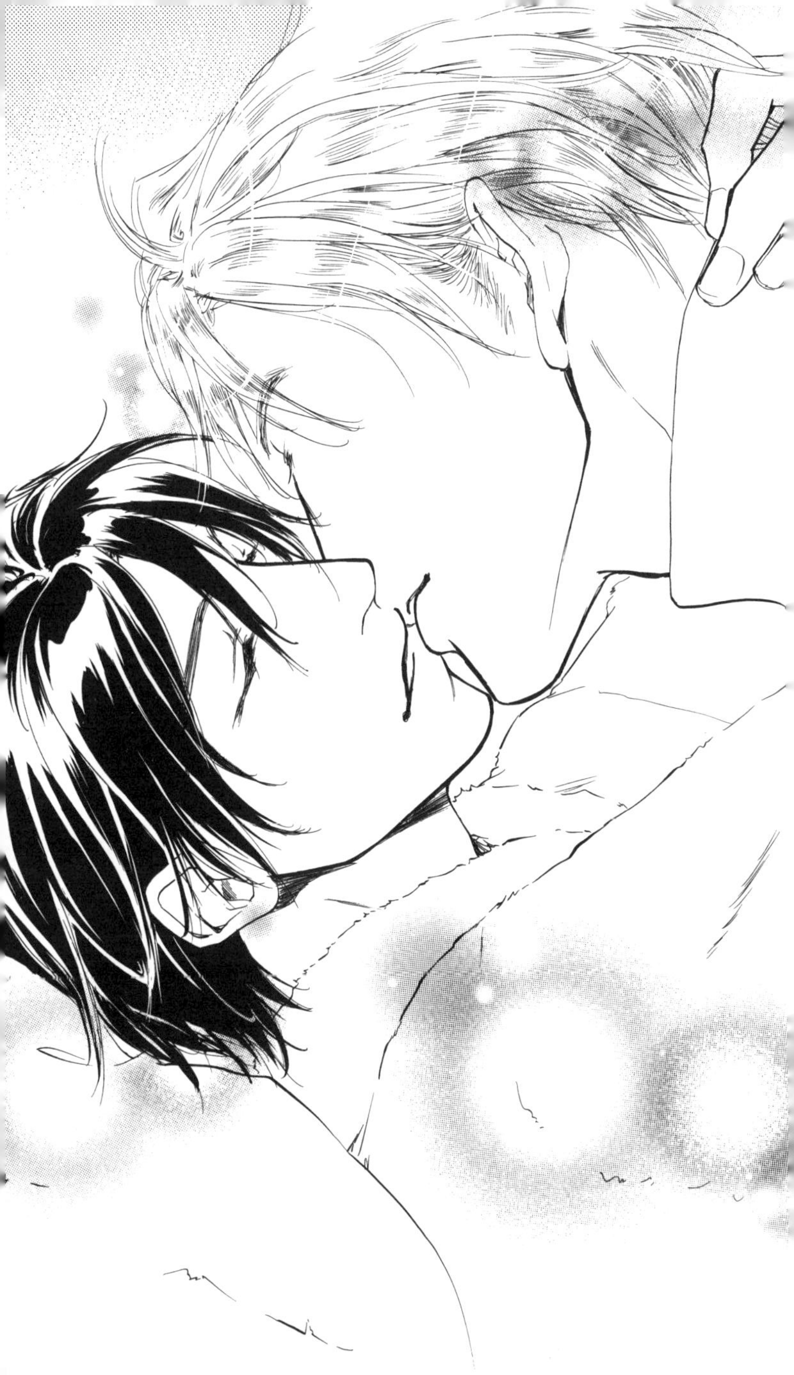

心ゆくまでキスで愛情を確かめ合い、ライルの唇はそのまま和泉の喉元へと下りていった。バスローブのあわせを開いたライルは、うっとりと和泉の薄い胸元に顔を押し当て、匂いを移すように擦りつける。

胸の突起に触れられてしまう前に、和泉はライルを押し返した。

「待って、部屋へ……部屋に帰ってから」

「待ちきれないよ。だって、ずっと吸いたかったんだ」

「あうっ！」

ライルに強引に乳首を吸われ、和泉は弱々しくもがいた。舌で優しく撫でられただけなのに、痛いほど尖っているのが、自分でもわかる。

「でもっ、んあっ……誰か、きたら……っ」

「きても、見学する奴はいないさ。気を利かせて出て行ってくれる。ここは私の屋敷で、私が主人だ。私の好きなようにする」

ライルは、わざと乳首に唇を押し当てたままでしゃべった。ときどき硬い歯が突起を擦り、和泉の指と舌で感じやすい二点を責められながら、和泉は息を切らして訴えた。

「ああっ、そんなぁ……、やぁ……んっ！」

本来セックスをするべき場所ではないことが、和泉の神経をさらに敏感にしているようだ。大きな愉悦を与えた。

バスルームや彼の書斎で立ったまましたこともあったけれど、人に見られるかもしれない危機感というものは、なににも増して和泉を興奮させる。

下着の中で、和泉自身がみるみる硬く変化していく。

どんな場所でも求められればためらわずに身体が開ける、淫らな人間だと勘違いされてしまうのはいやだった。いつだって、ライルに触れられただけで、和泉の意思とは関係なく、愉悦に溺れてしまうのだけれど。

羞恥と居たたまれなさを感じていることだけは、わかってもらいたい。

「ライル……、お願い……っ！」

和泉は切羽詰った声で懇願した。愛撫の手を止めたライルは、情欲に支配されているが、労わりを忘れていない優しい顔で微笑んでくれた。

「イズミ、安心して私のことだけを考えていればいい。きみは私に愛され、可愛がられる義務があるんだ。ここがどこかなんて、すぐにわからなくしてやる」

情熱的に囁かれたその言葉で、和泉はここがリビングルームのソファの上であることを、ふと忘れた。不思議な感覚だった。こんなことは初めてだった。

肉欲に負けてわけがわからなくなったのではなく、ライルの声が魔法のように和泉の中に響いたのだった。

自分とライルしかいない世界に、ポンと放り出されたようだ。地に足がついておらずふらふらしているが、ライルがしっかりと抱いていてくれるから心細くはない。和泉が我を失っても、彼はどこまででもついて来てくれるだろう。
　彼と自分とのつながりの深さを認識し、和泉は泣きたくなるほどの幸せを感じた。彼に愛されていることが、はっきりとわかる。
　同じ幸せをライルにも感じてほしくて、和泉は彼に思い切りしがみついて耳元で囁いた。
「ずっと、あなたのことだけ考えてる。あなたを愛してる、愛してる……！」
　和泉の記憶が正しければ、それを言ったのは初めてだった。
　ライルは一瞬硬直し、やがて和泉が息苦しくなるほど強く抱き締めながら、もう一度言ってくれと子供のようにねだった。
　肌から伝わってくる彼の歓喜が嬉しくて、彼を愛しいと言える自分が嬉しくて、和泉は何度も繰り返し伝えた。
「ずっと、あなたを愛してる。──心から」

え…お…おしおきって…

おしおきだな

今俺たちはイギリスの空の下

理不尽なおしおき
原案：高尾理一

ファルコンのデビュー戦を見るためにお忍でやってきたのだ
別れた時から更にしなやかに成長した彼(ファルコン)は見事初勝利を飾った

ファルコー

初レース初勝利なんてすごいじゃないか!!

わ…そんななめるなって

ちゃんと俺のこと覚えてるんだなー

見に来た甲斐があったな

イズミの喜ぶ顔を見ることができて私も嬉し―…

ぶん

なんだよ傷れ傷れしくされんじゃねーよ

せっかくの和泉との再会邪魔すんなっつーの

君はもっと恋人を大切にするということを覚えるべきだな イズミ

さすがファルコン人を見る目があるよ

あーっはっはっはっ

あ…

やっ…

ライル…

あ

あっ

……

イズミ…君は本当のところ…

え?

——いや何でもない

『私と馬（ファルコン）どちらが好き?』
ちょっぴり訊いてみたかった気もするが馬に負けそうな気がして勇気のふりしぼれないアサディン殿下なのでした

?

オワリ.

そりゃ当然さ のろ勝ちたいっつ。

あとがき

こんにちは、高尾理一です。私に好きなものを書かせてくださるムービックさんから、これが四冊目の本となりました。

本当に好き勝手に書いておりますが、最初に「これこれこういうアラブの王子様の話がいい」と強くプッシュなさったのは担当さんの方でした。……とバラしてもいいんでしょうか。でももう書いちゃった（てへ。笑）。

資料集めからして大変だったし、私は自分に書けるのかどうか不安だったのですけど、書き始めたら正直言って、とっても楽しかったです……！

馬主さんとか、お金持ちな攻めはもともと大好きなんですが（ハキハキと。笑）、ライルは王子なので桁が違ってて、だいたい一日のお小遣いが二千万円くらい。一週間分のお小遣いで和泉が買えちゃうわけです。そう考えると、庶民はなんだかせつないですね。

最初のプロットでは、ヨーロッパの別荘に連れて行って、あんなこんなの濃密な日々を二人きりで過ごしたり、夜の砂漠をジープで駆け抜けて、オアシスのほとりで優雅にラクダに乗ったりライルに乗ったりしながら楽しく淫らなひとときを過ごしたり……という設定があったりなかったりしたのですが、さすがに全部は詰め込めませんでした。

話は変わりまして、今回も素敵な挿絵と漫画を描いてくださった富士山先生、どうもありがとうございました。ライルも和泉もイメージ以上で、毎日何度も眺めてはうっとりしています。作中で書ききれなかった大好きな先生にイラストをつけていただくことができて、本当に嬉しいです。ファルコンのその後も、漫画で読むことができて感動しました！

それから、私の商業誌の発行情報、同人情報などを載せているホームページがあります。アドレスは、http://members.tripod.co.jp/cecia/go.html
ネット環境にない方で、私の同人活動がお知りになりたいという方は、編集部の高尾理一宛に、80円切手を貼付した返信用封筒(郵便番号、住所、氏名を書いておいてください)同封で、お問い合わせください。八月にオリジナルの新刊を出す予定なので、九月上旬までには、新しいペーパーをお届けできると思います。

最後になりましたが、この本をお手に取ってくださって、ありがとうございました。感想やリクエストなどございましたら、ぜひひぜひ編集部の方までお寄せくださいませ。
またどこかでお目にかかれますように。

二〇〇三年六月

高尾理一

GENKI NOVELSをお買い上げ頂きありがとうございます
ご意見、ご感想をお待ちしています

〒173-8558　東京都板橋区弥生町77-3
株式会社ムービック　第6事業部

熱砂の夜にくちづけを
高尾理一

著作者●高尾理一（ⒸRIICHI TAKAO 2003）
発行日●2003年7月30日（1版1刷）
発行者●松下一美
発行所●株式会社ムービック
住　所●〒173-8558　東京都板橋区弥生町77-3
　　　　TEL 03-3972-1992・FAX 03-3972-1235
GENKI NOVELS 本書作品・記事の無断転載を禁ずる。乱丁・落丁本はおとりかえいたします。